经济法律实用教程

主　编　李娜杰　黄雅亭
副主编　郭少军　苏　雅　杨仲夏

北京理工大学出版社
BEIJING INSTITUTE OF TECHNOLOGY PRESS

图书在版编目（CIP）数据

经济法律实用教程 / 李娜杰，黄雅亭主编. —北京：北京理工大学出版社，2018.8
ISBN 978-7-5682-6129-6

Ⅰ. ①经… Ⅱ. ①李… ②黄… Ⅲ. ①经济法-中国-高等学校-教材 Ⅳ. ①D922.29

中国版本图书馆 CIP 数据核字（2018）第 189613 号

出版发行 / 北京理工大学出版社有限责任公司
社　　址 / 北京市海淀区中关村南大街 5 号
邮　　编 / 100081
电　　话 /（010）68914775（总编室）
（010）82562903（教材售后服务热线）
（010）68948351（其他图书服务热线）
网　　址 / http://www.bitpress.com.cn
经　　销 / 全国各地新华书店
印　　刷 / 三河市华骏印务包装有限公司
开　　本 / 787 毫米×1092 毫米　1/16
印　　张 / 16.5
字　　数 / 388 千字
版　　次 / 2018 年 8 月第 1 版　2018 年 8 月第 1 次印刷
定　　价 / 69.80 元

责任编辑 / 潘　昊
文案编辑 / 潘　昊
责任校对 / 周瑞红
责任印制 / 李　洋

前　言

本书是在国家“大众创业、万众创新”政策的指导下，以创业为导向而编写的教材。本书既能为学校正常的教学需要服务，又能为学生创业提供法律上的指导。

为了推动大众创业、万众创新，促进学生全面发展，推动毕业生创业就业，2015 年 5 月国务院办公厅发布了《关于深化高等学校创新创业教育改革的实施意见》。该意见提出：2015 年起全面深化高校创新创业教育改革，并在 2017 年取得重要进展，形成科学先进、广泛认同、具有中国特色的创新创业教育理念，形成一批可复制、可推广的制度成果，普及创新创业教育，实现新一轮大学生创业引领计划预期目标。经济法课程作为经管类专业的专业基础课，所含内容包括了企业法、公司法、劳动法、合同法、知识产权法、产品质量法、金融法、财税法等诸多在创业中涉及的法律法规，包含了大量创业教育资源。但是目前市面上的大部分经济法教材仍是按照传统的教材体例来编写的，内容上也都是以法律知识讲解和对法律规定的解释为主，缺少对法律内涵的讲解和对创业教育资源的挖掘。

为了更好地向有创业意愿的同学们提供法律指导，本书充分挖掘经济法中的创业资源，紧紧围绕企业创立和运营过程开展编写工作，突出了对法律的应用。在内容安排上本书每一个任务都安排了法律实务操作环节，帮助学生在情景实践中运用和理解法律。在内容编排上，本书共分为五个项目，分别是“企业的创设”“企业用工”“市场交易与纳税”“市场竞争”“知识产权”。以上项目完全是依照企业的主要经济活动来安排的，其中企业的创设是创业的首要经济活动；依法用工是企业正常运行的重要保障；市场交易与纳税中签订合同是企业开展经济活动确保自身权益并保证对方履行义务的保障，依法纳税是所有企业的基本义务；与其他企业竞争、打造优质产品和服务、构建与消费者的良好关系是企业市场活动的主要内容；知识产权是企业的重要财富、企业成长发展的重要资源。

本书由李娜杰、黄雅亭担任主编，郭少军、苏雅、杨仲夏担任副主编，其中杨仲夏编写了“企业的创设”部分，李娜杰编写了“企业用工”部分及“市场交易与纳税”中的纳税部分，黄雅亭编写了“市场交易与纳税”中的合同部分，郭少军编写了“市场竞争”部分，苏雅编写了“知识产权”部分。

本书是编者对创业导向教材的首次探索，由于编写过程仓促，加上编者精力有限，经验有所欠缺，难免有所不足，欢迎广大师生多提宝贵意见，以便我们更好地改进。

目录

项目一　企业的创设

项目二　企 业 用 工

项目三 市场交易与纳税

项目四 市 场 竞 争

项目五　知识产权

项目一

企业的创设

企业是经济社会的细胞，是市场经济的主体，也是创业经营的平台。按照我国法律规定，企业主要有三种基本组织形式：独资企业、合伙企业和公司制企业。其中，公司制企业是现代企业中最主要、最典型的组织形式。

任务一

创设个人独资企业

任务目标

1. 懂得个人独资企业的法律特征。
2. 懂得个人独资企业的创设条件。
3. 学会创设个人独资企业。

过程与方法

1. 个人独资企业法律规定及解释。（教师讲授）
2. 创设个人独资企业的操作实务。（学生小组活动）
3. 任务总结与点评。（教学双方参与）

第一节　个人独资企业法

个人独资企业是一种很古老的企业形式，至今仍广泛运用于商业经营中，其典型特征是个人出资、个人经营、个人自负盈亏和自担风险。

按照《中华人民共和国个人独资企业法》第二条规定，所谓个人独资企业，是指依法在我国境内设立，由一个自然人投资，企业财产为投资人个人所有，投资人以其个人财产对企业债务承担无限责任的经营实体。

即个人独资企业不具有法人资格，但属于独立的法律主体，其性质属于非法人组织，享有相应的权利能力和行为能力，能够以自己的名义进行法律行为。

一、个人独资企业的设立条件

（1）投资人为一个自然人。
（2）有合法的企业名称。
（3）有投资人申报的出资。
（4）有固定的生产经营场所和必要的生产经营条件。

（5）有必要的从业人员。

二、个人独资企业的事务管理

（一）个人独资企业事务管理的形式

（1）自行管理，由投资人本人对本企业的经营事务直接进行管理。

（2）委托管理，由投资人委托其他具有民事行为能力的人负责企业的事务管理。

（3）聘任管理，由投资人聘用其他具有民事行为能力的人负责企业的事务管理。

（二）委托管理或聘任管理应该签订书面合同，明确委托的具体内容和授予的权利范围

（三）投资人对受托人或被聘用人的职权限制，不得对抗善意第三人

第二节　个人独资企业法实务

一、企业设立登记注册流程图

企业设立登记注册流程图如下图所示。

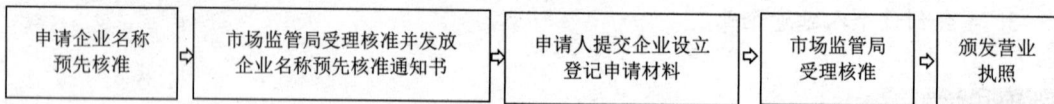

申请企业名称预先核准 ⇨ 市场监管局受理核准并发放企业名称预先核准通知书 ⇨ 申请人提交企业设立登记申请材料 ⇨ 市场监管局受理核准 ⇨ 颁发营业执照

二、企业名称预先核准

（一）企业名称组成

依照《企业名称登记管理规定（2012 年修正本）》规定，企业名称应当由以下部分组成：行政区划名称（省、市或县）、字号（或商号）、行业或经营特点、组织形式。

（二）申请企业名称预先核准

填写企业名称预先核准申请书（表 1），向市场监督管理部门提出申请。

登记主管机关的市场监督管理部门应当在收到企业提交的预先单独申请企业名称登记注册的全部材料之日起，10 日内做出核准或者驳回的决定。

登记主管机关核准预先单独申请登记注册的企业名称后，核发企业名称登记证书。

预先单独申请登记注册的企业名称经核准后，保留期为 1 年。经批准有筹建期的，企业名称保留到筹建期终止。在保留期内不得用于从事生产经营活动。保留期届满不办理企业开业登记的，其企业名称自动失效，企业应当在期限届满之日起 10 日内将企业名称登记证书交回登记主管机关。

三、个人独资企业设立登记

（一）提出申请

填写个人独资企业登记（备案）申请书（表 2 及附表），由投资人或者其委托的代理人向

个人独资企业所在地市场监督管理部门（下称登记机关）提出申请。

（二）核准登记与企业成立

登记机关应当在收到全部文件之日起 15 日内，做出核准登记或者不予登记的决定。予以核准的发给营业执照；不予核准的，发给企业登记驳回通知书。

个人独资企业营业执照的签发日期为个人独资企业成立日期。

四、个人独资企业分支机构的设立与变更登记

（一）分支机构登记

个人独资企业设立分支机构，应当由投资人或者其委托的代理人向分支机构所在地的登记机关申请设立登记，领取营业执照。

个人独资企业应当在其分支机构经核准设立登记后 15 日内，将登记情况报该分支机构隶属的个人独资企业的登记机关备案。

（二）变更登记

个人独资企业存续期间登记事项发生变更的，应当在做出变更决定之日起 15 日内向原登记机关申请变更登记。

五、实务操作

分为若干学习小组，每组 5～6 人。按小组任务书的要求进行工作。

小组任务书　　　　**任务编号 1－1**

任务	创设（设立）一个个人独资企业				
学习方法	小组协作	任务依据	《个人独资企业法》	课时	1 课时＋课外
任务内容与步骤					
1. 根据《企业名称登记管理规定（2012 年修正本）》规定，小组讨论后拟定企业名称 2. 填写企业名称预先核准申请书（表 1），进行企业名称预先核准申请 3. 填写个人独资企业登记（备案）申请书（表 2 及附表），进行个人独资企业登记 4. 小组进行汇报展示 5. 完成小组成员互评表					

六、总结与评价

教师与学生共同进行任务的总结与评价。教师把整个任务内容再整理一遍，进行归纳总结，使学生的思路更清晰。

（1）教师根据完成本次任务的情况，对每个小组的表现进行打分，并记录在任务评价表中。

（2）学生根据完成本次任务的协作情况，对小组其他成员打分，并记录在小组成员互评表中。

任务评价表

任务　　　　　　　　班级　　　　　　　　小组　　　　　　　　日期

组别	评价内容或要点				得分	总评
	完成任务内容 分值 0～10	完成任务时间 分值 0～10	完成任务质量 分值 0～30	团队协作 分值 0～20		
1						
2						
3						
4						
5						
6						
7						
8						

小组成员互评表

任务　　　　　　　　班级　　　　　　　　小组　　　　　　　　日期

小组成员	评价内容或要点			得分	备注
	态度积极分值 0～10	协作精神分值 0～10	贡献程度分值 0～10		

表 1　企业名称预先核准申请书

注：请仔细阅读本申请书填写说明，按要求填写。

□企业设立名称预先核准			
申请企业名称			
备选 企业字号			
企业住所	________省（市/自治区）________市（地区/盟/自治州） ________县（自治县/旗/自治旗/市/区）		
投资总额（外资）	万元	币种（外资）	
注册资本（金）	万元	币种（外资）	

续表

企业类型			经营期限		
经营范围					
投资人名称或姓名	证照号码	国别（地区）（外资）	币种（外资）	出资额（万元）（外资）	出资比例（外资）
□已核准名称项目调整（投资人除外）					
已核准名称			通知书文号		
拟调整项目	原申请内容		拟调整内容		
□已核准名称延期					
已核准名称			通知书文号		
原有效期			有效期延至	____年____月____日	
指定代表或者共同委托代理人					
指定代表或委托代理人/经办人姓名			移动电话		
授权期限	自　年　月　日至　年　月　日				
授权权限 1. 同意□　不同意□　核对登记材料中的复印件并签署核对意见 2. 同意□　不同意□　修改有关表格的填写错误 3. 同意□　不同意□　领取《企业名称预先核准通知书》					
（指定代表或委托代理人、具体经办人身份证件复印件粘贴处）					
申请人签字或盖章	年　月　日				

企业名称预先核准申请书填写说明：

注：以下“说明”供填写申请书参照使用，不需向登记机关提供。

1. 本申请书适用于内资企业和外资企业的名称预先核准申请、名称项目调整（投资人除外）、名称延期申请等。

2. 向登记机关提交的申请书只填写与本次申请有关的栏目。

3. 申请人应根据《企业名称登记管理规定》和《企业名称登记管理实施办法》有关规定申请企业名称预先核准，所提供信息应真实、合法、有效。

4. 外商投资企业申请在预先核准的名称中间使用（中国）的，应当满足下列条件：外商独资企业或外方控股企业；使用外方出资企业字号；符合不含行政区划企业名称注册资本等规定条件。

5.“企业类型”栏应根据以下具体类型选择填写：有限责任公司、股份有限公司、分公司、非公司企业法人、营业单位、企业非法人分支机构、个人独资企业、合伙企业。

6.“经营范围”栏只需填写与企业名称行业表述相一致的主要业务项目，应参照《国民经济行业分类》国家标准及有关规定填写。

7.“投资总额”“币种”“国别（地区）”“出资额”“出资比例”外商投资企业填写，内资企业可以不填。

8. 申请企业设立名称预先核准、对已核准企业名称项目进行调整或延长有效期限的，申请人为全体投资人。其中，自然人投资的由本人签字，内资非自然人投资的加盖公章，外商投资企业外方非自然人投资的由有权签字人签字。

9. 在原核准名称不变的情况下，可以对已核准名称项目进行调整，如住所、注册资本（金）等，变更投资人项目的除外。

10.《企业名称预先核准通知书》的延期应当在有效期期满前一个月内申请办理，申请延期时应交回《企业名称预先核准通知书》原件。投资人有正当理由，可以申请《企业名称预先核准通知书》有效期延期六个月，经延期的《企业名称预先核准通知书》不得再次申请延期。

11. 指定代表或委托代理人/经办人应在粘贴的身份证件复印件上用黑色钢笔或签字笔签字确认“与原件一致”。

12.“投资人名称或姓名”栏及“已核准名称项目调整（投资人除外）”项可加行续写或附页续写。

13. 申请人提交的申请书应当使用A4型纸。依本表打印生成的，使用黑色钢笔或签字笔签署；手工填写的，使用黑色钢笔或签字笔工整填写、签署。

表 2　个人独资企业登记（备案）申请书

注：请仔细阅读本申请书填写说明，按要求填写。

<table>
<tr><td colspan="9">□基本信息</td></tr>
<tr><td colspan="2">名　称</td><td colspan="7"></td></tr>
<tr><td colspan="2">备用名称 1</td><td colspan="7"></td></tr>
<tr><td colspan="2">备用名称 2</td><td colspan="7"></td></tr>
<tr><td colspan="2">名称预先核准文号/注册号/统一社会信用代码</td><td colspan="7"></td></tr>
<tr><td colspan="2">企业住所</td><td colspan="7">_______省（市/自治区）____市（地区/盟/自治州）___县（自治县/旗/自治旗/市/区）_____________乡（民族乡/镇/街道）______________村（路/社区）___________________________号</td></tr>
<tr><td colspan="2">生产经营地</td><td colspan="7">______省（市/自治区）____市（地区/盟/自治州）____县（自治县/旗/自治旗/市/区）___________乡（民族乡/镇/街道）__________村（路/社区）_______________号</td></tr>
<tr><td colspan="2">联系电话</td><td colspan="2"></td><td colspan="2">邮政编码</td><td colspan="3"></td></tr>
<tr><td colspan="9">□设立</td></tr>
<tr><td colspan="2">出资额</td><td colspan="3"></td><td colspan="2">从业人数</td><td colspan="2"></td></tr>
<tr><td colspan="2">出资方式</td><td colspan="7">□1. 以个人财产出资
□2. 以家庭共有财产作为个人出资
出资人的家庭成员签名：__________________________</td></tr>
<tr><td colspan="2">经营范围</td><td colspan="7"></td></tr>
<tr><td colspan="9">□变更</td></tr>
<tr><td>变更项目</td><td colspan="4">原登记内容</td><td colspan="4">申请变更登记内容</td></tr>
<tr><td></td><td colspan="4"></td><td colspan="4"></td></tr>
<tr><td></td><td colspan="4"></td><td colspan="4"></td></tr>
<tr><td></td><td colspan="4"></td><td colspan="4"></td></tr>
<tr><td></td><td colspan="4"></td><td colspan="4"></td></tr>
<tr><td colspan="9">□备案</td></tr>
<tr><td rowspan="2">分支机构
□增设
□注销</td><td colspan="2">名称</td><td colspan="2"></td><td colspan="3">注册号/统一社会信用代码</td><td></td></tr>
<tr><td colspan="2">登记机关</td><td colspan="2"></td><td colspan="3">登记日期</td><td></td></tr>
<tr><td>其他</td><td colspan="8">□联络员　　　　□财务负责人</td></tr>
<tr><td colspan="9">□注销</td></tr>
</table>

续表

<table>
<tr><td>注销原因</td><td colspan="4">□投资人决定解散
□投资人死亡或者被宣告死亡，无继承人或者继承人决定放弃继承
□依法被吊销营业执照
□法律、行政法规规定的其他情形________________</td></tr>
<tr><td>分支机构
注销情况</td><td colspan="2"></td><td colspan="2"></td></tr>
<tr><td rowspan="3">适用简易
注销情形</td><td colspan="2">□未开业</td><td colspan="2">□无债权债务</td></tr>
<tr><td>□未发生债权债务</td><td>□债权债务
已清算完毕</td><td>□未发生债权债务</td><td>□债权债务
已清算完毕</td></tr>
<tr><td colspan="2">□人民法院裁定程序终结</td><td colspan="2">□人民法院裁定强制清算终结</td></tr>
<tr><td>清税情况</td><td colspan="4">□已清理完毕　　□未涉及纳税义务</td></tr>
<tr><td colspan="5">□申请人声明</td></tr>
<tr><td colspan="5">本企业依照相关法律法规规定申请登记、变更（备案）、注销，提交材料真实有效。通过联络员登录企业信用信息公示系统向登记机关报送、向社会公示的企业信息为本企业提供、发布的信息，信息真实、有效。

投资人签字：

投资人或清算人签字：

企业盖章
年　月　日</td></tr>
</table>

附表 1　投资人信息

姓　名		性　别	
出生日期		民　族	
文化程度		政治面貌	
移动电话		电子信箱	
身份证件类型		身份证件号码	
居　所		邮政编码	
申请前职业状况			
（身份证件复印件粘贴处）			

附表 2　联络员信息

姓　名		固定电话	
移动电话		电子信箱	
身份证件类型		身份证件号码	
（身份证件复印件粘贴处）			

注：联络员主要负责本企业与企业登记机关的联系沟通，以本人个人信息登录企业信用信息公示系统依法向社会公示本企业的有关信息等。联络员应了解企业登记相关法规和企业信息公示有关规定，熟悉操作企业信用信息公示系统。

附表 3 财务负责人信息

姓 名		固定电话	
移动电话		电子信箱	
身份证件类型		身份证件号码	
（身份证件复印件粘贴处）			

个人独资企业登记（备案）申请书填写说明及规范：

注：以下“说明”供填写申请书参照使用，不需向登记机关提供。

一、填写说明

1. 本申请书适用个人独资企业向登记机关申请设立、变更、备案及注销登记。

2. 向登记机关提交的申请书只填写与本次申请有关的栏目。

3. 申请企业设立登记，填写“基本信息”栏、“设立”栏有关内容和附表 1“投资人信息”、附表 2“联络员信息”、附表 3“财务负责人信息”。“申请人声明”由企业投资人签署。

4. 企业申请变更登记，填写“基本信息”栏及“变更”栏有关内容。“申请人声明”由原投资人签署并加盖企业公章。申请变更同时需要“备案”的，同时填写“备案”栏有关内容。申请企业投资人变更的，应填写、提交拟任投资人的信息（附表 1“投资人信息”）。变更项目可加行续写或附页续写。

5. 企业增设（注销）分支机构应向原登记机关备案，填写“基本信息”栏及“备案”栏有关内容，“申请人声明”由投资人签署并加盖企业公章。“增设（注销）分支机构”项可加行续写或附页续写。

6. 企业申请其他事项备案，填写“基本信息”栏及“备案”栏有关内容。申请联络员备案的，应填写附表 2“联络员信息”；“申请人声明”由企业投资人签署并加盖企业公章。

7. 办理企业设立登记填写名称预先核准通知书文号，不填写注册号/统一社会信用代码。办理变更登记、备案填写注册号/统一社会信用代码，不填写名称预先核准通知书文号，未进行名称预先核准，按拟使用填写“名称”。

8.“经营范围”栏应参照《国民经济行业分类》国家标准及有关规定填写。

9. 企业申请注销登记，填写“基本信息”栏及“注销”栏有关内容。“申请人声明”由投资人或清算人签署并加盖企业公章。

10. 申请人提交的申请书应当使用 A4 型纸。依本表打印生成的，使用黑色钢笔或签字笔签署；手工填写的，使用黑色钢笔或签字笔工整填写、签署。

二、填写规范

1. 申请书中“居所”是指投资人的现住址。申请人在填写申请书中“居所”“企业住所”栏时，应填写所在市、县、乡（镇）及村、街道门牌号码。

2. 申请人在填写“出资方式”栏时，在选择项的序号上画“√”。

3. 申请人在填写申请书中“从业人数”栏时，应填写企业拟聘用从业人员的数量。

4. 申请变更登记，申请人只填写登记事项变更的栏目，登记事项未变的不填。以个人财产出资变更为以家庭共有财产作为个人出资的，家庭成员应签名。

5. 申请人应当按要求如实填写财务负责人信息、联络员信息。

第三节　个人独资企业法拓展与思考

一、知识拓展

（一）个人独资企业投资人的权利和责任

1. 个人独资企业投资人权利

（1）个人独资企业投资人对企业财产享有所有权。

（2）个人独资企业投资人的有关权利可以依法转让或继承。

2. 个人独资企业投资人的责任

个人独资企业投资人对企业债务承担无限责任。在企业登记时，以投资人个人财产出资设立的，由投资人个人财产承担无限责任；以投资人家庭财产出资设立的，由投资人的家庭财产承担无限责任。

（二）个人独资企业的解散与清算

1. 解散的情形

（1）投资人决定解散。

（2）投资人死亡或者被宣告死亡，无继承人或者继承人决定放弃继承。

（3）被依法吊销营业执照。

（4）法律、行政法规规定的其他情形。

2. 清算

1）清算人的产生

原则上由投资人自行清算，但经债权人申请，可由法院指定投资人以外的人为清算人。

2）通知与公告

投资人自行清算的，应当在清算前 15 日内书面通知债权人，无法通知的，应当予以公告。债权人应当在接到通知之日起 30 日内，未接到通知的应当在公告之日起 60 日内，向投资人申报其债权。

3）清产偿债的财产清偿顺序

个人独资企业解散的，财产应当按照下列顺序清偿。

（1）所欠职工工资和社会保险费用。

（2）所欠税款。

（3）其他债务。

个人独资企业财产不足以清偿债务的，投资人应当以其个人的其他财产予以清偿。

4）责任消灭制度

个人独资企业解散后，原投资人对个人独资企业存续期间的债务仍应承担偿还责任，但债权人在 5 年内未向债务人提出偿债请求的，该责任消灭。

5）注销登记

个人独资企业清算结束后，投资人或者人民法院指定的清算人应当编制清算报告，并于 15 日内到登记机关办理注销登记。

（三）利用互联网搜索下列资料

（1）通过市场监督管理局网站查看个人独资企业备案需提交材料项目。

（2）通过市场监督管理局网站查看个人独资企业分支机构登记申请书。

（3）通过市场监督管理局网站查看个人独资企业变更登记提交材料项目。

（4）通过市场监督管理局网站查看个人独资企业注销登记提交材料项目。

二、思考题

（1）个人独资企业与个体工商户有何异同？

（2）我国法律对企业名称有哪些要求？

任务二

创设合伙企业

任务目标

1. 懂得合伙企业的法律特征及类型。
2. 懂得普通合伙企业的创设条件。
3. 懂得特殊的普通合伙企业的特点及应用。
4. 懂得有限合伙企业的特点及应用。
5. 学会创设合伙企业。

过程与方法

1. 合伙企业法律规定及解释。(教师讲授)
2. 创设合伙企业的操作实务。(学生小组活动)
3. 任务总结与点评。(教学双方参与)

第一节　合伙企业法

合伙也是一种古老的商业组织形态，产生于欧洲中世纪。在现代市场经济条件下，虽然有公司这种高级形态的法人组织，但合伙因其聚散灵活的经营形式和较强的应变能力，已然成为现代联合经营不可或缺的形式之一。其主要特征是共同出资、共同经营、共负盈亏、共担风险。

按照《中华人民共和国合伙企业法》规定，所谓合伙企业是指由自然人、法人和其他组织设立的组织体，包括普通合伙企业和有限合伙企业两种类型。

一、普通合伙企业

普通合伙企业是由普通合伙人组成，所有合伙人对合伙企业债务承担无限连带责任的企业。

(一)普通合伙企业的设立条件

(1)有符合要求的合伙人。所谓符合要求，主要是指合伙人在人数、行为能力、职业禁止和资格限制等方面有要求。法律明确规定国有独资公司、国有企业、上市公司以及公益性事业单位、社会团体不得成为普通合伙人。

（2）有书面合伙协议。这是合伙企业自治性的体现，合伙企业法大部分的规则都只是在合伙协议没有约定时才适用，如果合伙协议有不同或相反约定，则优先适用合伙协议的约定。

合伙协议经全体合伙人签名、盖章后生效。除非合伙协议另有约定，修改或者补充合伙协议，应当经全体合伙人一致同意。

（3）有合伙人实际缴付的出资。合伙人可以用货币、实物、知识产权、土地使用权或者其他财产权利出资，也可以用劳务出资。以劳务出资的，其评估办法由全体合伙人协商确定，并在合伙协议中载明。以非货币财产出资，需要办理财产权转移手续的，应当依法办理。

（4）有合伙企业的名称。普通合伙企业应当在其名称中标明“普通合伙”字样。

（5）有经营场所和从事合伙经营的必要条件。

（二）普通合伙企业事务的执行

执行合伙事务是合伙人的权利，每一个合伙人，不管出资额多少，均对合伙事务享有同等的权利。

1. 执行方式

（1）由全体合伙人共同执行。

（2）由各合伙人分别单独执行合伙事务。

（3）由一名合伙人执行合伙事务。

（4）由数名合伙人共同执行合伙事务。

2. 决议方式

合伙人对合伙企业有关事项做出决议，按合伙协议约定的表决方式办理。如果合伙企业对表决方式没有约定或者约定不明，则实行一人一票并经全体合伙人过半数通过的表决办法处理。

3. 合伙人行为的限制

（1）竞业禁止，合伙人不得自营或者同他人合作经营与本合伙企业相竞争的业务。

（2）自我交易，合伙人不得同本合伙企业进行交易，除非合伙协议另有约定或者经全体合伙人一致同意的。

4. 利润分配与亏损承担

合伙企业的利润分配与亏损承担方法按照合伙协议约定处理。合伙协议没有约定或者约定不明的，由合伙人协商决定；协商不成的，由合伙人按照实际的出资比例分配与分担；无法确定出资比例的，由合伙人平均分配与分担。

合伙协议不得约定将全部利润分配给部分合伙人或者由部分合伙人承担全部亏损，否则该约定无效。

（三）普通合伙企业的入伙与退伙

1. 入伙

新入伙人一般可以通过投资、转让、继承等方式入伙。

（1）新合伙人入伙，除合伙协议另有约定外，应当经全体合伙人一致同意，并依法订立书面入伙协议。订立入伙协议时，原合伙人应当向新合伙人如实告知原合伙企业的经营状况和财务状况。

（2）入伙的新合伙人与原合伙人享有同等权利，承担同等责任。入伙协议另有约定的，从其约定。新合伙人对入伙前合伙企业的债务承担无限连带责任。

2. 退伙

1）单方退伙

合伙协议约定合伙期限的，在合伙企业存续期间，有下列情形之一的，合伙人可以退伙。

（1）合伙协议约定的退伙事由出现。

（2）经全体合伙人一致同意。

（3）发生合伙人难以继续参加合伙的事由。

（4）其他合伙人严重违反合伙协议约定的义务。

2）通知退伙

合伙协议未约定合伙期限的，合伙人在不给合伙企业事务执行造成不利影响的情况下，可以退伙，但应当提前30日通知其他合伙人。

3）当然退伙

合伙人有下列情形之一的，当然退伙。

（1）作为合伙人的自然人死亡或者被依法宣告死亡。

（2）个人丧失偿债能力。

（3）作为合伙人的法人或者其他组织依法被吊销营业执照、责令关闭、撤销，或者被宣告破产。

（4）法律规定或者合伙协议约定合伙人必须具有相关资格而丧失该资格。

（5）合伙人在合伙企业中的全部财产份额被人民法院强制执行。

合伙人被依法认定为无民事行为能力人或者限制民事行为能力人的，经其他合伙人一致同意，可以依法转为有限合伙人，普通合伙企业依法转为有限合伙企业。其他合伙人未能一致同意的，该无民事行为能力或者限制民事行为能力的合伙人退伙。退伙事由实际发生之日为退伙生效日。

4）除名退伙

合伙人有下列情形之一的，经其他合伙人一致同意，可以决议将其除名。

（1）未履行出资义务。

（2）因故意或者重大过失给合伙企业造成损失。

（3）执行合伙事务时有不正当行为。

（4）发生合伙协议约定的事由。

对合伙人的除名决议应当书面通知被除名人。被除名人接到除名通知之日，除名生效，被除名人退伙。

被除名人对除名决议有异议的，可以自接到除名通知之日起30日内，向人民法院起诉。

5）退伙的法律后果

（1）退伙人丧失合伙人身份，脱离原合伙协议约定的权利义务关系。

（2）导致合伙企业财产的清理与结算。

6）财产继承问题

（1）合伙人死亡或者被依法宣告死亡的，对该合伙人在合伙企业中的财产份额享有合法继承权的继承人，按照合伙协议的约定或者经全体合伙人一致同意，从继承开始之日起，取得该合伙企业的合伙人资格。

（2）如果继承人不愿意成为合伙人；或者法律规定或者合伙协议约定合伙人必须具有相关资格，而该继承人未取得该资格；或者合伙协议约定继承人不能成为合伙人的其他情形。合伙企业应当向合伙人的继承人退还被继承合伙人的财产份额。

（3）合伙人的继承人为无民事行为能力人或者限制民事行为能力人的，经全体合伙人一致同意，可以依法成为有限合伙人，普通合伙企业依法转为有限合伙企业。全体合伙人未能一致同意的，合伙企业应当将被继承合伙人的财产份额退还该继承人。

二、有限合伙企业

有限合伙企业是指由一个以上的普通合伙人和一个以上的有限合伙人共同设立的合伙企业。即有限合伙企业中至少有一个普通合伙人和至少有一个有限合伙人，否则就不能成为有限合伙，其中普通合伙人对合伙企业债务承担无限连带责任，有限合伙人以其认缴的出资额为限对合伙企业债务承担责任。

（一）有限合伙企业的设立

法律对有限合伙企业设立的特殊规定有以下几点。

1. 合伙人人数

由 2 个以上 50 个以下合伙人设立，至少应当有 1 个普通合伙人。自然人、法人和其他组织可以依法设立有限合伙企业。

2. 合伙企业名称

有限合伙企业名称中应当标明“有限合伙”字样。

3. 有限合伙人的出资形式

有限合伙人可以用货币、实物、知识产权、土地使用权或者其他财产权利出资，但不得用劳务出资。有限合伙人应当按照合伙协议的约定按期足额缴纳出资；未按期足额缴纳的，应当承担补缴义务，并对其他合伙人承担违约责任。

4. 有限合伙企业登记事项

有限合伙企业登记事项中应当载明有限合伙人的姓名或者名称及认缴的出资数额。

（二）有限合伙企业事务的执行

法律对有限合伙企业事务执行的特殊规定有以下几点。

1. 有限合伙企业事务执行人

有限合伙企业由普通合伙人执行合伙事务。有限合伙人不执行合伙事务，不得对外代表有限合伙企业。

但有限合伙人的某些行为，不视为执行合伙事务。

2. 表见普通合伙

第三人有理由相信有限合伙人为普通合伙人并与其交易的，该有限合伙人对该笔交易承担与普通合伙人同样的责任。有限合伙人未经授权以有限合伙企业名义与他人进行交易，给有限合伙企业或者其他合伙人造成损失的，该有限合伙人应当承担赔偿责任。

3. 利润分配与亏损承担

有限合伙企业不得将全部利润分配给部分合伙人；但是，合伙协议另有约定的除外。

（三）有限合伙人的特殊权利

（1）有限合伙人仅以其认缴的出资额为限对合伙企业债务承担责任。

（2）除非合伙协议另有规定，有限合伙人可以同合伙企业交易。

（3）除非合伙协议另有规定，有限合伙人可以自营或者同他人合作经营与本合伙企业相竞争的业务。

（4）除非合伙协议另有规定，有限合伙人可以将其在合伙企业中的财产份额出质。

（5）有限合伙人可以按照合伙协议的约定向合伙人以外的人转让其在合伙企业中的财产份额，只需提前30日通知其他合伙人即可。

（四）有限合伙企业入伙与退伙

法律对有限合伙企业入伙与退伙的特殊规定有以下几点。

1. 入伙

新入伙的有限合伙人对入伙前有限合伙企业的债务，以其认缴的出资额为限承担责任。

2. 退伙

1）有限合伙人当然退伙

有限合伙人出现下列情形，当然退伙。

（1）作为合伙人的自然人死亡或者被依法宣告死亡。

（2）作为合伙人的法人或者其他组织依法被吊销营业执照、责令关闭、撤销，或者被宣告破产。

（3）法律规定或者合伙协议约定合伙人必须具有相关资格而丧失该资格。

（4）合伙人在合伙企业中的全部财产份额被人民法院强制执行。

2）有限合伙人丧失民事行为能力的规定

作为有限合伙人的自然人，在合伙企业存续期间丧失民事行为能力的，其他合伙人不得因此要求其退伙。

3）有限合伙人继承人或者权利承受人的权利

作为合伙人的自然人死亡或者被依法宣告死亡或者作为合伙人的法人或者其他组织终止时，其继承人或者权利承受人可以依法取得该有限合伙人在合伙企业中的资格。

4）有限合伙人退伙后责任承担

有限合伙人退伙后，对基于其退伙前的原因发生的有限合伙企业债务，以其退伙时从有限合伙企业中取回的财产承担责任。

第二节　合伙企业法实务

一、制定合伙协议

（一）普通合伙企业合伙协议

普通合伙企业的合伙协议应包括如下内容。

（1）合伙企业的名称和主要经营场所的地点。

（2）合伙目的和合伙经营范围。

（3）合伙人的姓名或者名称、住所。

（4）合伙人的出资方式、数额和缴付期限。
（5）利润分配、亏损分担方式。
（6）合伙事务的执行。
（7）入伙与退伙。
（8）争议解决办法。
（9）合伙企业的解散与清算。
（10）违约责任。

（二）有限合伙企业合伙协议

除普通合伙企业合伙协议的内容外，有限合伙企业合伙协议还应有如下内容。
（1）普通合伙人和有限合伙人的姓名或者名称、住所。
（2）执行事务合伙人应具备的条件和选择程序。
（3）执行事务合伙人权限与违约处理办法。
（4）执行事务合伙人的除名条件和更换程序。
（5）有限合伙人入伙、退伙的条件、程序以及相关责任。
（6）有限合伙人和普通合伙人相互转变程序。

二、合伙企业名称预先核准

参见个人独资企业部分。

三、设立登记

（一）提出申请

填写合伙企业登记（备案）申请书（表 3 及附表），由投资人或者其委托的代理人向合伙企业所在地市场监督管理部门（下称登记机关）提交登记申请书、合伙协议书、合伙人身份证明等文件，提出设立申请。合伙企业的经营范围中有属于法律、行政法规规定在登记前须经批准项目的，该项经营业务应当依法经过批准，并在登记时提交批准文件。

（二）核准登记与企业成立

申请人提交的登记申请材料齐全、符合法定形式，企业登记机关能够当场登记的，应予当场登记，发给营业执照。

不能当场登记的，企业登记机关应当自受理申请之日起 20 日内，做出是否登记的决定。予以登记的，发给营业执照；不予登记的，应当给予书面答复，并说明理由。

合伙企业的营业执照签发日期，为合伙企业成立日期。

合伙企业领取营业执照前，合伙人不得以合伙企业名义从事合伙业务。

四、合伙企业分支机构的设立与变更登记

（一）分支机构登记

合伙企业设立分支机构，应当由投资人或者其委托的代理人向分支机构所在地的登记机关申请设立登记，领取营业执照。

（二）变更登记

合伙企业存续期间登记事项发生变更的，执行合伙事务的合伙人应当自做出变更决定或者发生变更事由之日起 15 日内向原登记机关申请变更登记。

五、实务操作

分为若干学习小组，每组 5～6 人。任意选定普通合伙企业、特殊的普通合伙企业、有限合伙企业，按小组任务书的要求进行工作。

小组任务书 **任务编号 1－2**

任务	创设（设立）一合伙企业				
学习方法	小组协作	任务依据	《合伙企业法》	课时	2 课时＋课外
任务内容与步骤					
1. 根据选择的合伙企业类型要求，小组讨论后制定出合伙协议 2. 填写企业名称预先核准申请书（表 1），进行合伙企业名称预先核准申请 3. 填写合伙企业登记（备案）申请书（表 3 及附表），进行合伙企业登记 4. 小组进行汇报展示 5. 完成小组成员互评表					

六、总结与评价

教师与学生共同进行任务的总结与评价。教师把整个任务内容再整理一遍，进行归纳总结，使学生的思路更清晰。

（1）教师根据完成本次任务的情况，对每个小组的表现进行打分，并记录在任务评价表中。

（2）学生根据完成本次任务的协作情况，对小组其他成员打分，并记录在小组成员互评表中。

任务评价表

任务　　　　班级　　　　小组　　　　日期

组别	评价内容或要点				得分	总评
	完成任务内容 分值 0～10	完成任务时间 分值 0～10	完成任务质量 分值 0～30	团队协作 分值 0～20		
1						
2						
3						
4						
5						
6						
7						
8						

小组成员互评表

任务 班级 小组 日期

小组成员	评价内容或要点			得分	备注
	态度积极 分值 0～10	协作精神 分值 0～10	贡献程度 分值 0～10		

表 3 合伙企业登记（备案）申请书

注：请仔细阅读本申请书填写说明，按要求填写。

□基本信息			
名 称			
备用名称 1			
备用名称 2			
名称预先核准文号/注册号/统一社会信用代码			
主要经营场所	______省（市/自治区）____市（地区/盟/自治州）____县（自治县/旗/自治旗/市/区）____乡（民族乡/镇/街道）_____村（路/社区）_________号		
生产经营地	______省（市/自治区）____市（地区/盟/自治州）____县（自治县/旗/自治旗/市/区）____乡（民族乡/镇/街道）_____村（路/社区）_________号		
联系电话		邮政编码	
□设立			
执行事务合伙人	姓名或名称		
	委派代表（仅限执行事务合伙人为法人或其他组织时填写）		
合伙企业类型	□普通合伙 □特殊的普通合伙 □有限合伙		
出资额（万元）	其中，实缴________万元，认缴________万元		
经营范围			

续表

<table>
<tr><td>合伙期限</td><td colspan="4">自______年______月______日到______年______月______日</td></tr>
<tr><td>合伙人数</td><td colspan="2"></td><td>其中，有限合伙人数（仅限有限合伙企业填写）</td><td></td></tr>
<tr><td>从业人数</td><td colspan="4"></td></tr>
<tr><td colspan="5">全体合伙人签字：

申请日期：</td></tr>
<tr><td colspan="5">□变更</td></tr>
<tr><td>变更项目</td><td colspan="2">原登记内容</td><td colspan="2">申请变更登记内容</td></tr>
<tr><td></td><td colspan="2"></td><td colspan="2"></td></tr>
<tr><td></td><td colspan="2"></td><td colspan="2"></td></tr>
<tr><td></td><td colspan="2"></td><td colspan="2"></td></tr>
<tr><td></td><td colspan="2"></td><td colspan="2"></td></tr>
<tr><td colspan="5">执行事务合伙人（含委派代表）签字：

申请日期：</td></tr>
<tr><td colspan="5">□备案</td></tr>
<tr><td rowspan="2">分支机构
□增设
□注销</td><td>名称</td><td></td><td>注册号/统一社会信用代码</td><td></td></tr>
<tr><td>登记机关</td><td></td><td>登记日期</td><td></td></tr>
<tr><td rowspan="2">清算人成员</td><td>清算人</td><td></td><td>联系电话</td><td></td></tr>
<tr><td>成员名单</td><td colspan="3"></td></tr>
<tr><td>合伙协议</td><td colspan="4">□初次备案　□涉及变更事项备案</td></tr>
<tr><td>其他</td><td colspan="4">□联络员　□财务负责人</td></tr>
</table>

续表

<table>
<tr><td colspan="5">□注销</td></tr>
<tr><td>注销原因</td><td colspan="4">□1. 合伙期限届满，合伙人决定不再经营
□2. 合伙协议约定的解散事由出现
□3. 全体合伙人决定解散
□4. 合伙人已不具备法定人数满三十天
□5. 合伙协议约定的合伙目的已经实现或者无法实现
□6. 依法被吊销营业执照、责令关闭或者被撤销
□7. 法律、行政法规规定的其他原因：______</td></tr>
<tr><td>分支机构
注销情况</td><td colspan="4"></td></tr>
<tr><td rowspan="3">适用简易
注销情形</td><td colspan="2">□未开业</td><td colspan="2">□无债权债务</td></tr>
<tr><td>□未发生债权债务</td><td>□债权债务
已清算完毕</td><td>□未发生债权债务</td><td>□债权债务
已清算完毕</td></tr>
<tr><td colspan="2">□人民法院裁定破产程序终结</td><td colspan="2">□人民法院裁定强制清算终结</td></tr>
<tr><td>清税情况</td><td colspan="4">□已清理完毕　　□未涉及纳税义务</td></tr>
<tr><td colspan="5">□申请人声明</td></tr>
<tr><td colspan="5">本企业依照相关法律法规规定申请登记、备案，提交材料真实有效。通过联络员登录企业信用信息公示系统向登记机关报送、向社会公示的企业信息为本企业提供、发布的信息，信息真实、有效。

执行事务合伙人（含委派代表）签字：　　　　公章
清算人签字：　　　　年　月　日</td></tr>
</table>

附表1　执行事务合伙人（含委派代表）信息

姓　名			
固定电话		移动电话	
电子信箱			
身份证件类型			
身份证件号码			
（身份证件复印件粘贴处）			

附表2　全体合伙人名录及出资情况

合伙人名称或姓名	住所	证件类型及号码	承担责任方式	出资方式	评估方式	认缴出资额（万元）	实缴出资额（万元）	缴付期限

全体合伙人签名：　　　　　　　　　　　　　　　　　　　　日期：

附表 3　全体合伙人主体资格证明或自然人身份证明复印件

（复印件粘贴处）

附表 4　全体合伙人委托执行事务合伙人的委托书

<table>
<tr><td>
经全体合伙人协商一致，同意委托________________________ 为执行事务合伙人。

全体合伙人：

年　　月　　日
</td></tr>
</table>

附表 5　法人或其他组织委派代表的委托书

<table>
<tr><td>
我单位作为合伙企业________________________ 的执行事务合伙人，现委托__________代表我单位执行合伙事务。

委托单位法定代表人（负责人）签字：

委托单位印章
年　　月　　日
</td></tr>
</table>

附表 6　全体合伙人委派分支机构负责人的委托书

经全体合伙人与受托人协商一致，全体合伙人委派受托人为全体合伙人所办的合伙企业（名称）的分支机构（名称）____________________负责人。 全体合伙人：　　　　　　　　　　受托人： 年　月　日　　　　　　　　　　年　月　日

附表 7　全体合伙人指定代表或共同委托代理人的委托书

经全体合伙人与受托人协商一致，全体合伙人指定________________做代表人或共同委托代理人向登记机关申请办理合伙企业（分支机构）的设立（变更、注销）登记事宜。 全体合伙人：　　　　　　　　　　受托人： 年　月　日　　　　　　　　　　年　月　日

附表 8　执行事务合伙人（含委派代表）指定的代表或者委托的代理人的委托书

<table>
<tr><td colspan="2">作为合伙企业（名称）______________________ 的执行事务合伙人或委派代表，现指定代表或者委托代理人________________向登记机关申请办理合伙企业（分支机构）的变更（注销）登记事宜。</td></tr>
<tr><td>执行事务合伙人（含委派代表）签字：

年　月　日</td><td>受托人：

年　月　日</td></tr>
</table>

附表 9　联络员信息

<table>
<tr><td>姓　名</td><td></td><td>固定电话</td><td></td></tr>
<tr><td>移动电话</td><td></td><td>电子信箱</td><td></td></tr>
<tr><td>身份证件类型</td><td></td><td>身份证件号码</td><td></td></tr>
<tr><td colspan="4">（身份证件复印件粘贴处）</td></tr>
</table>

注：联络员主要负责本企业与企业登记机关的联系沟通，以本人个人信息登录企业信用信息公示系统依法向社会公示本企业有关信息等。联络员应了解企业登记相关法规和企业信息公示有关规定，熟悉操作企业信用信息公示系统。

附表 10 财务负责人信息

姓　名		固定电话	
移动电话		电子信箱	
身份证件类型		身份证件号码	
（身份证件复印件粘贴处）			

合伙企业登记（备案）申请书填写说明及规范：

注：以下“说明”供填写申请书参照使用，不需向登记机关提供。

一、填写说明

1. 本申请书适用合伙企业向登记机关申请设立、变更、备案及注销登记。

2. 向登记机关提交的申请书只填写与本次申请有关的栏目。

3. 申请合伙企业设立登记，填写“基本信息”栏、“设立”栏有关内容和附表 1“执行事务合伙人（含委派代表）信息”、附表 2“全体合伙人名录及出资情况”、附表 3“全体合伙人主体资格证明或自然人身份证明复印件”、附表 9“联络员信息”、附表 10“财务负责人信息”，需要填写委托书的，填写附表 4、附表 5、附表 6、附表 7、附表 8 相应的委托书。“申请人声明”由企业拟任执行事务合伙人（委派代表）签署。“合伙人名称或姓名”栏可加行续写或附页续写。

4. 合伙企业申请变更登记，填写“基本信息”栏及“变更”栏有关内容。“申请人声明”由原执行事务合伙人（委派代表）或者拟任执行事务合伙人（委派代表）签署并加盖企业公章。申请变更同时需要“备案”的，同时填写“备案”栏有关内容。申请企业执行事务合伙人（委派代表）变更的，应填写、提交拟任执行事务合伙人（委派代表）信息［附表 1“执行事务合伙人（含委派代表）信息”］；申请合伙人及投资情况变更的，应填写、提交合伙人基本信息及投资情况（附表 2“全体合伙人名录及出资情况”）。变更项目可加行续写或附页续写。

5. 合伙企业增设（注销）分支机构应向原登记机关备案，填写“基本信息”栏及“备案”栏有关内容，“申请人声明”由执行事务合伙人（委派代表）签署并加盖企业公章。“增设分支机构”项可加行续写或附页续写。

6. 合伙企业协议修订或其他事项备案，填写“基本信息”栏及“备案”栏有关内容。申请合伙人出资信息变化备案的，应填写附表 2“全体合伙人名录及出资情况”；申请工商联络员备案的，应填写附表 9“联络员信息”。“申请人声明”由执行事务合伙人（委派代表）签署并加盖企业公章；申请清算组成员备案的，“申请人声明”由合伙企业清算人签署。

7. 办理合伙企业设立登记填写名称预先核准通知书文号，不填写注册号/统一社会信用代码。办理变更登记、备案填写注册号/统一社会信用代码，不填写名称预先核准通知书文号。未进行名称预先核准，按拟使用优先顺序填写“名称”和“备用名称”。

8. “经营范围”栏应根据企业合伙协议、参照《国民经济行业分类》国家标准及有关规定填写。

9. 申请注销登记，填写“基本信息”栏及“注销”栏。“申请人声明”由清算人签署，加盖合伙企业公章。

10. 申请人提交的申请书应当使用 A4 型纸。依本表打印生成的，使用黑色钢笔或签字笔签署；手工填写的，使用黑色钢笔或签字笔工整填写、签署。

二、填写规范

1. 执行事务合伙人或委派代表一栏填写自然人姓名、法人或其他组织的名称及其委派代表的姓名。

2. 合伙企业类型填写“普通合伙企业”“特殊的普通合伙企业”或“有限合伙企业”。

3. 合伙协议未规定合伙期限的，合伙期限一栏可不填。

4. 申请设立普通合伙企业、特殊的普通合伙企业，有限合伙人数一栏可不填。

5. 从业人数一栏，填写企业拟聘用从业人员的数量。

6. 出资额为各合伙人实际缴付或认缴的货币出资及非货币出资评估作价金额之和（均以人民币表示）。

7. 主要经营场所只能有一个，应填写所在市、县、乡（镇）及村、街道门牌号码。

8. 以货币出资的，评估方式不填；以非货币财产出资的，出资方式填写“实物、知识产权、土地使用权或其他财产权利”，评估方式填写“全体合伙人评估或机构评估”；以劳务出资的，出资方式填写“劳务”，评估方式填写“全体合伙人评估”。

9. 缴付期限填写合伙协议约定的缴付期限。

10. 承担责任方式填写“无限责任”或者“特殊的普通合伙人责任”或者“有限责任”。

11. 办理变更登记，申请人只填写申请书中登记事项变更的栏目，登记事项未变的不填。

12. 办理注销登记，在异地设有分支机构的合伙企业，应当提交分支机构所在地企业登记机关核发的分支机构注销登记决定书。

13. 申请人应当按要求如实填写财务负责人信息、联络员信息。

第三节 合伙企业法拓展与思考

一、知识拓展

（一）普通合伙企业的财产

1. 构成

（1）合伙人的出资。

（2）以合伙企业名义取得的收益。

（3）依法取得的其他财产。

2. 管理与使用

（1）合伙企业的财产只能由全体合伙人共同管理和使用。

（2）在合伙企业存续期间，除非有合伙人退伙等法定事由，合伙人不得请求分割合伙企业财产。

（3）合伙人在合伙企业清算前私自转移或者处分合伙企业财产的，合伙企业不得以此对抗善意第三人。

3. 转让与出质

合伙企业存续期间，经其他合伙人的一致同意，合伙人可以向合伙人以外的人转让在合伙企业的全部或者部分财产份额；合伙人依法转让其财产份额的，在同等条件下，其他合伙人享有优先购买权；合伙人之间转让合伙企业中的全部或者部分财产份额的，应当通知其他合伙人。

财产份额出质的，须经其他合伙人一致同意。未经其他合伙人一致同意，其行为无效，由此给善意第三人造成损失的，由行为人依法承担赔偿责任。

（二）普通合伙企业与第三人的关系

1. 合伙企业与善意第三人关系

合伙企业对合伙人执行合伙事务以及对外代表合伙企业权利的限制，不得对抗善意第三人。

2. 合伙企业债务清偿规则

合伙企业债务，应先以合伙企业的全部财产进行清偿；合伙企业不能清偿到期债务的，合伙人承担无限连带责任；合伙人由于承担无限连带责任，清偿数额超过其亏损分担比例的，有权向其他合伙人追偿。

3. 合伙人个人债务清偿规则

（1）债权人抵销权的禁止，合伙人发生与合伙企业无关的债务，相关债权人不得以其债权抵销其对合伙企业的债务。

（2）代位权的禁止，合伙人发生与合伙企业无关的债务，相关债权人不得代位行使合伙人在合伙企业中的权利。

（3）合伙份额的强制执行，合伙人的自有财产不足清偿其与合伙企业无关的债务的，该合伙人可以以其从合伙企业中分取的收益用于清偿；债权人也可以依法请求人民法院强制执行该合伙人在合伙企业中的财产份额用于清偿。人民法院强制执行合伙人的财产份额时，应当通知全体合伙人，其他合伙人有优先购买权；其他合伙人未购买，又不同意将该财产份额转让给他人的，依法为该合伙人办理退伙结算，或者办理削减该合伙人相应财产份额的结算。

（三）特殊的普通合伙企业

所谓特殊的普通合伙企业，是指各合伙人在对合伙企业债务承担无限责任的基本前提下，对因其他合伙人过错造成的合伙企业债务不负无限连带责任。

1. 适用范围

以专业知识和专门技能为客户提供有偿服务的专业服务机构，可以设立为特殊的普通合伙企业。如律师事务所、会计师事务所、医师事务所、设计师事务所等。

2. 特殊规定

特殊的普通合伙企业在其名称中应当标明“特殊普通合伙”字样。其他遵照普通合伙企业要求。

3. 责任形式

一个合伙人或者数个合伙人在执业活动中因故意或者重大过失造成合伙企业债务的，应当承担无限责任或者无限连带责任，其他合伙人以其在合伙企业中的财产份额为限承担责任。

合伙人执业活动中因故意或者重大过失造成的合伙企业债务，以合伙企业财产对外承担责任后，该合伙人应当按照合伙协议的约定对给合伙企业造成的损失承担赔偿责任。

合伙人在执业活动中非因故意或者重大过失造成的合伙企业债务以及合伙企业的其他债务，由全体合伙人承担无限连带责任。

（四）合伙人性质转变的规定

（1）当有限合伙企业仅剩普通合伙人时，有限合伙企业转为普通合伙企业，并进行相应的变更登记。

（2）当有限合伙企业仅剩有限合伙人时，则企业不再是合伙企业，应该解散。

（3）经全体合伙人一致同意，普通合伙人可以转变为有限合伙人，有限合伙人可以转变为普通合伙人。有限合伙人转变为普通合伙人的，对其作为有限合伙人期间合伙企业发生的债务承担无限连带责任；普通合伙人转变为有限合伙人的，对其作为普通合伙人期间合伙企业发生的债务承担无限连带责任。

（五）合伙企业的解散、清算

1. 合伙企业的解散情形

（1）合伙期限届满，合伙人决定不再经营。

（2）合伙协议约定的解散事由出现。

（3）全体合伙人决定解散。

（4）合伙人已不具备法定人数满 30 天。

（5）合伙协议约定的合伙目的已经实现或者无法实现。

（6）依法被吊销营业执照、责令关闭或者被撤销。

（7）法律、行政法规规定的其他原因。

2. 合伙企业的清算

1）清算人的确定及职责

清算人由全体合伙人担任；经全体合伙人过半数同意，可以自合伙企业解散事由出现后15日内指定一个或者数个合伙人，或者委托第三人担任清算人。

自合伙企业解散事由出现之日起15日内未确定清算人的，合伙人或者其他利害关系人可以申请人民法院指定清算人。

清算人职责：① 清理合伙企业财产，分别编制资产负债表和财产清单；② 处理与清算有关的合伙企业未了结事务；③ 清缴所欠税款；④ 清理债权、债务；⑤ 处理合伙企业清偿债务后的剩余财产；⑥ 代表合伙企业参加诉讼或者仲裁活动。

2）清算程序

清算人自被确定之日起10日内将合伙企业解散事项通知债权人，并于60日内在报纸上公告。债权人应当自接到通知书之日起30日内，未接到通知书的自公告之日起45日内，向清算人申报债权。

债权人申报债权，应当说明债权的有关事项，并提供证明材料。清算人应当对债权进行登记。

清算期间，合伙企业存续，但不得开展与清算无关的经营活动。

3）清偿顺序

合伙企业财产在支付清算费用后，应当按照下列顺序清偿。

（1）合伙企业所欠职工工资、社会保险费用和法定补偿金。

（2）合伙企业所欠税款。

（3）合伙企业债务。

（4）退还合伙人出资。

4）合伙企业注销后的债务承担

合伙企业注销后，原普通合伙人对合伙企业存续期间的债务仍应承担无限连带责任。

5）合伙企业的破产与债务清偿

合伙企业不能清偿到期债务的，债权人可以依法向人民法院提出破产清算申请，也可以要求普通合伙人清偿。

合伙企业依法被宣告破产的，普通合伙人对合伙企业债务仍应承担无限连带责任。

6）注销登记

清算结束，清算人应当编制清算报告，经全体合伙人签名、盖章后，在15日内向企业登记机关报送清算报告，申请办理合伙企业注销登记。

二、思考题

（1）合伙企业与公司的不同有哪些？

（2）设计有限合伙制私募投资基金的组织架构。

（3）查找合伙人制度应用的案例。

任务三

创设公司

任务目标

1. 懂得有限责任公司创立条件及组织机构。
2. 懂得股份有限公司创立条件及组织机构。
3. 学会创设有限责任公司。

过程与方法

1. 公司法律规定及解释。（教师讲授）
2. 创设有限责任公司的操作实务。（学生小组活动）
3. 任务总结与点评。（教学双方参与）

第一节　公　司　法

一、有限责任公司

（一）有限责任公司设立条件

1. 股东人数符合法律规定

设立有限责任公司，股东最多不能超过 50 个，最少为 1 个。除国有独资公司外，有限责任公司的股东可以是自然人，也可以是法人。

2. 有符合公司章程规定的全体股东认缴的出资额

有限责任公司的注册资本为在公司登记机关登记的全体股东认缴的出资额。法律、行政法规以及国务院决定对有限责任公司注册资本实缴、注册资本最低限额另有规定的，从其规定。

3. 有股东共同制定的章程

公司章程是记载公司组织规范及其活动准则的公开性书面文件。由全体股东共同依法制定，股东应当在公司章程上签名、盖章。

4. 有公司名称，建立符合有限责任公司要求的组织机构

其中有限责任公司必须在公司名称中标明“有限责任公司”或“有限公司”字样。

5. 有公司住所

（二）有限责任公司组织机构

1. 股东会

股东会由全体股东组成，是有限责任公司的权力机关，也是非常设机构。它对外不代表公司，对内不管理公司的具体事务，只负责公司重大问题的决策。

1）股东会的职权

股东会作为有限责任公司的权力机关，依法行使下列职权。

（1）决定公司的经营方针和投资计划。

（2）选举和更换非由职工代表担任的董事、监事，决定有关董事、监事的报酬事项。

（3）审议批准董事会的报告。

（4）审议批准监事会或者监事的报告。

（5）审议批准公司的年度财务预算方案、决算方案。

（6）审议批准公司的利润分配方案和弥补亏损方案。

（7）对公司增加或者减少注册资本作出决议。

（8）对发行公司债券作出决议。

（9）对公司合并、分立、解散、清算或者变更公司形式作出决议。

（10）修改公司章程。

（11）公司章程规定的其他职权。

对上述事项，股东以书面形式一致表示同意的，可以不召开股东会会议，直接做出决定，并由全体股东在决定文件上签名、盖章。

2）股东会的形式与召开

股东会会议有定期会议和临时会议。定期会议召开的时间由公司章程规定，一般每年召开一次。临时会议是由代表 1/10 以上表决权的股东或 1/3 以上的董事或监事会或不设监事会的监事提议召开。

首次会议由出资最多的股东召集和主持。以后的股东会，凡设立董事会的，股东会会议由董事会召集，董事长主持；董事长不能履行职务或者不履行职务的，由副董事长主持；副董事长不能履行职务或者不履行职务的，由半数以上董事共同推举一名董事主持。不设董事会的，股东会会议由执行董事召集和主持。董事会或者执行董事不能履行或者不履行召集股东会会议职责的，由监事会或者不设监事会的公司的监事召集和主持；监事会或者监事不召集和主持的，代表 1/10 以上表决权的股东可以自行召集和主持。

召开股东会会议，应当于会议召开 15 日前通知全体股东，通知应写明股东会议召开的时间、地点和审议的事项。

3）股东会决议

股东会会议由股东按照出资比例行使表决权；但是，公司章程另有规定的除外。

股东会的议事方式和表决程序，由公司章程规定。但下列重大事项必须经代表 2/3 以上表决权的股东通过：① 修改公司章程；② 增加或者减少注册资本；③ 公司合并、分立、解散或者变更公司形式。

股东会应当对所议事项的决定做成会议记录，出席会议的股东应当在会议记录上签名。

4）股东会决议的无效与撤销

股东会或者股东大会、董事会的会议召集程序、表决方式违反法律、行政法规或者公司章程，或者决议内容违反公司章程的，股东可以自决议做出之日起60日内，请求人民法院撤销。股东提起诉讼的，人民法院可以应公司的请求，要求股东提供相应担保。

2. 董事会

董事会是有限责任公司的业务执行机关，享有业务执行权和日常经营的决策权。

1）董事会的组成

董事会由董事组成，成员为3～13人，由股东会选举产生。

两个以上的国有企业或者两个以上的其他国有投资主体投资设立的有限责任公司，其董事会成员中应当有公司职工代表；其他有限责任公司董事会成员中可以有公司职工代表。董事会中的职工代表由公司职工通过职工代表大会、职工大会或者其他形式民主选举产生。

董事的任期由公司章程规定，但每届任期不得超过3年。董事任期届满，连选可以连任。

2）董事会的职权

董事会对股东会负责，行使下列职权。

（1）召集股东会会议，并向股东会报告工作。

（2）执行股东会的决议。

（3）决定公司的经营计划和投资方案。

（4）制订公司的年度财务预算方案、决算方案。

（5）制订公司的利润分配方案和弥补亏损方案。

（6）制订公司增加或者减少注册资本以及发行公司债券的方案。

（7）制订公司合并、分立、解散或者变更公司形式的方案。

（8）决定公司内部管理机构的设置。

（9）决定聘任或者解聘公司经理及其报酬事项，并根据经理的提名决定聘任或者解聘公司副经理、财务负责人及其报酬事项。

（10）制定公司的基本管理制度。

（11）公司章程规定的其他职权。

3）董事长和执行董事

有限责任公司董事会设董事长一人，可以设副董事长。董事长、副董事长的产生办法由公司章程规定。董事长是公司的法定代表人。

股东人数较少或者规模较小的有限责任公司，可以设一名执行董事，不设董事会。执行董事可以兼任公司经理，执行董事的职权由公司章程规定。执行董事兼具了相当于一般有限责任公司董事会、董事长的身份，是公司的法定代表人。

4）董事会的召开与议事规则

董事会会议由董事长召集和主持；董事长不能履行职务或者不履行职务的，由副董事长召集和主持；副董事长不能履行职务或者不履行职务的，由半数以上董事共同推举一名董事召集和主持。

董事会的议事方式和表决程序，由公司章程规定。

董事会应当对所议事项的决定做成会议记录，出席会议的董事应当在会议记录上签名。

董事会决议的表决，实行一人一票。

3. 经理

有限责任公司可以设经理，由董事会决定聘任或者解聘，经理对董事会负责，列席董事会会议。可以作为公司的法定代表人。

经理负责公司的日常经营管理工作，行使下列职权。

（1）主持公司的生产经营管理工作，组织实施董事会决议。

（2）组织实施公司年度经营计划和投资方案。

（3）拟订公司内部管理机构设置方案。

（4）拟订公司的基本管理制度。

（5）制定公司的具体规章。

（6）提请聘任或者解聘公司副经理、财务负责人。

（7）决定聘任或者解聘除应由董事会决定聘任或者解聘以外的负责管理人员。

（8）董事会授予的其他职权。

4. 监事会

监事会是有限责任公司的常设监督机关，专司监督职能。监事会对股东会负责，并向股东会报告工作。

1）监事会的组成

有限责任公司设监事会，其成员不得少于 3 人。股东人数较少或者规模较小的有限责任公司，可以不设监事会，设 1～2 名监事行使监事会职权。

监事会应当包括股东代表和适当比例的公司职工代表，其中职工代表的比例不得低于 1/3，具体比例由公司章程规定。监事会中的职工代表由公司职工通过职工代表大会、职工大会或者其他形式民主选举产生。

监事会设主席 1 人，由全体监事过半数选举产生。

监事的任期是法定的，每届为 3 年。任期届满，连选可以连任。

监事可以列席董事会会议，并对董事会决议事项提出质询或者建议。董事、高级管理人员不得兼任监事。

2）监事会的职权

监事会、不设监事会的有限公司的监事行使下列职权。

（1）检查公司财务。

（2）对董事、高级管理人员执行公司职务的行为进行监督，对违反法律、行政法规、公司章程或者股东会决议的董事、高级管理人员提出罢免的建议。

（3）当董事、高级管理人员的行为损害公司的利益时，要求董事、高级管理人员予以纠正。

（4）提议召开临时股东会会议，在董事会不履行本法规定的召集和主持股东会会议职责时召集和主持股东会会议。

（5）向股东会会议提出提案。

（6）依法对董事、高级管理人员提起诉讼。

（7）公司章程规定的其他职权。

3）监事会的议事规则

监事会主席召集和主持监事会会议；监事会主席不能履行职务或者不履行职务的，由半数以上监事共同推举一名监事召集和主持监事会会议。

监事会每年度至少召开一次会议，监事可以提议召开临时监事会会议。

监事会的议事方式和表决程序，由公司章程规定。监事会决议应当经半数以上监事通过。监事会应当对所议事项的决定做成会议记录，出席会议的监事应当在会议记录上签名。

（三）有限责任公司股权转让

1. 对内转让的规则

除公司章程对股权对内转让另有规定外，有限责任公司的股东相互之间可以自由转让股权。可以是转让部分股权，也可以是转让全部股权。

2. 对外转让的规则

除公司章程对股权对外转让另有规定外，有限责任公司的股东可以将其持有的公司股权转让给股东以外的第三人，但必须符合公司法规定的相关条件。

1）其他股东的同意权及其行使

股东向股东以外的人转让股权，应当经其他股东过半数同意。股东应就其股权转让事项书面通知其他股东征求同意，其他股东自接到书面通知之日起满 30 日未答复的，视为同意转让。其他股东半数以上不同意转让的，不同意的股东应当购买该转让的股权；不购买的，视为同意转让。

2）其他股东的优先购买权

经股东同意转让的股权，在同等条件下，其他股东有优先购买权。两个以上股东主张行使优先购买权的，协商确定各自的购买比例；协商不成的，按照转让时各自的出资比例行使优先购买权。

3）强制执行程序中的股东优先购买权

人民法院依照法律规定的强制执行程序转让股东的股权时，应当通知公司及全体股东，其他股东在同等条件下有优先购买权。其他股东自人民法院通知之日起满 20 日不行使优先购买权的，视为放弃优先购买权。

对于这种非通过协商而是通过强制执行程序购买股权的新股东，公司和其他股东不得否认其效力，公司应当注销原股东的出资证明书，向新股东签发出资证明书，并相应修改公司章程和股东名册中有关股东及其出资额的记载。对公司章程的该项修改不需再由股东会表决而直接发生效力。

3. 异议股东的股权收购请求权

股东可以行使异议股东的股权收购请求权的三种情形：① 公司连续 5 年不向股东分配利润，而公司该 5 年连续盈利，并且符合本法规定的分配利润条件的；② 公司合并、分立、转让主要财产的；③ 公司章程规定的营业期限届满或者章程规定的其他解散事由出现，股东会会议通过决议修改章程使公司存续的。

在上述任何一种情形下，对股东会该项决议投反对票的股东，有权自股东会决议通过之日起 60 日内提出请求，请求公司按照合理的价格收购其股权。收购价格等事宜由该股东与公司协商确定，如果股东与公司不能达成股权收购协议，那么股东可以自股东会会议决议通过之日起90日内向人民法院提起诉讼，通过诉讼途径解决该争议。

4. 自然人股东资格的继承

除公司章程另有规定外，自然人股东如果死亡或者被宣告死亡，其合法继承人可以继承股东资格。

二、股份有限公司

（一）股份有限公司的设立

1. 设立方式

股份有限公司的设立，有发起设立和募集设立两种方式。

发起设立，是指由发起人认购公司应发行的全部股份而设立公司。

募集设立，是指由发起人认购公司应发行股份的一部分，其余股份向社会公开募集或者向特定对象募集而设立公司。

发起人是指筹办公司设立事务，认购公司股份，并对设立行为承担责任的人。股份有限公司的发起人应当承担下列责任：① 公司不能成立时，对设立行为所产生的债务和费用负连带责任；② 公司不能成立时，对认股人已缴纳的股款，负返还股款并加算银行同期存款利息的连带责任；③ 公司设立过程中，由于发起人的过失致使公司利益受到损害的，应当对公司承担赔偿责任。

2. 设立条件

（1）发起人符合法定人数。

设立股份有限公司，应当有2人以上200人以下为发起人，其中须有半数以上的发起人在中国境内有住所。

（2）有符合公司章程规定的全体发起人认购的股本总额或者募集的实收股本总额。

股份有限公司采取发起设立方式设立的，注册资本为在公司登记机关登记的全体发起人认购的股本总额。在发起人认购的股份缴足前，不得向他人募集股份。

股份有限公司采取募集方式设立的，注册资本为在公司登记机关登记的实收股本总额。其中发起人认购的股份不得少于公司股份总数的35%。

（3）股份发行、筹办事项符合法律规定。

（4）发起人制定公司章程，采用募集方式设立的该章程要经创立大会通过。

创立大会由发起人、认股人组成，是审议设立股份有限公司重大事项的决议机构。创立大会应有代表股份总数过半数的发起人、认股人出席，方可举行。

（5）有公司名称，建立符合股份有限公司要求的组织机构。

（6）有公司住所。

3. 设立程序

（1）发起设立：① 签订发起人协议；② 制定公司章程；③ 发起人书面认购股份；④ 缴纳出资；⑤ 选举董事会和监事会；⑥ 申请设立登记。

（2）募集设立：① 签订发起人协议；② 制定公司章程；③ 发起人书面认购股份；④ 签订承销协议和代收股款协议；⑤ 公告招股说明书，制作认股书；⑥ 召开创立大会；⑦ 申请设立登记并公告。

（二）股份有限公司组织机构

1. 股东大会

股东大会由全体股东组成，是股份公司的最高权力机关。股份公司股东大会的职权与有限责任公司股东会职权相同。

1）股东大会的形式

股东大会有年会和临时会议。年会应当每年召开一次。临时股东大会则是有下列情况之一时在两个月内召开：① 董事人数不足本法规定人数或者公司章程所定人数的 2/3 时；② 公司未弥补的亏损达实收股本总额 1/3 时；③ 单独或者合计持有公司 10%以上股份的股东请求时；④ 董事会认为必要时；⑤ 监事会提议召开时；⑥ 公司章程规定的其他情形。

2）股东大会的召开

股东大会会议由董事会召集，董事长主持；董事长不能履行职务或者不履行职务的，由副董事长主持；副董事长不能履行职务或者不履行职务的，由半数以上董事共同推举一名董事主持。

董事会不能履行或者不履行召集股东大会会议职责的，监事会应当及时召集和主持；监事会不召集和主持的，连续 90 日以上单独或者合计持有公司 10%以上股份的股东可以自行召集和主持。

召开股东大会会议，应当将会议召开的时间、地点和审议的事项于会议召开 20 日前通知各股东；临时股东大会应当于会议召开 15 日前通知各股东；发行无记名股票的，应当于会议召开 30 日前公告会议召开的时间、地点和审议事项。无记名股票持有人出席股东大会会议的，应当于会议召开 5 日前至股东大会闭会时将股票交存于公司，否则不得出席会议。

3）股东大会决议

股东出席股东大会会议，所持每一股份有一表决权。但是公司持有的本公司股份没有表决权。股东大会做出决议，必须经出席会议的股东所持表决权过半数通过。但是股东大会做出修改公司章程、增加或者减少注册资本的决议，以及公司合并、分立、解散或者变更公司形式的决议，必须经出席会议的股东所持表决权的 2/3 以上通过。

2. 董事会

1）董事会的组成

股份公司董事会由 5～19 个董事组成，采用发起设立的股份公司的董事由发起人选举产生；采用募集设立的股份公司的董事由创立大会选举产生。股份公司成立后，董事由股东大会选举产生。董事会成员中可以有公司职工代表，由公司职工通过职工代表大会、职工大会或者其他形式民主选举产生。董事的任期规定与有限责任公司相同。

董事会设董事长一人，可以设副董事长。董事长和副董事长由董事会以全体董事的过半数选举产生。

董事会职权的规定与有限责任公司相同。

2）董事会会议的召开

股份公司董事会会议有定期会议和临时会议。定期会议每年度至少召开两次，每次会议应当于会议召开 10 日前通知全体董事和监事。临时会议由代表 1/10 以上表决权的股东，或者 1/3 以上董事，或者监事会可以提议召开，董事长应当自接到提议后 10 日内，召集和主持董事会会议。

3）董事会会议的决议

董事会会议应有过半数的董事出席方可举行。董事会决议的表决，实行一人一票。董事会做出决议，必须经全体董事的过半数通过。

董事会会议，应由董事本人出席；董事因故不能出席，可以书面委托其他董事代为出席，委托书中应载明授权范围。

董事会应当对会议所议事项的决定做成会议记录，出席会议的董事应当在会议记录上签名。

董事应当对董事会的决议承担责任。董事会的决议违反法律、行政法规或者公司章程、股东大会决议，致使公司遭受严重损失的，参与决议的董事对公司负赔偿责任。但经证明在表决时曾表明异议并记载于会议记录的，该董事可以免除责任。

3. 经理

股份有限公司设经理，由董事会决定聘任或者解聘。董事会也可以决定由董事会成员兼任经理。经理的职权与有限责任公司规定相同。

4. 监事会

1）监事会的组成

股份有限公司设监事会，其成员不得少于 3 人。监事会应当包括股东代表和适当比例的公司职工代表，其中职工代表的比例不得低于 1/3，具体比例由公司章程规定。监事会中的职工代表由公司职工通过职工代表大会、职工大会或者其他形式民主选举产生。

监事会设主席一人，可以设副主席。监事会主席和副主席由全体监事过半数选举产生。董事、高级管理人员不得兼任监事。

监事任期的规定与有限责任公司相同。

监事会职权的规定与有限责任公司相同。

2）监事会会议的召开

监事会每 6 个月至少召开一次会议。监事可以提议召开临时监事会会议。

监事会主席召集和主持监事会会议；监事会主席不能履行职务或者不履行职务的，由监事会副主席召集和主持监事会会议；监事会副主席不能履行职务或者不履行职务的，由半数以上监事共同推举一名监事召集和主持监事会会议。

3）监事会会议决议

监事会的议事方式和表决程序，由公司章程规定。

监事会决议应当经半数以上监事通过。

监事会应当对所议事项的决定做成会议记录，出席会议的监事应当在会议记录上签名。

（三）股份有限公司股份发行与转让

1. 股份与股票

股份是股份公司特有的概念，是股份公司资本的最基本的构成单位，每一股的金额相等。股票是股份公司股份证券化的形式，是股份公司成立后签发的证明股东所持股份的凭证。股票应当载明：① 公司名称；② 公司成立日期；③ 股票种类、票面金额及代表的股份数；④ 股票的编号。股票由法定代表人签名，公司盖章。发起人的股票，应当标明发起人股票字样。

股份公司发行的股票，可以为记名股票，也可以为无记名股票。发行记名股票的，应当置备股东名册。股份公司向发起人、法人发行的股票，应当为记名股票，并应当记载该发起人、法人的名称或者姓名，不得另立户名或者以代表人姓名记名。股份公司发行无记名股票的，公司应当记载其股票数量、编号及发行日期。

2. 股份发行

股份的发行实行公平、公正的原则，同种类的每一股份应当具有同等权利。

同次发行的同种类股票，每股的发行条件和价格应当相同；任何单位或者个人所认购的股份，每股应当支付相同价额。

股票发行价格可以按票面金额，也可以超过票面金额，但不得低于票面金额。

3. 股份的转让与限制

1）股份转让的原则

股东持有的股份可以自由、依法转让。

2）股票转让的方式

记名股票，由股东以背书方式或者法律、行政法规规定的其他方式转让；转让后由公司将受让人的姓名或者名称及住所记载于股东名册。

无记名股票的转让，由股东将该股票交付给受让人后即发生转让的效力。

3）股份转让场所的限制

股东转让其股份，应当在依法设立的证券交易场所进行或者按照国务院规定的其他方式进行。

4）发起人转让股份的限制

发起人持有的本公司股份，自公司成立之日起 1 年内不得转让。公司公开发行股份前已发行的股份，自公司股票在证券交易所上市交易之日起 1 年内不得转让。

5）董事、监事、高级管理人员转让股份的限制

公司董事、监事、高级管理人员应当向公司申报所持有的本公司的股份及其变动情况，在任职期间每年转让的股份不得超过其所持有本公司股份总数的 25%；所持本公司股份自公司股票上市交易之日起 1 年内不得转让。上述人员离职后半年内，不得转让其所持有的本公司股份。公司章程也可以对公司董事、监事、高级管理人员转让其所持有的本公司股份做出其他限制性规定。

6）股份公司收购本公司股份的限制

公司不得收购本公司股份。但是，有下列情形之一的除外：① 减少公司注册资本；② 与持有本公司股份的其他公司合并；③ 将股份奖励给本公司职工；④ 股东因对股东大会做出的公司合并、分立决议持异议，要求公司收购其股份的。

7）股票质押的限制

公司不得接受本公司的股票作为质押权的标的。

第二节　公司法实务

一、制定公司章程

公司章程是公司所必备的，规定其名称、宗旨、资本、组织机构等对内对外事务的基本法律文件。

（一）公司章程的订立

公司章程的订立有两种方式：一是共同订立，即由全体股东或者发起人共同起草、协商制定，否则公司章程不得生效；二是部分订立，即由股东或者发起人中的部分成员负责起草、制定公司章程，而后再经其他股东或者发起人签字同意的制定方式。

（二）公司章程的内容

有限责任公司章程应当载明下列事项。

（1）公司名称和住所。

（2）公司经营范围。

（3）公司注册资本。

（4）股东的姓名或者名称。

（5）股东的出资方式、出资额和出资时间。

（6）公司的机构及其产生办法、职权、议事规则。

（7）公司法定代表人。

（8）股东会会议认为需要规定的其他事项。

公司章程必须采用书面形式，经全体股东同意并在章程上签名盖章，公司章程才能生效。

（三）公司章程的效力

公司章程对公司、股东、董事、监事、高级管理人员具有约束力。

二、公司名称预先核准

参见个人独资企业部分。

三、股东缴纳出资

有限责任公司的注册资本为在公司登记机关登记的全体股东认缴的出资额。

（一）出资方式

股东可以用货币出资，也可以用实物、知识产权、土地使用权等可以用货币估价并可以依法转让的非货币财产作价出资。

非货币财产出资的应当评估作价，核实财产，不得高估或者低估作价。如果公司成立后，发现作为设立公司出资的非货币财产的实际价额显著低于公司章程所定价额，则应当由交付该出资的股东补足其差额；公司设立时的其他股东承担连带责任。

（二）出资的缴纳

股东应当按期足额缴纳公司章程中规定的各自所认缴的出资额。

股东以货币出资的，应当将货币出资足额存入有限责任公司在银行开设的账户；以非货币财产出资的，应当依法办理其财产权的转移手续。

股东不按公司章程规定缴纳出资的，除应当向公司足额缴纳外，还应当向已按期足额缴纳出资的股东承担违约责任。

四、申请设立登记

股东认足公司章程规定的出资后，填写公司登记（备案）申请书（表 4 及附表），由全体股东指定的代表或者共同委托的代理人向公司登记机关报送公司登记申请书、公司章程等文件，申请设立登记。

五、签发出资证明书

有限责任公司成立后，应当向股东签发出资证明书，出资证明书由公司盖章。出资证明书应当载明下列事项。

（1）公司名称。

（2）公司成立日期。

（3）公司注册资本。

（4）股东的姓名或者名称、缴纳的出资额和出资日期。

（5）出资证明书的编号和核发日期。

同时，有限责任公司应当置备股东名册，记载下列事项。

（1）股东的姓名或者名称及住所。

（2）股东的出资额。

（3）出资证明书编号。

记载于股东名册的股东，可以依股东名册主张行使股东权利。

公司应当将股东的姓名或者名称向公司登记机关登记；登记事项发生变更的，应当办理变更登记。未经登记或者变更登记的，不得对抗第三人。

六、实务操作

分为若干学习小组，每组 5～6 人。按小组任务书的要求进行工作。

小组任务书　　　　**任务编号 1－3**

任务	创设（设立）一有限责任公司				
学习方法	小组协作	任务依据	《公司法》	课时	2 课时+课外
任务内容与步骤					
1. 根据有限责任公司章程内容要求，小组讨论后制定出公司章程 2. 填写企业名称预先核准申请书（表 1），进行公司名称预先核准申请 3. 填写公司登记（备案）申请书（表 4 及附表），进行公司登记 4. 小组进行汇报展示 5. 完成小组成员互评表					

七、总结与评价

教师与学生共同进行任务的总结与评价。教师把整个任务内容再整理一遍，进行归纳总结，使学生的思路更清晰。

（1）教师根据完成本次任务的情况，对每个小组的表现进行打分，并记录在任务评价表中。

（2）学生根据完成本次任务的协作情况，对小组其他成员打分，并记录在小组成员互评表中。

任务评价表

任务　　　　　　　　　班级　　　　　　　　　小组　　　　　　　　　日期

组别	评价内容或要点				得分	总评
	完成任务内容 分值 0～10	完成任务时间 分值 0～10	完成任务质量 分值 0～30	团队协作 分值 0～20		
1						
2						
3						
4						
5						
6						
7						
8						

小组成员互评表

任务　　　　　　　　　班级　　　　　　　　　小组　　　　　　　　　日期

小组成员	评价内容或要点			得分	备注
	态度积极 分值 0～10	协作精神 分值 0～10	贡献程度 分值 0～10		

表 4　公司登记（备案）申请书

注：请仔细阅读本申请书填写说明，按要求填写。

<table>
<tr><td colspan="5">☐基本信息</td></tr>
<tr><td>名　称</td><td colspan="4"></td></tr>
<tr><td>名称预先核准文号/注册号/统一社会信用代码</td><td colspan="4"></td></tr>
<tr><td>住　所</td><td colspan="4">________省（市/自治区）________市（地区/盟/自治州）________县（自治县/旗/自治旗/市/区）___________乡（民族乡/镇/街道）_________________村（路/社区）________________号</td></tr>
<tr><td>生产经营地</td><td colspan="4">________省（市/自治区）________市（地区/盟/自治州）________县（自治县/旗/自治旗/市/区）___________乡（民族乡/镇/街道）_________________村（路/社区）________________号</td></tr>
<tr><td>联系电话</td><td colspan="2"></td><td>邮政编码</td><td></td></tr>
<tr><td colspan="5">☐设立</td></tr>
<tr><td>法定代表人
姓　名</td><td colspan="2"></td><td>职　务</td><td>☐董事长 ☐执行董事 ☐经理</td></tr>
<tr><td>注册资本</td><td colspan="2">________________万元</td><td>公司类型</td><td></td></tr>
<tr><td>设立方式
（股份公司填写）</td><td colspan="4">☐发起设立　　☐募集设立</td></tr>
<tr><td>经营范围</td><td colspan="4"></td></tr>
<tr><td>经营期限</td><td colspan="2">☐　________年　☐ 长期</td><td>申请执照副本数量</td><td>____个</td></tr>
<tr><td colspan="5">☐变更</td></tr>
<tr><td>变更项目</td><td colspan="2">原登记内容</td><td colspan="2">申请变更登记内容</td></tr>
<tr><td></td><td colspan="2"></td><td colspan="2"></td></tr>
<tr><td></td><td colspan="2"></td><td colspan="2"></td></tr>
<tr><td></td><td colspan="2"></td><td colspan="2"></td></tr>
<tr><td></td><td colspan="2"></td><td colspan="2"></td></tr>
<tr><td></td><td colspan="2"></td><td colspan="2"></td></tr>
<tr><td></td><td colspan="2"></td><td colspan="2"></td></tr>
<tr><td></td><td colspan="2"></td><td colspan="2"></td></tr>
<tr><td colspan="5">☐备案</td></tr>
<tr><td rowspan="2">分公司
☐增设☐注销</td><td>名　称</td><td></td><td>注册号/统一社会信用代码</td><td></td></tr>
<tr><td>登记机关</td><td></td><td>登记日期</td><td></td></tr>
<tr><td rowspan="2">清算组</td><td>成　员</td><td colspan="3"></td></tr>
<tr><td>负责人</td><td></td><td>联系电话</td><td></td></tr>
<tr><td>其　他</td><td colspan="4">☐董事　☐监事　☐经理　☐章程　☐章程修正案　☐财务负责人　☐联络员</td></tr>
</table>

续表

□申请人声明
本公司依照《公司法》《公司登记管理条例》相关规定申请登记、备案，提交的材料真实有效。通过联络员登录企业信用信息公示系统向登记机关报送、向社会公示的企业信息为本企业提供、发布的信息，信息真实、有效。 法定代表人签字：　　　　　　　　　　　　　　　　公司盖章 清算组负责人签字：　　　　　　　　　　　　　　年　月　日

附表 1　法定代表人信息

姓　名		固定电话	
移动电话		电子信箱	
身份证件类型		身份证件号码	
（身份证件复印件粘贴处）			
法定代表人签字：　　　　　　　　　　　　　　年　月　日			

附表 2　董事、监事、经理信息

姓名__________　职务__________　身份证件类型__________　身份证件号码_______________ （身份证件复印件粘贴处）
姓名__________　职务__________　身份证件类型__________　身份证件号码_______________ （身份证件复印件粘贴处）
姓名__________　职务__________　身份证件类型__________　身份证件号码_______________ （身份证件复印件粘贴处）

附表 3　股东（发起人）出资情况

股东（发起人）名称或姓名	证件类型	证件号码	出资时间	出资方式	认缴出资额（万元）	出资比例

附表 4　财务负责人信息

姓　名		固定电话	
移动电话		电子信箱	
身份证件类型		身份证件号码	
（身份证件复印件粘贴处）			

附表 5　联络员信息

姓　名		固定电话	
移动电话		电子信箱	
身份证件类型		身份证件号码	
（身份证件复印件粘贴处）			

注：联络员主要负责本企业与企业登记机关的联系沟通，以本人个人信息登录企业信用信息公示系统依法向社会公示本企业有关信息等。联络员应了解企业登记相关法规和企业信息公示有关规定，熟练操作企业信用信息公示系统。

公司登记（备案）申请书填写说明：

注：以下“说明”供填写申请书参照使用，不需向登记机关提供。

1. 本申请书适用于有限责任公司、股份有限公司向公司登记机关申请设立、变更登记及有关事项备案。

2. 向登记机关提交的申请书只填写与本次申请有关的栏目。

3. 申请公司设立登记，填写“基本信息”栏、“设立”栏和“备案”栏有关内容及附表 1“法定代表人信息”、附表 2“董事、监事、经理信息”、附表 3“股东（发起人）出资情况”、附表 4“财务负责人信息”、附表 5“联络员信息”。“申请人声明”由公司拟任法定代表人签署。

4. 公司申请变更登记，填写“基本信息”栏及“变更”栏有关内容。“申请人声明”由公司原法定代表人或者拟任法定代表人签署并加盖公司公章。申请变更同时需要备案的，同时填写“备案”栏有关内容。申请公司名称变更，在名称中增加“集团或（集团）”字样的，应当填写集团名称、集团简称（无集团简称的可不填）；申请公司法定代表人变更的，应填写、提交拟任法定代表人信息（附表 1“法定代表人信息”）；申请股东变更的，应填写、提交附表 3“股东（发起人）出资情况”。变更项目可加行续写或附页续写。

5. 公司增设分公司应向原登记机关备案，注销分公司可向原登记机关备案。填写“基本信息”栏及“备案”栏有关内容，“申请人声明”由法定代表人签署并加盖公司公章。“分公司增设/注销”项可加行续写或附页续写。

6. 公司申请章程修订或其他事项备案，填写“基本信息”栏、“备案”栏及相关附表所需填写的有关内容。申请联络员备案的，应填写附表 5“联络员信息”。“申请人声明”由公司法定代表人签署并加盖公司公章；申请清算组备案的，“申请人声明”由公司清算组负责人签署。

7. 办理公司设立登记填写名称预先核准通知书文号，不填写注册号或统一社会信用代码。办理变更登记、备案填写公司注册号或统一社会信用代码，不填写名称预先核准通知书文号。

8. 公司类型应当填写“有限责任公司”或“股份有限公司”。其中，国有独资公司应当填写“有限责任公司（国有独资）”；一人有限责任公司应当注明“一人有限责任公司（自然人独资）”或“一人有限责任公司（法人独资）”。

9. 股份有限公司应在“设立方式”栏选择填写“发起设立”或者“募集设立”。有限责任公司无须填写此项。

10.“经营范围”栏应根据公司章程、参照《国民经济行业分类》国家标准及有关规定填写。

11. 申请人提交的申请书应当使用 A4 型纸。依本表打印生成的，使用黑色钢笔或签字笔签署；手工填写的，使用黑色钢笔或签字笔工整填写、签署。

第三节　公司法拓展与思考

一、知识拓展

（一）公司股东的权利与义务

1. 公司股东的权利

（1）发给股票或者其他股权证明请求权。

（2）股份转让权。

（3）股息红利分配请求权（分红权）。

（4）股东会临时召集请求权或者自行召集权。

（5）出席股东会并行使表决权，即参与重大决策权和选择管理者的权利。

（6）对公司财务的监督检查权和会计账簿的查阅权。

（7）公司章程和股东会、股东大会会议记录、董事会会议决议、监事会会议决议的查阅权和复制权。

（8）优先认购新股权。

（9）公司剩余财产分配权。

（10）权利损害救济权和股东代表诉讼权。

（11）公司重整申请权。

（12）对公司经营的建议与质询权。

2. 公司股东的义务

（1）出资义务。

（2）参加股东会会议的义务。

（3）不干涉公司正常经营的义务。

（4）特定情形下的表决权禁行义务（利害关系股东表决权的排除）。

（5）不得滥用股东权利的义务。

（二）公司董事、监事、高级管理人员的任职资格

所谓公司董事是指公司董事会的全体董事。所谓监事是指公司监事会的全体监事或者不设监事会的有限责任公司的监事。所谓公司高级管理人员是指公司的经理、副经理、财务负责人，上市公司董事会秘书和公司章程规定的其他人员。

凡是有下列情形之一的，不得担任公司的董事、监事、高级管理人员。

（1）无民事行为能力或者限制民事行为能力。

（2）因贪污、贿赂、侵占财产、挪用财产或者破坏社会主义市场经济秩序，被判处刑罚，执行期满未逾五年，或者因犯罪被剥夺政治权利，执行期满未逾五年。

（3）担任破产清算的公司、企业的董事或者厂长、经理，对该公司、企业的破产负有个人责任的，自该公司、企业破产清算完结之日起未逾三年。

（4）担任因违法被吊销营业执照、责令关闭的公司、企业的法定代表人，并负有个人责任的，自该公司、企业被吊销营业执照之日起未逾三年。

（5）个人所负数额较大的债务到期未清偿。

公司违反上述规定选举、委派董事、监事或者聘任高级管理人员的，该选举、委派或者聘任无效。

董事、监事、高级管理人员在任职期间出现上述情形的，公司应当解除其职务。

（三）一人有限责任公司

一人有限责任公司简称一人公司、独资公司或者独股公司，是指只有一个自然人股东或者一个法人股东的有限责任公司。

公司法对一人有限责任公司的特别规制有以下几点。

1. 设立登记的要求

一人有限责任公司应当在公司登记中注明自然人独资或者法人独资，并在公司营业执照中载明。

2. 组织机构简化

一人有限责任公司不设股东会。股东做出各项决定时，应当采用书面形式，并由股东签名后置备于公司。

3. 再投资的限制

一个自然人只能投资设立一个一人有限责任公司。该一人有限责任公司不能投资设立新的一人有限责任公司。

4. 财务会计制度方面要求

一人有限责任公司应当在每一会计年度终了时编制财务会计报告，并经会计师事务所审计。

5. 人格混同时的股东连带责任

一人有限责任公司的股东不能证明公司财产独立于股东自己的财产的，即发生公司财产与股东个人财产的混同，进而发生公司人格与股东个人人格的混同，此时适用公司法人格否认制度，股东必须对公司债务承担连带责任。

（四）国有独资公司

国有独资公司，是指国家单独出资，由国务院或者地方人民政府授权本级人民政府国有资产监督管理机构履行出资人职责的有限责任公司。

公司法对国有独资公司的特别规定有以下几点。

1. 公司章程的制定

国有独资公司章程由国有资产监督管理机构制定，或者由董事会制订报国有资产监督管理机构批准。

2. 组织机构

1）权力机关

国有独资公司不设股东会，由国有资产监督管理机构行使股东会职权。国有资产监督管理机构可以授权公司董事会行使股东会的部分职权，决定公司的重大事项，但公司的合并、分立、解散、增加或者减少注册资本和发行公司债券，必须由国有资产监督管理机构决定；其中，重要的国有独资公司合并、分立、解散、申请破产的，应当由国有资产监督管理机构审核后，报本级人民政府批准。

2）董事会与经理

国有独资公司设董事会，董事会成员中应当有公司职工代表，董事每届任期不得超过 3 年。董事会成员由国有资产监督管理机构委派；但董事会成员中的职工代表由公司职工代表大会选举产生。

董事会设董事长一人，可以设副董事长。董事长、副董事长由国有资产监督管理机构从董事会成员中指定。

国有独资公司设经理，由董事会聘任或者解聘。经国有资产监督管理机构同意，董事会成员可以兼任经理。

国有独资公司的董事长、副董事长、董事、高级管理人员，未经国有资产监督管理机构同意，不得在其他有限责任公司、股份有限公司或者其他经济组织兼职。

3）监事会

国有独资公司设监事会，成员不得少于 5 人，其中职工代表的比例不得低于 1/3，具体比例由公司章程规定。

监事会成员由国有资产监督管理机构委派；但监事会成员中的职工代表由公司职工代表大会选举产生。监事会主席由国有资产监督管理机构从监事会成员中指定。

（五）上市公司

所谓上市公司，是指其股票在证券交易所上市交易的股份有限公司。

公司法对上市公司有以下特别规定。

1. 股东大会特别决议事项

上市公司在 1 年内购买、出售重大资产或者担保金额超过公司资产总额 30%的，应当由股东大会做出决议，并经出席会议的股东所持表决权的 2/3 以上通过。

2. 上市公司设立独立董事

根据证监会《关于在上市公司建立独立董事制度的指导意见》的规定，独立董事是指不在公司担任除董事外的其他职务，并与其所受聘的上市公司及其主要股东不存在可能妨碍其进行独立客观判断的关系的股东。

3. 上市公司设董事会秘书

董事会秘书负责公司股东大会和董事会会议的筹备、文件保管以及公司股东资料的管理，办理信息披露事务等事宜。

4. 关联董事表决权回避制度

上市公司董事与董事会会议决议事项所涉及的企业有关联关系的，不得对该项决议行使表决权，也不得代理其他董事行使表决权。该董事会会议由过半数的无关联关系董事出席即可举行，董事会会议所作决议须经无关联关系董事过半数通过。出席董事会的无关联关系董事人数不足 3 人的，应将该事项提交上市公司股东大会审议。

（六）公司的变更、合并、分立、增资、减资、解散和清算

1. 公司的变更

公司的变更是指公司设立登记事项中某一项或者某几项的改变。诸如公司的名称、住所、法定代表人、注册资本、公司组织形式、经营范围、营业期限、有限责任公司股东或者股份有限公司发起人的姓名或者名称的变更。

公司变更设立登记事项，一般应在变更事项发生之日起 30 日内，向原公司登记机关申请变更。

2. 公司的合并

所谓公司合并是指两个或者两个以上的公司，订立合并协议，不经清算程序，直接合并为一个公司的法律行为。

1）公司合并的形式

（1）吸收合并。

一个公司吸收其他公司为吸收合并，被吸收的公司解散。

（2）新设合并。

两个以上公司合并设立一个新的公司为新设合并，合并各方解散。

2）公司合并的程序

（1）股东会做出特别决议。有限责任公司的合并决议必须经股东会代表 2/3 以上表决权的股东通过，股份有限公司的合并决议必须经出席会议的股东所持表决权的 2/3 以上通过。

（2）合并各方签订合并协议。

（3）编制资产负债表及财产清单。

（4）通知债权人。公司应当自做出合并决议之日起 10 日内通知债权人，并于 30 日内在报纸上公告。债权人自接到通知书之日起 30 日内，未接到通知书的自公告之日起 45 日内，可以要求公司清偿债务或者提供相应的担保。

（5）办理合并登记手续。

3）公司合并的法律后果

公司合并时，合并各方的债权、债务，应当由合并后存续的公司或者新设的公司承继。

3. 公司的分立

所谓公司分立是指一个公司通过签订分立协议，不经清算程序而分为两个或者两个以上公司的法律行为。

1）公司分立的形式

（1）派生分立（存续分立）。

公司以其部分资产另设一个或者数个新的公司，原公司存续。

（2）新设分立（解散分立）。

公司全部资产分别划归两个或者两个以上的新公司，原公司解散。

2）公司分立的程序

（1）股东会做出特别决议。有限责任公司的分立决议必须经股东会代表 2/3 以上表决权的股东通过，股份有限公司的分立决议必须经出席会议的股东所持表决权的 2/3 以上通过。

（2）签订分立协议。

（3）编制资产负债表及财产清单。

（4）通知债权人。公司应当自做出分立决议之日起 10 日内通知债权人，并于 30 日内在报纸上公告。

（5）办理分立登记手续。

3）公司分立的法律后果

公司分立前的债务由分立后的公司承担连带责任。但公司在分立前与债权人就债务清偿达成的书面协议另有约定的除外。

4. 公司的增资

所谓公司的增资是指公司增加注册资本。公司增资的程序有以下几项。

（1）股东会做出特别决议。有限责任公司的增资决议必须经股东会代表 2/3 以上表决权的股东通过，股份有限公司的增资决议必须经出席会议的股东所持表决权的 2/3 以上通过。

（2）股东认缴认购。有限责任公司增加注册资本时，股东认缴新增资本的出资，按设立有限责任公司缴纳出资的有关规定执行。股份有限公司为增加注册资本发行新股时，股东认购新股，按设立股份有限公司缴纳股款的有关规定执行。

（3）办理变更登记手续。

5. 公司的减资

所谓公司的减资是指公司减少注册资本。公司减资的程序有以下几项。

（1）股东会做出特别决议。有限责任公司的减资决议必须经股东会代表 2/3 以上表决权的股东通过，股份有限公司的减资决议必须经出席会议的股东所持表决权的 2/3 以上通过。

（2）编制资产负债表及财产清单。

（3）通知债权人。公司应当自做出减少注册资本决议之日起 10 日内通知债权人，并于 30 日内在报纸上公告。债权人自接到通知书之日起 30 日内，未接到通知书的自公告之日起 45 日内，可以要求公司清偿债务或者提供相应的担保。

（4）办理变更登记手续。

6. 公司的解散

所谓公司的解散是指已成立的公司基于一定的合法事由而使公司消灭的法律行为。

1）一般解散原因

（1）公司章程规定的营业期限届满或者公司章程规定的其他解散事由出现。

因此原因并不意味着公司必须解散，如果有限责任公司经持有 2/3 以上表决权的股东通过，或者股份有限公司经出席股东大会会议的股东所持表决权的 2/3 以上通过修改公司章程的决议，公司可以继续存在。

（2）股东会或者股东大会决议解散。

（3）因公司合并或者分立需要解散。

2）强制解散原因

公司被依法吊销营业执照、责令关闭或者被撤销。

3）股东请求解散

公司经营管理发生严重困难，继续存续会使股东利益受到重大损失，通过其他途径不能解决的，持有公司全部股东表决权 10%以上的股东，可以请求人民法院解散公司。

7. 公司的清算

所谓公司的清算是指终结已解散公司的一切法律关系，处理公司剩余财产的程序。

除因合并或者分立而解散公司无须清算，以及因破产而解散公司要适用破产清算程序外，因其他原因解散公司的，都要按公司法规定进行清算。其程序有以下几项。

1）成立清算组

公司解散应在解散事由出现之日起 15 日内成立清算组，开始清算。

有限责任公司的清算组由股东组成，股份有限公司的清算组由董事或者股东大会确定的人员组成。逾期不成立清算组进行清算的，债权人可以申请人民法院指定有关人员组成清算组进行清算。人民法院应当受理该申请，并及时组织清算组进行清算。

清算组在清算期间行使下列职权。

（1）清理公司财产，分别编制资产负债表和财产清单。

（2）通知、公告债权人。

（3）处理与清算有关的公司未了结的业务。

（4）清缴所欠税款以及清算过程中产生的税款。

（5）清理债权、债务。

（6）处理公司清偿债务后的剩余财产。

（7）代表公司参与民事诉讼活动。

2）通知或者公告债权人申报债权

清算组应当自成立之日起10日内通知债权人，并于60日内在报纸上公告。债权人应当自接到通知书之日起30日内，未接到通知书的自公告之日起45日内，向清算组申报其债权。债权人申报债权，应当说明债权的有关事项，并提供证明材料。清算组应当对债权进行登记。在申报债权期间，清算组不得对债权人进行清偿。

3）清理财产，制订清算方案

清算组在清理公司财产、编制资产负债表和财产清单后，应当制订清算方案，并报股东会、股东大会或者人民法院确认。

4）清偿债务

清算组在清理公司财产、编制资产负债表和财产清单后，发现公司财产不足清偿债务的，应当依法向人民法院申请宣告破产。公司经人民法院裁定宣告破产后，清算组应当将清算事务移交给人民法院。

公司财产能够清偿公司债务的，清算组应优先拨付清算费用，然后按下列顺序清偿：① 职工的工资、社会保险费用和法定补偿金；② 缴纳所欠税款；③ 公司债务。

5）分配剩余财产

在支付清算费用和清偿公司债务后，清算组应将剩余的公司财产分配给股东，有限责任公司按照股东的出资比例分配，股份有限公司按照股东持有的股份比例分配。

6）清算终结

公司清算结束后，清算组应当制作清算报告，报股东会、股东大会或者人民法院确认，并报送公司登记机关，申请注销公司登记，公告公司终止。

二、思考题

（1）什么是刺穿公司的面纱？

（2）什么是股东代表诉讼制度？

（3）什么是利害关系股东表决权的排除？

参考资料

《中华人民共和国个人独资企业法》

《中华人民共和国合伙企业法》
《中华人民共和国公司法》
《最高人民法院关于适用〈中华人民共和国公司法〉若干问题的规定（一）》
《最高人民法院关于适用〈中华人民共和国公司法〉若干问题的规定（二）》
《最高人民法院关于适用〈中华人民共和国公司法〉若干问题的规定（三）》
《最高人民法院关于适用〈中华人民共和国公司法〉若干问题的规定（四）》
《中华人民共和国企业名称登记管理规定（2012 年修正本）》
《中华人民共和国公司登记管理条例（2006 年修正本）》

本项目表格来源于国家市场监督管理总局网站和内蒙古自治区市场监督管理局网站

项目二

企业用工

企业离不开用工，企业与劳动者形成劳动关系，签订劳动合同，使劳动者成为用人单位的成员，在用人单位的管理下提供有偿劳动。

用人单位和劳动者因执行劳动法律、法规或履行劳动合同、集体合同、社会保险等持有不同的主张和要求而产生的争议，可以通过协商、调解、仲裁、诉讼等法律途径解决。

任务四

劳动合同的订立与履行

任务目标

1. 懂得劳动合同的基本内容。
2. 学会订立劳动合同。

过程与方法

1. 劳动合同法基础知识认知。（教师讲授）
2. 完成劳动合同签订。（学生小组活动）
3. 任务总结与点评。（教学双方参与）

第一节　劳动合同法

一、劳动合同的订立

（一）订立时间

（1）用人单位自用工之日起即与劳动者建立劳动关系。建立劳动关系，就应当订立书面劳动合同。

（2）已建立劳动关系，未同时订立书面劳动合同的，应当自用工之日起一个月内订立书面劳动合同。

（3）用人单位自用工之日起超过 1 个月未与劳动者订立书面劳动合同的，自用工之日起满 1 个月的次日至满 1 年的前一日，应当向劳动者每日支付 2 倍的工资，并且视为自用工之日满 1 年的当日已经与劳动者订立了无固定期限劳动合同，并立即订立书面劳动合同。

（二）订立形式

（1）劳动合同应当以书面形式订立。

（2）作为订立书面合同的例外，非全日制用工双方当事人可以订立口头协议。

二、劳动合同的内容

（一）必备条款

1. 用人单位的名称、住所和法定代表人或者主要负责人

用人单位的名称是指用人单位注册登记时所登记的名称，是代表用人单位的符号。用人单位的住所是用人单位发生法律关系的中心区域。劳动合同文本中要标明用人单位的具体地址。用人单位有两个以上办事机构的，以主要办事机构所在地为住所。具有法人资格的用人单位，要注明单位的法定代表人；不具有法人资格的用人单位，必须在劳动合同中写明该单位的主要负责人。

2. 劳动者的姓名、住址和居民身份证或者其他有效身份证件号码

劳动者的姓名以户籍登记，即身份证上信息为准。劳动者的住址，以其户籍所在的居住地为住址，其经常居住地与户籍所在地不一致的，以经常居住地为住址。居民身份证号码是每个公民唯一的、终身不变的身份代码，由公安机关按照国家标准《公民身份号码》（GB 11643—1999）编制。

3. 劳动合同期限

1）劳动合同期限种类

劳动合同期限分为固定期限、无固定期限和以完成一定工作任务为期限三种。

（1）固定期限的劳动合同。

固定期限的劳动合同，是指用人单位与劳动者约定合同终止时间的劳动合同。用人单位与劳动者连续订立两次固定期限劳动合同后又续订的，劳动者提出签订无固定期限劳动合同的，用人单位应当签订无固定期限劳动合同。

（2）以完成一定工作任务为期限的劳动合同。

以完成一定工作任务为期限的劳动合同，是指用人单位与劳动者约定以完成某项工作为合同期限的劳动合同。

（3）无固定期限的劳动合同。

无固定期限的劳动合同，是指用人单位与劳动者约定无确定终止时间的劳动合同。

2）无固定期限劳动合同的订立条件

有下列情形之一，劳动者提出或同意续订、订立劳动合同的，除劳动者提出订立固定期限劳动合同外，应当订立无固定期限劳动合同。

（1）劳动者在该用人单位连续工作满十年的。

（2）用人单位初次实行劳动合同制度或者国有企业改制重新订立劳动合同时，劳动者在该用人单位连续工作满十年且距法定退休年龄不足十年的。

（3）连续订立二次固定期限劳动合同，再续订劳动合同的。

（4）用人单位自用工之日起满一年不与劳动者订立书面劳动合同的，视为用人单位与劳动者已订立无固定期限劳动合同。

4. 工作内容和工作地点

工作内容包括劳动者从事劳动的工种、岗位和劳动定额、产品质量标准的要求等。这是劳动者判断自己是否胜任该工作、是否愿意从事该工作的关键信息。

工作地点是指劳动者可能从事工作的具体地理位置。劳动者为用人单位提供劳动是在工作地点，劳动者生活是在居住地点，这两个地方的距离决定着劳动者上下班所需的时间，进而影响劳动者的生活，关系到劳动者的切身利益，这也是劳动者判断是否订立劳动合同必不可少的信息，是用人单位必须告知劳动者的内容。

5. 工作时间和休息休假

1）工作时间

工作时间，是指劳动者为履行劳动义务，在法律规定的标准下，根据劳动合同和集体合同的规定提供劳动的时间。

我国目前实行的工时制主要有标准工时制、不定时工作制、综合计算工时制。

（1）标准工时制。

标准工时制，是指国家法律统一规定的劳动者从事工作或劳动的时间。国家实行劳动者每日工作 8 小时，每周工作 40 小时的标准工时制。有些企业因工作性质和生产特点，不能实行标准工时制的，应保证劳动者每日工作时间不超过 8 小时，平均每周工作时间不超过 44 小时的工时制度。

用人单位由于生产经营需要，经与工会和劳动者协商，可以延长工作时间，一般每日不得超过 1 小时；因特殊原因需要延长工作时间的，在保障劳动者身体健康的条件下延长工作时间每日不得超过 3 小时，每月不得超过 36 小时。有下列情形之一的，延长工作时间不受上述规定限制：① 发生自然灾害、事故或者因其他原因，威胁劳动者生命健康和财产安全，需要紧急处理的；② 生产设备、交通运输线路、公共设施发生故障，影响生产和公众利益，必须及时抢修的；③ 法律、行政法规规定的其他情形。

（2）不定时工作制。

不定时工作制，是指没有固定工作时间限制的工作制度，主要适用于一些因工作性质或工作条件不受标准工作时间限制的工作岗位。

（3）综合计算工时制。

综合计算工时制，是指用人单位根据生产和工作的特点，分别以周、月、季、年等为周期，综合计算劳动者工作时间的制度。

2）休息休假

（1）休息，是指劳动者在任职期间，在国家规定的法定工作时间以外，无须履行劳动义务而自行支配的时间，包括工作日内的间歇时间、工作日之间的休息时间和公休假日。用人单位应当保证劳动者每周至少休息一日。

（2）休假，是指劳动者无须履行劳动义务且有一般工资保障的法定休息时间。

目前，我国休假制度主要包括以下几种：① 法定假日。我国现在实行的法定假日包括元旦、春节、清明节、劳动节、端午节、中秋节、国庆节等。② 年休假。国家实行带薪年休假制度。劳动者连续工作 1 年以上的，享受带薪年休假。劳动者累计工作已满 1 年不满 10 年的，年休假 5 天；已满 10 年不满 20 年的，年休假 10 天；已满 20 年的，年休假 15 天。国家法定休假日、休息日不计入年休假的假期。职工有下列情形之一的，不享受当年的年休假：职工依法享受寒暑假，其休假天数多余年休假天数的；职工请事假累计 20 天以上且单位按照规定不扣工资的；累计工作满 1 年不满 10 年的职工，请病假累计 2 个月以上的；累计工作满 10 年不满 20 年的职工，请病假累计 3 个月以上的；累计工作满 20 年以上的职工，请病假累计

4个月以上的。

6. 劳动报酬

1）劳动报酬与支付

劳动报酬，是指用人单位根据劳动者劳动的数量和质量，以货币形式支付给劳动者的工资。工资应当以法定货币形式支付，不得以实物或有价证券等替代货币支付。工资至少每月支付一次，实行周、日、小时工资制的可按周、日、小时支付工资。

工资分配应当遵循按劳分配原则，实行同工同酬。

2）特殊情况下的工资支付

劳动者在法定节假日、婚丧假期间以及依法参加社会活动期间，用人单位应当依法支付工资。

有下列情形之一的，用人单位应当按照下列标准支付高于劳动者正常工作时间工资的劳动报酬。

（1）安排劳动者延长时间的，支付不低于工资150%的工资报酬。

（2）休息日安排劳动者工作又不能安排补休的，支付不低于工资200%的工资报酬。

（3）法定节假日安排劳动者工作的，支付不低于工资300%的工资报酬。

3）最低工资保障制度

最低工资标准是指劳动者在法定工作时间或依法签订的劳动合同约定的工作时间内提供了正常劳动的前提下，用人单位依法应支付的最低劳动报酬。国家实行最低工资保障制度，以维护劳动者取得劳动报酬的合法权益、保障劳动者个人及其家庭成员的基本生活，保障劳动力市场健康有序地运行。最低工资的具体标准由省、自治区、直辖市人民政府规定，报国务院备案。

用人单位低于当地最低工资标准支付劳动者工资的，由劳动行政部门责令限期支付差额部分；逾期不支付的，责令用人单位按照应付金额 50%以上 100%以下的标准向劳动者加付赔偿金。

7. 社会保险

社会保险包括基本养老保险、基本医疗保险、失业保险、工伤保险、生育保险五项。参加社会保险、缴纳社会保险费是用人单位与劳动者的法定义务，双方都必须履行。

8. 劳动保护、劳动条件和职业危害防护

1）建立、健全劳动安全卫生制度

用人单位必须严格执行国家劳动安全卫生规程和标准，对劳动者进行劳动安全卫生教育，防止劳动过程中的事故，减少职业危害。

2）健全劳动安全卫生设施

劳动安全卫生设施必须符合国家规定的标准，新建、改建、扩建工程的劳动安全卫生设施必须与主体同时设计、同时施工、同时投入生产和使用。

3）劳动安全卫生条件及必要的劳动保护

用人单位必须为劳动者提供符合国家规定的劳动安全卫生条件和必要的劳动防护用品，对从事有职业危害作业的劳动者应当定期进行健康检查。

4）遵守安全操作规程

劳动者在劳动过程中必须严格遵守安全操作规程。从事特种作业的劳动者还必须经过专门培训并取得特种作业资格。劳动者对用人单位的管理人员违章指挥、强令冒险作业，有权拒绝执行；对危害生命安全和身体健康的行为，有权提出批评、检举和控告。

5）建立伤亡和职业病统计报告和处理制度

国家建立伤亡事故和职业病统计报告和处理制度。县级以上各级人民政府劳动行政部门、有关部门和用人单位应当依法对劳动者在劳动过程中发生的伤亡事故和劳动者的职业病状况，进行统计、报告和处理。

9. 法律、法规规定应当纳入劳动合同的其他事项

（二）劳动合同的约定条款

除了劳动合同必备条款以外，用人单位与劳动者可以约定试用期、培训、保守秘密、补充保险和福利待遇等其他事项。

1. 试用期

试用期是指用人单位和劳动者双方为了相互了解，确定对方是否符合自己的招聘条件或求职意愿而约定的考查期间。试用期属于劳动合同的约定条款，双方可以约定，也可以不约定试用期。

1）试用期期限

根据《劳动合同法》的规定，劳动合同期限 3 个月以上不满 1 年的，试用期不得超过 1 个月；劳动合同期限 1 年以上不满 3 年的，试用期不得超过 2 个月；3 年以上固定期限和无固定期限的劳动合同，试用期不得超过 6 个月。1 年以上包括 1 年，不满 3 年不包括 3 年，3 年以上包括 3 年。以完成一定工作任务为期限的劳动合同或者劳动合同期限不满 3 个月的，不得约定试用期。

试用期包含在劳动合同期限内。劳动合同仅约定试用期的，试用期不成立，该期限为劳动合同期限。

2）试用期工资

劳动者在试用期的工资不得低于本单位相同岗位最低档工资或者劳动合同约定工资的 80%，并不得低于用人单位所在地的最低工资标准。

2. 服务期

服务期是指劳动者因享受用人单位给予的特殊待遇而做出来的关于劳动履行期限的承诺。《劳动合同法》规定，用人单位为劳动者提供专项培训费用，对其进行专业技术培训的，可以与该劳动者订立协议，约定服务期。对此可从以下几点解释：① 对劳动者提供的是专业技术培训，包括专业知识和职业技能培训；② 培训的形式可以是脱产的，半脱产的，也可以是不脱产的；③ 培训费用的数额比较大；④ 服务期的年限可以由劳动合同双方当事人协议确定；⑤ 用人单位与劳动者约定服务期的，不影响按照正常的工资调整机制提高劳动者在服务期期间的劳动报酬。

劳动合同期满，但是用人单位与劳动者约定的服务期尚未到期的，劳动合同应当续延至服务期满，双方另有约定的，从其约定。

3. 保守商业秘密和竞业限制

1）商业秘密

商业秘密是指不为公众所知悉，能为权利人带来经济利益，具有实用性并经权利人采取保密措施的技术信息和经营信息，包括非专利技术和经营信息两部分。

2）竞业限制

竞业限制又称竞业禁止，是对与权利人有特定关系的义务人的特定竞争行为的禁止，在用人单位和劳动者劳动关系解除和终止后，限制劳动者一定时期的择业权，因此对约定给劳动者造成的损害，用人单位给予劳动者相应的经济补偿。

4. 劳动合同约定条款范文

1）保密规定

乙方应严格遵守公司制定的保密制度。乙方承认，因工作需要，乙方可能接触到甲方的保密信息，包括公司有形或无形的、进入保密规定的信息，也包括乙方被告知是保密的信息或乙方本人理应判断为保密的信息。乙方在任何时候包括合同期间以及其后，只能为了完成工作职责为了公司或代表公司这个唯一目的使用保密信息，没有公司书面同意，不得披露、使用、复制或允许复制公司保密信息。

乙方在工作中应自觉回避本人工作中不必要知晓的甲方商业秘密，应严格保守在工作中接触到的甲方商业秘密，在本合同期内以及双方劳动关系解除或终止后不得利用甲方的商业秘密为本人或者其他组织和个人谋取经济利益，乙方如违反上述规定，乙方需要承担相应的法律责任和对甲方的赔偿。

2）忠诚义务

乙方个人利益和公司利益发生冲突时，应以公司利益为重。没有公司的书面许可，乙方不能接受任何其他机构或个人的职务或任命，不能直接或间接地从任何方式的商业中获益。乙方不能直接或间接地接受任何与公司或其相关联的任何一家公司有商业关系或可能有商业关系的人所给的利益（包括但不限于佣金、回扣、小额赏金，无论是否以现金形式），否则甲方有权给予乙方经济处分，直至解聘或除名，并有权要求乙方承担赔偿责任。

3）培训规定

为共同利益和发展，经选拔的员工将由甲方推荐参加培训和职业发展课程。

公司将酌情负担如交通、住宿、学费和所有培训资料等发生的培训费用。乙方应遵守对培训材料或工作手册的保密要求。

乙方承认，如果被选中进行培训，甲方将为此花费巨大的费用。甲方与乙方将另行签订“培训协议”，并遵守其中的条款和条件。“培训协议”与本合同具有同等的法律效力。

4）竞业禁止

在乙方任职于甲方期间（包括顺延期间）及其后两年内，乙方同意，其将不会直接或间接在对甲方业务构成竞争的任何人、公司、企业、合伙组织或其他实体内，接受或取得任何实际权益或职位，或向这些人、公司、企业、合伙组织或其他实体提供任何咨询服务或其他协助。乙方亦同意，在其任职于甲方期间及其后两年内，其将不会自行经营与甲方的业务有竞争关系的相同或近似的业务，也将不会指使、引诱、鼓励或以其他方式促成甲方的任何其他管理人员或受聘人员终止与甲方的劳动关系，但在任职甲方期间为履行其职责而采取的行动除外。

在离职后两年内，乙方每次违反竞业禁止约定，应承担违约金数额不少于甲方向乙方先行支付的竞业禁止津贴（竞业禁止补偿金）的10倍；并负责赔偿因其违约给甲方造成的所有损失，包括且不仅限于直接经济损失，间接经济损失和可得利益的损失。乙方应当承担甲方因调查乙方的违约行为而支付的合理费用，包括且不限于诉讼费、律师费、调查费、鉴定费、政府收费等。

乙方的竞业禁止津贴（竞业禁止补偿金）为乙方在甲方取得累计工资的百分之________（________%），甲方将在两年期内按月平均在次月月初发放给乙方。

乙方在离职后两年内，每个月应向甲方提交社保缴纳记录（该记录上应清楚载明工作单位），以及按照甲方要求如实提供其他相关信息，否则视为乙方违反竞业禁止规定，应当按照本条第 2 款赔偿甲方。

本合同中任何期间届满时，或费用支付截止后，或者对甲方做出赔偿后，并不意味着甲方放弃其对该部分秘密信息的任何权利。

第二节　劳动合同法实务

一、订立劳动合同

分为若干学习小组，每组 5～6 人。按小组任务书的要求进行工作。

小组任务书　　**任务编号 2－1**

任务	订立劳动合同				
学习方法	小组协作	任务依据	《劳动合同法》	课时	1 课时+课外
任务内容与步骤					
1. 根据《劳动合同法》规定，小组讨论后填写劳动合同书 2. 注意劳动合同中续延、变更条款 3. 填写解除或终止劳动关系证明（附件 1） 4. 填写劳动合同签订、备案花名册（附件 2） 5. 小组进行汇报展示 6. 完成小组成员互评表					

二、总结与评价

教师与学生共同进行任务的总结与评价。教师把整个任务内容再整理一遍，进行归纳总结，使学生的思路更清晰。

（1）教师根据完成本次任务的情况，对每个小组的表现进行打分，并记录在任务评价表中。

（2）学生根据完成本次任务的协作情况，对小组其他成员打分，并记录在小组成员互评表中。

任务评价表

任务　　　　　　　　班级　　　　　　　　小组　　　　　　　　日期

组别	评价内容或要点				得分	总评
	完成任务内容 分值 0～10	完成任务时间 分值 0～10	完成任务质量 分值 0～30	团队协作 分值 0～20		
1						
2						
3						
4						
5						
6						
7						
8						

小组成员互评表

任务　　　　　　　　班级　　　　　　　　小组　　　　　　　　日期

小组成员	评价内容或要点			得分	备注
	态度积极 分值 0～10	协作精神 分值 0～10	贡献程度 分值 0～10		

合同编号：

劳 动 合 同 书

呼和浩特市人力资源和社会保障局印制

用人单位（甲方）

住　所

法定代表人（主要负责人）

照片

劳动者（乙方）

性　别

国籍（地区）

户籍所在地

现住址

身份证号码（其他有效身份证件号码）

根据《中华人民共和国劳动法》（以下简称《劳动法》）、《中华人民共和国劳动合同法》（以下简称《劳动合同法》）、国家和内蒙古自治区的有关规定，甲、乙双方在合法、公平、平等自愿、协商一致、诚实信用的基础上，签订本合同，共同遵守本合同所列条款。

第一条　合同期限

甲、乙双方选择以下第___种形式确定合同期限。

1. 固定期限。合同期限为_____年，自_____年_____月_____日起至_____年_____月_____日止。

2. 无固定期限。自_____年_____月_____日开始。

3. 以完成一定工作任务为期限。合同期自_____年_____月_____日起至工作（项目）完成止。

双方可约定试用期，试用期自_____年_____月_____日起至_____年_____月_____日止。

试用期包括在合同期内。合同期在三个月以下的和以完成一定工作任务为期限的劳动合同不得约定试用期。

第二条　工作内容、工作地点

1. 甲方根据生产（工作）需要，安排乙方在岗位_____（工种）工作。

2. 工作地点。

3. 甲方应在依据本单位的生产技术、组织等条件科学地制定劳动定额、编制定员的基础上，明确乙方所在岗位工作任务和责任制，要求完成的数量、质量指标和生产（工作）任务。

4. 乙方应努力提高职业技能并按甲方规定完成生产（工作）任务。生产（工作）任务为________。

5. 合同履行期间甲方根据生产（工作）需要，经双方协商同意，可以以书面形式调换乙方的工种或岗位。

第三条 劳动保护和劳动条件

1. 甲方必须建立健全劳动安全卫生制度和操作规程、工作规范，对乙方进行劳动安全卫生教育，并为乙方提供规定的劳动安全设施和劳动卫生条件。

2. 甲方根据乙方的工种必须提供规定的劳动防护用品和保健食品，对乙方从事有职业危害作业的，应当进行劳动条件分级，定期进行健康检查。并在招用时，应当将工作过程中可能产生的职业病危害及其后果、职业病防护措施和待遇等如实告知乙方。

3. 甲方应当依法对女职工和未成年工实行特殊劳动保护。

4. 乙方应严格遵守安全操作规程和各项劳动安全卫生规章制度。

5. 乙方拒绝甲方管理人员违章指挥、强令冒险作业的，不视为违反劳动合同。乙方对危害生命安全和身体健康的劳动条件，有权对甲方提出批评、检举和控告。

第四条 工作时间和休息休假

1. 乙方执行工作制。

（1）执行标准工作制的，甲方安排乙方的每日工作时间不超过 8 小时，平均每周不超过 40 小时。甲方由于工作需要，经与工会和乙方协商可以延长工作时间，一般每日不得超过 1 小时，因特殊原因需要延长工作时间的，在保障乙方身体健康的条件下延长工作时间每日不得超过 3 小时，每月不得超过 36 小时。

（2）经劳动行政部门批准执行综合计算工时制的，平均日和平均周工作时间不超过法定标准工作时间。

（3）经劳动行政部门批准执行不定时工作制的，其工作时间按照国家有关规定执行。

2. 乙方依法享有休息、休假的权利。

第五条 劳动报酬

1. 甲方应当遵循按劳分配的原则，实行同工同酬。甲方根据本单位的生产经营特点和经济效益，依法自主确定工资水平和分配方式（订立了集体合同的，其工资标准不得低于集体合同的规定），并将相应规定作为本合同的附件。

2. 乙方按甲方规定完成生产（工作）任务的，甲方应当以法定货币形式按月足额支付乙方工资报酬。每月至少支付一次，其中试用期内工资为______元，试用期满月工资为______元，每月支付工资的时间为______日。

3. 甲方向乙方支付的工资报酬，不得违背自治区的最低工资规定。甲方应当在经济效益提高的基础上逐步提高乙方的工资水平。

4. 甲方在乙方完成劳动定额规定或工作任务后，根据需要安排乙方在法定标准工作时间以外工作的，其工资报酬应按国家有关规定执行。

5. 非乙方原因造成乙方停工的，甲方应按规定支付乙方的工资报酬或生活费。

第六条　社会保险和福利

1. 甲、乙双方必须依法参加社会保险，缴纳养老、医疗、工伤、生育、失业等社会保险费。

2. 甲方应向乙方支付法定的津贴、补贴。

3. 女职工在孕期、产期、哺乳期的待遇，按国家和自治区的有关规定执行。

4. 乙方按国家和自治区有关规定享受福利待遇。

第七条　职业培训

1. 乙方从事普通工种或技术工种的，上岗前均须经过教育和培训；从事特种行业作业的，必须经过专门培训，取得特种作业资格后持证上岗。

2. 甲方为乙方提供专项培训费用，进行专业技术培训的，甲方可以与乙方订立协议，约定服务期。在履行劳动合同过程中，乙方如违反约定，应当按照约定向甲方支付违约金。违约金的数额不得超过甲方提供的培训费用，对服务期尚未履行部分，违约金要分摊计算。

第八条　合同的履行、变更、续订、解除和终止

1. 甲、乙双方应当按照本合同的约定，全面履行各自的义务。

2. 甲、乙双方变更劳动合同，应当遵循平等自愿、协商一致的原则，不得违反法律、法规的规定。变更劳动合同，应当签订变更劳动合同协议并办理变更手续。

3. 经甲、乙双方协商，劳动合同可以续订，续订劳动合同应当办理续订手续。

4. 经甲、乙双方协商一致，本合同可以解除。

5. 乙方有下列情形之一的，甲方可以解除本合同。

（1）在试用期间被证明不符合录用条件的。

（2）严重违反甲方规章制度的。

（3）严重失职、营私舞弊，对甲方利益造成重大损害的。

（4）乙方同时与其他用人单位建立劳动关系，对完成甲方的工作任务造成严重影响，或者经甲方提出，拒不改正的。

（5）因《劳动合同法》第二十六条第一款第一项规定的情形致使劳动合同无效的。

（6）被依法追究刑事责任的。

6. 有下列情形之一的，甲方应提前 30 日以书面形式通知乙方本人或者额外支付乙方一个月工资后，可以解除劳动合同。

（1）乙方患病或者非因工负伤，在规定的医疗期满后，不能从事原工作也不能从事由甲方另行安排的工作的。

（2）乙方不能胜任工作，经过培训或者调整工作岗位，仍不能胜任工作的。

（3）本合同订立时所依据的客观情况发生重大变化，致使原劳动合同无法履行，经甲、乙双方协商不能就变更劳动合同内容达成协议的。

7. 有下列情形之一，甲方需要裁减 20 人以上或者裁减不足 20 人但占企业职工总数 10% 以上的，甲方应提前 30 日向工会或者全体职工说明情况，听取工会或者职工的意见后，裁减人员方案经向劳动行政部门报告，可以裁减人员。

（1）依照企业破产法规定进行重整的。

（2）生产经营发生严重困难的。

（3）企业转产、重大技术革新或者经营方式调整，经变更劳动合同后，仍需裁减人员的。

（4）其他因劳动合同订立时所依据的客观经济情况发生重大变化，致使劳动合同无法履行的。

甲方裁减人员时，应当优先留用与甲方订立较长期限的固定期限劳动合同或者无固定期限劳动合同的人员，以及家庭无其他就业人员且需要抚养的老人或者未成年的人员。甲方依照本条第一项规定裁减人员，在6个月内重新招用人员的，应当通知被裁减人员，并在同等条件下优先招用被裁减的人员。

8. 乙方有下列情形之一的，甲方不得依据本合同第八条第6款、第7款的规定解除劳动合同。

（1）乙方从事接触职业病危害作业未进行离岗前职业健康检查，或者疑似职业病病人在诊断或者医学观测期间的。

（2）在本单位患职业病或者因工负伤并被确认丧失或者部分丧失劳动能力的。

（3）患病或者非因工负伤，在规定的医疗期内的。

（4）女职工在孕期、产期、哺乳期内的。

（5）在本单位连续工作满15年，且距法定退休年龄不满5年的。

（6）法律、行政法规规定的其他情形。

9. 甲方单方解除劳动合同，应当事先将理由通知工会。甲方违反法律、行政法规规定或者劳动合同约定的，工会有权要求甲方纠正。甲方应当研究工会的意见，并将处理结果书面通知工会。

10. 乙方解除劳动合同，应当提前30日以书面形式通知甲方。乙方在试用期内提前3日通知甲方，可以解除劳动合同。

11. 甲方有下列情形之一的，乙方可以解除劳动合同。

（1）未按照劳动合同约定提供劳动保护或者劳动条件的。

（2）未及时足额支付劳动报酬的。

（3）未依法为乙方缴纳社会保险费的。

（4）甲方的规章制度违反法律、法规的规定，损害乙方利益的。

（5）以欺诈、胁迫的手段或者乘人之危，使对方在违背真实意思的情况下订立或者变更劳动合同的。

（6）法律、行政法规规定乙方可以解除劳动合同的其他情形。

用人单位以暴力，威胁或者非法限制人身自由的手段强迫乙方劳动的，或者甲方违章指挥、强令冒险作业危及乙方人身安全的，乙方可以立即解除劳动合同，不需事先通知甲方。

12. 有下列情形之一的，劳动合同终止。

（1）劳动合同期满的。

（2）乙方开始依法享受基本养老保险待遇的。

（3）乙方死亡，或者被人民法院宣告死亡或者宣告失踪的。

（4）甲方被依法宣告破产的。

（5）甲方被吊销营业执照、责令关闭、撤销或者甲方决定提前解散的。

（6）法律、行政法规规定的其他情形。

13. 劳动合同期满，有本合同第八条第 8 款规定情形之一的，劳动合同应当延续至相应的情形消失时终止。但是，本合同第八条第8款第（2）项规定丧失或者部分丧失劳动能力的乙方的劳动合同的终止，按照国家有关工伤保险的规定执行。

14. 双方依法终止或解除劳动合同的，甲方应为乙方出具终止或解除劳动合同证明书，并在 15 日内为乙方办理档案和社会保险关系转移手续。

第九条　甲、乙双方约定的事项

____

____

第十条　经济补偿、违约责任和赔偿责任

1. 甲方向乙方支付经济补偿的情形：甲方依据本合同第八条第 4、6、7 款约定解除本合同；乙方依据本合同第八条第 11 款约定解除本合同；依照本合同第八条第 12 款第（4）项、第（5）项终止劳动合同的以及除甲方维持或者提高劳动合同约定条件续订劳动合同，乙方不同意续订的情形外；依照本合同第八条第 12 款规定终止固定期限劳动合同的；法律行政法规规定的其他情形。

2. 乙方违反本合同规定解除劳动合同，或者违反劳动合同约定的保密事项或者竞业限制，对甲方造成经济损失的，应当承担赔偿责任。

3. 甲方违反《劳动合同法》规定，给乙方造成损失的，应当依法承担赔偿责任。

第十一条　劳动争议处理

甲、乙双方合法权益受到侵害的，有权要求有关部门依法处理，或者依法申请仲裁、提起诉讼。

第十二条　本合同未尽事宜，按国家现行的法律、法规和政策执行。

第十三条　外籍劳动者所签订的中外文劳动合同文本有矛盾的，应以中文文本为依据。

第十四条　本合同一式两份，甲乙双方各执一份。

用人单位（甲方）：（盖章）

法定代表人（主要负责人）：（签章）

劳动者（乙方）：（签章）

合同签订时间：　　年　　月　　日

劳动合同续延

经双方协商同意，对_____年_____月_____日签订的劳动合同续延，期限自_____年_____月_____日起，至_____年_____月_____日止。

用人单位（甲方）：（盖章）

劳动者（乙方）：（签章）

合同续延时间：　年　月　日

劳动合同变更

经双方协商同意，对_____年_____月_____日签订的劳动合同做如下变更：__________

____

____

____

____

____

____

____

____

用人单位（甲方）：　　　　　　　　劳动者（乙方）：

（盖章）　　　　　　　　　　　　　（签章）

合同变更时间：　年　月　日

附件 1：

解除或终止劳动关系证明

姓名　　　　　　　　　　性别　　　　　　　　　出生年月
国籍（地区）　　　　　　文化程度
户籍所在地
现住址
身份证号码
用人单位性质
联系电话
合同期限（包括续延时间）

工作内容（工种）

解除或终止原因

劳动者：（签章）　　　　　　　　　法定代表人：（签章）
（委托代理人）

用人单位（盖章）
年　　月　　日

1. 请本人在终止或解除劳动合同后，持本证明及时到当地劳动部门经办的公共职业介绍机构，办理失业登记和求职登记。

2. 本人应自终止或解除劳动合同之日起 60 日内，持本证明及失业登记和求职登记证明，到失业保险经办机构办理失业保险金申领登记，逾期未办理的，按有关规定减发或停发失业保险金。

注：证明一式三份，用人单位留存一份备查，本人持一份下次就业时验用，职工档案一份。

附件 2:

劳动合同签订、备案花名册

单位名称：　　　　　　企业性质：　　　　　　造册时间：　　年　月　日

序号	姓名	性别	身份证号	现住址	户籍性质（农/非农）	录取时间	合同签订时间	合同期限	续签合同		拟分工种岗位
									次数	期限	

第三节　劳动合同法拓展与思考

一、劳动合同的效力

（一）劳动合同的生效

劳动合同由用人单位与劳动者协商一致，并经用人单位与劳动者在劳动合同文本上签字或者盖章生效。劳动合同依法成立即具有法律效力，对双方当事人都有约束力。双方必须履行劳动合同中规定的义务。

劳动合同的生效与劳动关系的建立是不同的，自实际用工之日起，用人单位和劳动者虽未签订书面劳动合同，但双方的劳动关系已经建立；如果用人单位和劳动者签订了劳动合同，但并未实际用工，则劳动合同虽生效，但双方并未建立劳动关系。

（二）无效劳动合同

在下列情形下，劳动合同无效。

（1）以欺诈、胁迫的手段或者乘人之危，使对方在违背真实意思的情况下订立或者变更劳动合同的。

（2）用人单位免除自己的法定责任，排除劳动者权利的。

（3）违反法律、行政法律强制性规定的。

劳动合同部分无效，不影响其他部分效力的，其他部分仍然有效，对劳动合同的无效或者部分无效有争议的，由劳动争议仲裁机构或者人民法院确认。

劳动合同被确认无效，劳动者已付出劳动的，用人单位应当向劳动者支付劳动报酬。劳动报酬的数额，参照本单位相同或者相近岗位劳动者的劳动报酬确定。

二、劳动合同解除与终止

劳动合同的解除，是指在劳动合同订立后，期限届满前，因出现法定的事由，双方协商提前结束劳动关系或一方单方通知结束劳动关系的法律行为。

劳动合同解除可以分为协商解除和法定解除。

（一）协商解除

用人单位和劳动者协商一致，可以解除劳动合同。由用人单位提出而解除合同的，应向劳动者支付经济补偿金；由劳动者主动辞职而解除劳动合同的，用人单位无须向劳动者支付经济补偿金。经济补偿金按劳动者在本单位工作的年限，每满 1 年支付 1 个月工资的标准向劳动者支付；6 个月以上不满 1 年的，按 1 年计算；不满 6 个月的，向劳动者支付半个月工资作为经济补偿。

（二）法定解除

法定解除，是指出现国家法律、法规或者劳动合同规定的可以解除劳动合同的情形时，不需双方当事人一致同意，劳动合同效力可以自然或由单方提前终止。

法定解除又可以分为劳动者单方解除和用人单位单方解除。

1. 劳动者单方解除劳动合同的情形

（1）劳动者可以提前通知解除劳动合同情形：① 劳动者提前 30 日以书面形式通知用人单位，可以解除劳动合同；② 劳动者在试用期内提前 3 日通知用人单位，可以解除劳动合同；在此情形下，劳动者不能获得补偿。

（2）劳动者可以随时通知解除劳动合同情形：① 用人单位未按照劳动合同约定提供劳动保护或者劳动条件的；② 用人单位未及时足额支付劳动报酬的；③ 用人单位未依法为劳动者缴纳社会保险费的；④ 用人单位的规章制度违反法律、法规的规定，损害劳动者权益的；⑤ 用人单位以欺诈、胁迫的手段乘人之危，订立或者变更劳动合同，致使劳动合同无效的；⑥ 法律、行政法规规定的其他情形。

（3）劳动者可以不事先告知解除劳动合同的情形：① 用人单位以暴力、胁迫或者非法限制人身自由的手段强迫劳动者劳动的；② 用人单位违章指挥、强令冒险作业危及劳动者人身安全的。

2. 用人单位单方解除劳动合同的情形

（1）在下列情形下，用人单位可以随时通知劳动者解除合同：① 劳动者在试用期间被证明不符合录用条件的；② 劳动者严重违反用人单位的规章制度的；③ 劳动者严重失职，营私舞弊，给用人单位造成重大损害的；④ 劳动者同时与其他用人单位建立劳动关系，对完成本单位的工作任务造成严重影响，或者经用人单位提出，拒不改正的；⑤ 劳动者以欺诈、胁迫的手段乘人之危，使对方在违背真实意思的情况下订立或者变更劳动合同，致使劳动合同无效的；⑥ 劳动者被依法追究刑事责任的。

依据上述情形解除劳动合同的，用人单位无须向劳动者支付经济补偿。

（2）在下列情形下，用人单位提前 30 日以书面形式通知劳动者本人或者额外支付劳动者 1 个月工资后，可以解除劳动合同：① 劳动者患病或者非因工负伤，在规定的医疗期满后不能从事原工作，也不能从事由用人单位安排的工作的；② 劳动者不能胜任工作，经过培训或者调整工作岗位，仍不能胜任工作的；③ 劳动合同订立时所依据的客观情况发生重大变化，致使劳动合同无法履行，经用人单位与劳动者协商，未能就变更劳动合同内容达成协议的。

依据上述情形解除劳动合同的，用人单位仍需向劳动者支付经济补偿。

（3）有下列情形之一，需要裁减人员20人以上或者裁减不足20人但占企业职工总数10%以上的，用人单位提前30日向工会或者全体职工说明情况，听取工会或者职工的意见后，裁减人员方案经向劳动行政部门报告，可以裁减人员：① 依照企业破产法规定进行重整的；② 生产经营发生严重困难的；③ 企业转产、重大技术革新或者经营方式调整，经变更劳动合同后，仍需裁减人员的；④ 其他因劳动合同订立时所依据的客观经济情况发生重大变化，致使劳动合同无法履行的。

依据上述情形解除劳动合同的，用人单位应向劳动者支付经济补偿。

（4）裁减人员时，应当优先留用下列人员：① 与本单位订立较长期限的固定期限劳动合同的；② 与本单位订立无固定期限劳动合同的；③ 家庭无其他就业人员，有需要抚养的老人或者未成年人的。用人单位裁减人员，在6个月内重新招用人员的，应当通知被裁减的人员，并在同等条件下优先招用被裁减的人员。

3. 用人单位不得解除劳动合同的情形

劳动者有下列情形之一的，用人单位不得解除劳动合同：① 从事接触职业病危害作业的劳动者未进行离岗前职业健康检查，或者疑似职业病病人在诊断或者医学观察期间的；② 在本单位患职业病或者因工负伤，并被确认丧失或者部分丧失劳动能力的；③ 患病或者非因工负伤，在规定的医疗期内的；④ 女职工在孕期、产期、哺乳期的；⑤ 在本单位连续工作满15年的，且距法定退休年龄不足5年的；⑥ 法律、行政法规规定的其他情形。

（三）劳动合同的终止

劳动合同终止，是指劳动合同订立后，因出现某种法定的事实，导致用人单位与劳动者之间形成的劳动关系自动归于消灭，或导致双方劳动关系的继续履行成为不可能而不得不消灭的情形。

劳动合同终止的情形包括：① 劳动合同期满的；② 劳动者开始依法享受基本养老保险待遇的；③ 劳动者达到法定退休年龄的；④ 劳动者死亡，或者被人民法院宣告死亡或者宣告失踪的；⑤ 用人单位被依法宣告破产的；⑥ 用人单位被吊销营业执照、责令关闭、撤销或者用人单位决定提前解散的；⑦ 法律、行政法规规定的其他情形。

用人单位与劳动者不得约定上述情形以外的其他劳动合同终止条件，即使约定也没有法律效力。

三、集体合同与劳务派遣

（一）集体合同

集体合同，是指由工会代表企业职工一方与用人单位通过平等协商，就劳动报酬、工作时间、休息休假、劳动卫生安全、保险福利等事项订立的书面协议。

1. 集体合同的订立

集体合同由工会代表企业职工一方与用人单位订立；尚未建立工会的用人单位，由上级工会指导劳动者推举的代表与用人单位订立。企业职工一方与用人单位可以订立劳动安全卫生、女职工权益保护、工资调整机制等专项集体合同。在县级以下区域内，建筑业、采矿业、餐饮服务业等行业可以由工会与企业方面代表订立行业性集体合同，或者订立区域性集体合同。

2. 集体合同的生效

集体合同订立后，应当报送劳动行政部门；劳动行政部门自收到集体合同文本之日起 15 日内未提出异议的，集体合同即行生效。依法订立的集体合同对用人单位和劳动者具有约束力。行业性、区域性集体合同对于当地本行业、本区域的用人单位和劳动者具有约束力。

3. 劳动报酬和劳动条件

集体合同中劳动报酬和劳动条件等标准不得低于当地人民政府规定的最低标准；用人单位与劳动者订立的劳动合同中劳动者报酬和劳动条件等标准不得低于集体合同规定的标准。

4. 争议的处理

用人单位违反集体合同，侵犯职工劳动权益的，工会可以依法要求用人单位承担责任；因履行集体合同发生争议，经协商解决不成的，工会可以依法申请仲裁、提起诉讼。

（二）劳务派遣

劳务派遣，是指劳务派遣单位根据用工单位的需要招聘人员，并将所聘人员派遣到用工单位的一种用工形式。劳务派遣的劳动合同关系存在于劳务派遣单位与被派遣劳动者之间，但劳动力给付的事实发生于被派遣劳动者与实际用工单位之间。劳务派遣一般在临时性、辅助性或者替代性的工作岗位上实施。

劳务派遣涉及劳务派遣单位、用工单位、劳动者三者之间的法律关系。

1. 劳务派遣单位

劳务派遣单位即用人单位，应当履行用人单位对劳动者的义务。劳务派遣单位应当依照《公司法》相关规定设立，注册资本不得少于人民币 50 万元。

2. 劳务派遣合同

劳务派遣单位与被派遣劳动者订立的劳动合同，除应当载明劳动合同应当具备的事项外，还应当载明被派遣劳动者的用工单位以及派遣期限、工作岗位等情况。劳务派遣单位应当与被派遣劳动者订立 2 年以上的固定期限劳动合同。

3. 劳务派遣协议

劳务派遣单位派遣劳动者应当与用工单位订立劳务派遣协议。劳务派遣协议应当约定派遣岗位和人员数量、派遣期限、劳动报酬和社会保险费的数额与支付方式以及违反协议的责任。用工单位应当根据工作岗位的实际需要与劳务派遣单位确定派遣期限，不得将连续用工期限分割订立数个短期劳务派遣协议。劳务派遣单位应当将劳务派遣协议的内容告知被派遣劳动者。

4. 劳动报酬

被派遣劳动者享有与用工单位的劳动者同工同酬的权利。用工单位无同类岗位劳动者的，参照用工单位所在地相同或者相近岗位劳动者的劳动报酬确定。劳务派遣单位应当按月向劳动者支付劳动报酬；被派遣劳动者在无工作期间，劳务派遣单位应当按照所在地人民政府规定的最低工资标准，向其按月支付报酬。劳务派遣单位不得克扣用工单位按照劳务派遣协议支付给被派遣劳动者的劳动报酬。

劳务派遣单位和用工单位不得向被派遣劳动者收取费用。劳务派遣单位跨地区派遣劳动者的，被派遣劳动者享有的劳动报酬和劳动条件，按照用工单位所在地的标准执行。

5. 用工单位的义务

用工单位应当履行下列义务：执行国家劳动标准，提供相应的劳动条件和劳动保护；告知被派遣劳动者的工作要求和劳动报酬；支付加班费、绩效奖金，提供与工作岗位有关的福利待遇；对在岗被派遣劳动者进行工作岗位所必需的培训；连续用工的，实行正常的工资调整机制。

用工单位不得将被派遣劳动者再派遣到其他用人单位。

四、案例

郑大日语专业学生应聘小米遭歧视，相关人员公开道歉①

针对媒体报道的“郑州大学日语专业学生应聘遭歧视‘送你们去从事电影事业’”，9月23日，小米科技有限责任公司（以下简称“小米公司”）负责宣传的周姓人士告诉澎湃新闻记者，公司涉事员工已向学生们道歉并获得谅解，还发布了道歉信。

据《河南商报》9月23日报道，9月22日下午6点多，在小米公司的郑州大学招聘宣讲会上，一名自称创新部负责人的秦先生在发言时称：“如果你是日语专业的学生，那你可以走了。或者我们可以送你们去从事电影事业！”当时，在场至少200名学生都笑了。

郑州大学日语专业学生李敏表示，她去听宣讲会，是因为看到小米公司招聘不限专业。而秦先生的发言，对在场日语专业学生是莫大的语言侮辱。“大家都是成年人，我们又不傻。”李敏与同学抽出自己上交的简历，愤然离去。

澎湃新闻记者注意到，小米公司董事长兼CEO雷军9月22日的多条微博评论被网友占领，要求小米公司解释歧视性言论。

9月23日，微博网友@秦涛繁星点点发布道歉信称：“再次真诚地向同学们道歉，引以为戒。”

道歉信称，其伤害了大家的感情，深表歉意。“由于我的不当言辞，误导大家以为不招收日语专业的学生，感觉没有得到公平的对待；关于日语专业学生可以去日本从事电影行业的发言，引起在场人的哄堂大笑，也给大家带来了伤害。”

道歉信表示，其进行了深刻反思，“此次事件责任完全在我”，“真诚地向大家道歉”，“对不起”。

小米公司负责宣传的周姓人士向澎湃新闻记者证实，@秦涛繁星点点就是小米公司涉事员工。其称，该员工已经向学生们当面道歉并获得谅解，还发布了道歉信。

小米科技有限责任公司侵犯了劳动者什么权利？

① https://www.thepaper.cn/newsDetail_forward_1803948

任务五

劳动争议解决

任务目标

1. 懂得劳动争议解决途径。
2. 学会撰写劳动仲裁申请书。

过程与方法

1. 劳动争议解决途径。（教师讲授）
2. 根据民事判决书撰写劳动仲裁申请书。（学生小组活动）
3. 任务总结与点评。（教学双方参与）

第一节　劳动争议仲裁法

一、劳动争议及解决方法

1. 劳动争议的概念及适用范围

劳动争议是指劳动关系当事人之间在执行劳动方面的法律法规和劳动合同、集体合同的过程中，就劳动权利义务发生分歧而引起的争议，也称劳动纠纷、劳资争议。它包括以下几点。

（1）因确认劳动关系发生的争议。

（2）因订立、履行、变更、解除和终止劳动合同发生的争议。

（3）因除名、辞退和辞职、离职发生的争议。

（4）因工作时间、休息休假、社会保险、福利、培训以及劳动保护发生的争议。

（5）因劳动报酬、工伤医疗费、经济补偿或者赔偿金等发生的争议。

（6）法律、法规规定的其他劳动争议。

2. 劳动争议的解决原则和方法

1）劳动争议解决的基本原则

解决劳动争议，应当根据事实，遵循合法、公正、及时、着重调解的原则，依法保护当事人的合法权益。

2）劳动争议解决的基本方法

劳动争议解决的方法有协商、调解、仲裁和诉讼。发生劳动争议，劳动者可以与用人单位协商，也可以请工会或者第三方共同与用人单位协商，达成和解协议；当事人不愿协商、协商不成或者达成和解协议后不履行的，可以向调解组织申请调解；不愿调解；调解不成或者达成调解协议后不履行的，可以向劳动争议仲裁委员会申请仲裁；对仲裁裁决不服的，除劳动争议调解仲裁法另有规定的以外，可以向人民法院提起诉讼。

劳动争议的调解是指在劳动争议调解组织的主持下，在双方当事人自愿的基础上，通过宣传法律、法规、规章和政策，劝导当事人化解矛盾，自愿就争议事项达成协议，使劳动争议及时得到解决的一种活动。

劳动仲裁是指劳动争议仲裁机构对劳动争议当事人争议的事项，根据劳动方面的法律、法规、规章和政策等的规定，依法做出裁决，从而解决劳动争议的一项劳动法律制度。

用人单位违反国家规定，拖欠或者未足额支付劳动报酬，或者拖欠工伤医疗费、经济补偿或者赔偿金的，劳动者可以向劳动行政部门投诉，劳动行政部门应当依法处理。

3）举证责任

发生劳动争议，当事人对自己提出的主张，有责任提供证据。与争议事项有关的证据属于用人单位掌握管理的，用人单位应当提供；用人单位不提供的，应当承担不利后果。在法律没有具体规定，按照上述原则也无法确定举证责任承担时，仲裁庭可以根据公平原则和诚实信用原则，综合当事人举证能力等因素确定举证责任的承担。

二、劳动仲裁

1. 劳动仲裁参加人、劳动仲裁机构和劳动仲裁管辖

1）劳动仲裁参加人

（1）当事人。

发生劳动争议的劳动者和用人单位为劳动争议仲裁案件的双方当事人。

劳务派遣单位或者用工单位与劳动者发生劳动争议的，劳务派遣单位和用工单位为共同当事人。

劳动者与个人承包经营者发生争议，依法向仲裁委员会申请仲裁的，应当将发包的组织和个人承包经营者作为当事人。

发生争议的用人单位被吊销营业执照、责令关闭、撤销以及用人单位决定提前解散、歇业，不能承担相关责任的，依法将其出资人、开办单位或主管部门作为共同当事人。

（2）当事人代表。

发生争议的劳动者一方在 10 人以上，并有共同请求的，劳动者可以推举 3～5 名代表人参加仲裁活动。

因履行集体合同发生的劳动争议，经协商解决不成的，工会可以依法申请仲裁；尚未建立工会的，由上级工会指导劳动者推举产生的代表依法申请仲裁。

代表人参加仲裁的行为对其所代表的当事人发生效力，但代表人变更、放弃仲裁请求或者承认对方当事人的仲裁请求，进行和解，必须经被代表的当事人同意。

（3）第三人。

与劳动争议案件的处理结果有利害关系的第三人，可以申请参加仲裁活动或者由劳动争议仲裁委员会通知其参加仲裁活动。

（4）代理人。

当事人可以委托代理人参加仲裁活动。委托他人参加仲裁活动，应当向劳动争议仲裁委员会提交有委托人签名或者盖章的委托书，委托书应当载明委托事项和权限。

丧失或者部分丧失民事行为能力的劳动者，由其法定代理人代为参加仲裁活动；无法定代理人的，由劳动争议仲裁委员会为其指定代理人。劳动者死亡的，由其近亲属或者代理人参加仲裁活动。

2）劳动仲裁机构

劳动仲裁机构是劳动争议仲裁委员会。劳动争议仲裁委员会按照统筹规划、合理布局和适应实际需要的原则设立。省、自治区人民政府可以决定在市、县设立，直辖市人民政府可以决定在区、县设立。直辖市、设区的市也可以设立一个或者若干个劳动争议仲裁委员会。劳动争议仲裁委员会不按行政区划层层设立，劳动争议仲裁委员会由劳动行政部门代表、工会代表和企业方面代表组成。劳动争议仲裁委员会组成人员应当是单数。劳动争议仲裁委员会应当设仲裁员名册。

劳动争议仲裁不收费。劳动争议仲裁委员会的经费由财政予以保障。

3）劳动争议仲裁案件的管辖

劳动争议仲裁委员会负责管辖本区域内发生的劳动争议。劳动争议由劳动合同履行地或者用人单位所在地的劳动争议仲裁委员会管辖。双方当事人分别向劳动合同履行地和用人单位所在地的劳动争议仲裁委员会申请仲裁的，由劳动合同履行地的劳动争议仲裁委员会管辖。这里的劳动合同履行地为劳动者实际工作场所地，用人单位所在地为用人单位注册、登记地。用人单位未经注册、登记的，其出资人、开办单位或主管部门所在地为用人单位所在地。

案件受理后，劳动合同履行地和用人单位所在地发生变化的，不改变争议仲裁的管辖。多个仲裁委员会都有管辖权的，由先受理的仲裁委员会管辖。

2. 申请和受理

1）仲裁时效

（1）劳动争议申请仲裁的时效期间为 1 年。仲裁时效期间从当事人知道或者应当知道其权利被侵害之日起计算。劳动关系存续期间因拖欠劳动报酬发生争议的，劳动者申请仲裁不受 1 年仲裁时效期间的限制；但是，劳动关系终止的，应当自劳动关系终止之日起 1 年内提出。

（2）仲裁时效的中断。劳动仲裁时效，因当事人一方向对方当事人主张权利，一方当事人通过协商、申请调解等方式向对方当事人主张权利的；或者向有关部门请求权利救济，一方当事人通过向有关部门投诉，向仲裁委员会申请仲裁，向人民法院起诉或者申请支付令等方式请求权利救济的；或者对方当事人同意履行义务而中断。从中断时起，仲裁时效期间重新计算。这里的中断时起，如权利人申请调解的，经调解达不成协议的，应自调解不成之日起重新计算；如达成调解协议，自义务人应当履行义务的期限届满之日起计算。

（3）仲裁时效的中止。因不可抗力或者有其他正当理由（无民事行为能力或者限制民事行为能力劳动者的法定代理人未确定等），当事人不能在仲裁时效期间申请仲裁的，仲裁时效中止。从中止时效的原因消除之日起，仲裁时效期间继续计算。

2）仲裁申请

申请人申请仲裁应当提交书面仲裁申请，并按照被申请人人数提交副本。仲裁申请书应当载明下列事项。

（1）劳动者的姓名、性别、年龄、职业、工作单位和住所，用人单位的名称、住所和法定代表人或者主要负责人的姓名、职务。

（2）仲裁请求和所根据的事实、理由。

（3）证据和证据来源、证人姓名和住所。

书写仲裁申请确有困难的，可以口头申请，由劳动争议仲裁委员会记入笔录并告知对方当事人。

3）仲裁受理

劳动争议仲裁委员会收到仲裁申请之日起 5 日内，认为符合受理条件的，应当受理，并通知申请人；认为不符合受理条件的，应当书面通知申请人不予受理，并说明理由。

对劳动争议仲裁委员会不予受理或者逾期未做出决定的，申请人可以就该劳动争议事项向人民法院提起诉讼。

劳动争议仲裁委员会受理仲裁申请后，应当在 5 日内将仲裁申请书副本送达被申请人。被申请人收到仲裁申请书副本后，应当在 10 日内向劳动争议仲裁委员会提交答辩书，劳动争议仲裁委员会收到答辩书后，应当在 5 日内将答辩书副本送达申请人。被申请人未提交答辩书的，不影响仲裁程序的进行。

3. 开庭和裁决

1）基本制度

（1）仲裁公开原则及例外。

劳动争议仲裁公开进行，但当事人协议不公开进行或者涉及国家秘密、商业秘密和个人隐私的除外。

（2）仲裁庭制。

劳动争议仲裁委员会裁决劳动争议案件实行仲裁庭制。仲裁庭由 3 名仲裁员组成，设首席仲裁员。简单劳动争议案件可以由 1 名仲裁员独任仲裁。

（3）回避制度。

仲裁员有下列情形之一的，应当回避，当事人也有权以口头或者书面方式提出回避申请：是本案当事人或者当事人、代理人的近亲属的；与本案有利害关系的；与本案当事人、代理人有其他关系，可能影响公正裁决的；私自会见当事人、代理人，或者接受当事人、代理人请客送礼的。

劳动争议仲裁委员会对回避申请应当及时做出决定，并以口头或者书面方式通知当事人。仲裁员私自会见当事人、代理人，或者接受当事人、代理人请客送礼的，或者有索贿受贿、徇私舞弊、枉法裁决行为的，应当依法承担法律责任。劳动争议仲裁委员会应当将其解聘。

2）开庭程序

劳动争议仲裁委员会应当在受理仲裁申请之日起 5 日内将仲裁庭的组成情况书面通知当事人。仲裁庭应当在开庭 5 日前，将开庭日期、地点书面通知双方当事人。当事人有正当理由的，可以在开庭 3 日前请求延期开庭。是否延期，由劳动争议仲裁委员会决定。

申请人收到书面通知，无正当理由拒不到庭或者未经仲裁庭同意中途退庭的，可以视为撤回仲裁申请。被申请人收到书面通知，无正当理由拒不到庭或者未经仲裁庭同意中途退庭的，可以缺席裁决。

开庭审理时，仲裁员应当听取申请人的陈述和被申请人的答辩，主持庭审调查、质证和辩论、征询当事人最后意见，并进行调解。

当事人申请劳动争议仲裁后，可以自行和解。达成和解协议的，可以撤回仲裁申请，也可以请求仲裁庭根据和解协议制作调解书。

仲裁庭在做出裁决前，应当先行调解。调解达成协议的，仲裁庭应当制作调解书。调解书应当写明仲裁请求和当事人协议的结果。调解书由仲裁员签名，加盖劳动争议仲裁委员会印章，送达双方当事人。调解书经双方当事人签收后，发生法律效力。调解不成或者调解书送达前，一方当事人反悔的，仲裁庭应当及时做出裁决。

3）裁决

（1）裁决的原则。

裁决应当按照多数仲裁员的意见做出，少数仲裁员的不同意见应当记入笔录。

仲裁庭不能形成多数意见时，裁决应当按照首席仲裁员的意见做出。裁决书应当载明仲裁请求、争议事实、裁决理由、裁决结果和裁决日期。裁决书由仲裁员签名，加盖劳动争议仲裁委员会印章。对裁决持不同意见的仲裁员，可以签名，也可以不签名。

仲裁庭裁决劳动争议案件时，其中一部分事实已经清楚，可以就该部分先行裁决。

（2）一裁终局的案件。

下列劳动争议，除劳动争议调解仲裁法另有规定的外，仲裁裁决为终局裁决，裁决书自做出之日起发生法律效力：① 追索劳动报酬、工伤医疗费、经济补偿或者赔偿金，不超过当地月最低工资标准 12 个月金额的争议；② 因执行国家的劳动标准在工作时间、休息休假、社会保险等方面发生的争议。

4）不服仲裁裁决提起诉讼的期限和条件

劳动者对上述一裁终局的裁决不服的，可以自收到仲裁裁决书之日起 15 日内向人民法院提起诉讼。

用人单位有证据证明上述一裁终局的裁决有下列情形之一，可以自收到仲裁裁决书之日起 30 日内向劳动争议仲裁委员会所在地的中级人民法院申请撤销裁决。

（1）适用法律、法规确有错误的。

（2）劳动争议仲裁委员会无管辖权的。

（3）违反法定程序的。

（4）裁决所根据的证据是伪造的。

（5）对方当事人隐瞒了足以影响公正裁决的证据的。

（6）仲裁员在仲裁该案时有索贿受贿、徇私舞弊、枉法裁决行为的人民法院经组成合议庭审查核实裁决有上述规定情形之一的，应当裁定撤销。

仲裁裁决被人民法院裁定撤销的，当事人可以自收到裁定书之日起 15 日内就该劳动争议事项向人民法院提起诉讼。

当事人对上述终局裁决情形之外的其他劳动争议案件的仲裁裁决不服的，可以自收到仲裁裁决书之日起 15 日内提起诉讼；期满不起诉的，裁决书发生法律效力。

4. 执行

（1）仲裁庭对追索劳动报酬、工伤医疗费、经济补偿或者赔偿金的案件，根据当事人的申请，可以裁决先予执行，移送人民法院执行。

仲裁庭裁决先予执行的，应当符合下列条件：① 当事人之间权利义务关系明确；② 不先予执行将严重影响申请人的生活。

劳动者申请先予执行的，可以不提供担保。

（2）当事人对发生法律效力的调解书、裁决书，应当依照规定的期限履行。

一方当事人逾期不履行的，另一方当事人可以依照民事诉讼法的有关规定向人民法院申请执行。受理申请的人民法院应当依法执行。

第二节　劳动争议仲裁法实务

一、撰写劳动仲裁申请书

分为若干学习小组，每组5～6人。按小组任务书的要求进行工作。

小组任务书　　任务编号 2-2

任务	撰写劳动仲裁申请书				
学习方法	小组协作	任务依据	《劳动争议调解仲裁法》	课时	1课时+课外
任务内容与步骤					
1. 根据下面的人民法院民事判决书，小组讨论解决劳动争议的措施有哪些 2. 根据该民事判决书撰写劳动仲裁申请书 3. 小组进行汇报展示 4. 完成小组成员互评表					

二、总结与评价

教师与学生共同进行任务的总结与评价。教师把整个任务内容再整理一遍，进行归纳总结，使学生的思路更清晰。

（1）教师根据完成本次任务的情况，对每个小组的表现进行打分，并记录在任务评价表中。

（2）学生根据完成本次任务的协作情况，对小组其他成员打分，并记录在小组成员互评表中。

任务评价表

任务　　　　　　　　班级　　　　　　　　小组　　　　　　　　日期

组别	评价内容或要点				得分	总评
	完成任务内容 分值 0～10	完成任务时间 分值 0～10	完成任务质量 分值 0～30	团队协作 分值 0～20		
1						
2						
3						
4						
5						
6						
7						
8						

小组成员互评表

任务　　　　　　　　班级　　　　　　　　小组　　　　　　　　日期

小组成员	评价内容或要点			得分	备注
	态度积极 分值 0～10	协作精神 分值 0～10	贡献程度 分值 0～10		

××人民法院
民事判决书

（201×）初字第×号

原告刘××。

被告××公司。

法定代表人郑××。

委托代理人徐××。

委托代理人李××。

原告刘××与被告××公司劳动争议纠纷一案，本院已立案受理。依法由审判员××适用简易程序公开开庭进行了审理。原告刘××，被告××公司的委托代理人徐××、李××到庭参加诉讼。本案现已审理终结。

原告诉称，原告因与被告劳动争议一案，不服廊坊开发区劳动争议仲裁委员会做出的廊开劳仲案字〔2009〕第94号裁决书，向法院提起诉讼。事实和理由如下所述：一、原告与被告于2008年8月15日签署了《关于协商一致解除劳动关系的协议》(以下简称《协议》)，就被告要求原告同意提前解除劳动合同而支付经济补偿金标准及数额达成了一致意见，该协议是双方真实意思表示，自双方签字或盖章之日生效，具有法律效力。二、原告已经按时移交了工作。退一步讲，就算按被告提供的交接工作时间，也已证明原告早在一年前就已完成了工作交接，被告没有支付原告经济补偿金是事实。《合同法》规定："当事人一方不履行合同义务或者履行合同义务不符合约定的，应当承担继续履行、采取补救措施或者赔偿损失等违约责任。"因此，支付协议约定的经济补偿金并按《违反和解除劳动合同的经济补偿办法》和《劳动合同法》有关规定支付赔偿金是被告必须履行的法定责任和义务。三、被告2008年9、10月份的工资一直正常发放，且都是下月发上月工资。被告有能力支付经济补偿金。四、原告的合同约定工资为20 000元/月，加上餐费补贴、工龄补贴，离职时的工资是20 480元/月。相关法律规定，经济补偿金按离职时的实际平均工资计算即20 480元，4个月共计81 920元。基于以上事实，为维护原告的合法权益，特提起诉讼，请求判令：1. 被告支付原告经济补偿金81 920元；2. 被告支付故意拖欠原告经济补偿金100%的赔偿金81 920元；3. 被告承担本案的诉讼费用。

原告针对本方主张向法庭提交如下证据：1. 工资条（电子邮件打印）及纳税证明原件，证明原告离职时月工资20 480元；2. 工作交接单、交接证明、情况说明、采购合同付款审批记录、借款申请单、〔2009〕第15号仲裁裁决书，证明原告交接工作的时间是2008年8月31日及被告有能力支付工资的事实；3. 劳动合同复印件，证明原告于2006年1月1日到被告处工作。

被告辩称，一、原告与被告签订的《协议》合法有效；二、仲裁裁决书对原、被告共同签订的协议的理解无误，原告办理交接工作确是公司支付经济补偿金的前提条件；三、关于经济补偿标准、加付赔偿金及工龄津贴和餐补问题。首先，原告的工资标准为 20 000 元/月，高于 2008 年廊坊市职工月平均工资 2 386 元的 3 倍。因此经济补偿金应为 7 158×4=28 632 元。其次，答辩人不是无故拖欠支付经济补偿金，确实是因为客观原因导致暂时不能发放。另外，《劳动合同法》第八十五条规定，加付赔偿金的前提是劳动行政部门责令公司限期支付劳动报酬且逾期未付的，现答辩人未收到任何劳动行政部门的指示。第三，原告主张的工龄津贴、餐补属公司经营费用，不应计入原告工资，也不能计入经济补偿范围。同时，原告在仲裁委员会主张的工龄津贴为 150 元，而不是 200 元。四、原告有严重失职行为，给答辩人造成严重经济损失。原告在任职期间未能履行主管领导职责，致使公司人事劳动关系方面管理混乱，逾百名员工与公司发生劳动争议纠纷。

被告针对本方主张向法庭提交其与原告于 2008 年 10 月 7 日的交接单，证明原被告交接完毕的时间为 2008 年 10 月 7 日。

被告对原告方提交的证据 1 中完税证明无异议，对工资单的来源有异议，辩称原告的工资每月 20 000 元，工龄津贴 200 元、伙食补贴 280 元不属于工资范围。原告在仲裁裁决中请求的工龄津贴为 150 元；证据 2 工作交接单、交接证明、情况说明、采购合同付款审批记录、借款申请单等均为复印件。复印件不能与原件核对，对其真实性不予认可。出具证明的证人未出庭做证。证据 3 劳动合同系复印件，对复印件不予认可。但认可原告于 2006 年 10 月 11 日来被告处工作。

原告对被告方提交的 2008 年 10 月 7 日交接单的真实性无异议，但称 10 月 7 日交接的只是办公用品，如桌椅等，不属于《协议》中约定的交接内容。

本院对原、被告无争议的如下事实予以确认：一、原、被告之间存在劳动关系；二、2008 年 8 月 15 日，原被告签订《关于协商一致解除劳动关系的协议》，协议约定：应甲方（被告）要求，双方就解除甲、乙（原告）劳动合同关系事项达成一致意见：1. 双方自 2008 年 8 月 15 日协商一致，决定于 2008 年 8 月 31 日前解除劳动关系；2. 原告工作时间截至 2008 年 8 月 31 日，并在此之前完成工作交接；3.甲方同意按公司章程相关规定及劳动合同关系约定，作为提交解除合同的经济补偿，除 8 月份工资外，甲方一次性给付乙方相当于乙方 4 个月工资的补偿金，于 2008 年 9 月 15 日前支付乙方。

本院对原、被告有争议的事实查明如下：原告自 2006 年 1 月 1 日到被告处工作。原、被告双方于 2006 年 10 月 11 日签订书面劳动合同，合同终止日为 2009 年 1 月 1 日。原告 2008 年 8 月份收入为 20 480 元（其中包括伙食补贴 280 元、工龄津贴 200 元在内）。原告最迟已于 2008 年 10 月 7 日交接完工作。

上述事实有原告提交的劳动合同复印件、完税证明及原、被告共同提交的交接单可证明。

本院认为，被告提出解除劳动合同，原告无异议，并与被告签订《关于协商一致解除劳动关系的协议》，原、被告双方的劳动关系已解除，原告主张被告支付经济补偿金的请求应予支持。同时，双方协议中“甲方一次性给付乙方相当于乙方 4 个月工资的补偿金”的约定，违反了《中华人民共和国劳动合同法》的强制性规定，属无效约定，原告依此主张经济补偿金的数额本院不予支持。被告关于原告工资的主张未向法庭提交证据，原告 8 月份的工资薪金所得为 20 480 元，明显高于本地区上年度职工月平均工资 2 386 元的 3 倍。原告的入职时间以其提交的劳动合同为依据确定为 2006 年 1 月 1 日。依据《中华人民共和国劳动合同法》相关规定，确定被告应支付的经济补偿金为 48 118 元（20 480 元/月×2 个月+2 386 元/月×3 倍×1 个月 = 48 118 元）。原告是否交接工作及是否有重大失职行为，不是本案被告应否支付经济补偿金的必要条件。依《中华人民共和国劳动合同法》的规定，办理交接工作日只是被告支付经济补偿金的时间，但被告在其认可的交接日（2008 年 10 月 7 日）亦未向原告支付经济补偿金。被告以原告有重大失职行为而拒付经济补偿金的理由不当，本院不予采信。原告主张的经济赔偿金请求属劳动行政部门主管范围，本院不予审理。依据《中华人民共和国劳动合同法》第四十六条第二款、第四十七条、第九十七条，《违反和解除劳动合同的经济补偿办法》第五条之规定，判决如下：

一、被告××公司于本判决生效之日起 7 日内支付原告刘××经济补偿金 48 118 元。

二、驳回原告刘××的其他诉讼请求。

如果被告未按本判决指定的期间履行给付金钱义务，应当依照《中华人民共和国民事诉讼法》第二百二十九条之规定，加倍支付迟延履行期间的债务利息。

案件受理费 10 元，由被告××公司承担。此款于本判决生效之日起 3 日内交纳。

如不服本判决，可在判决书送达之日起 15 日内，向本院递交上诉状，并按对方当事人的人数提出副本，上诉至河北省廊坊市中级人民法院。如逾期不交纳上诉费，按自动撤回上诉处理。

审 判 员 ××
二〇××年××月×日
书 记 员××

附 1：法律依据

《中华人民共和国劳动合同法》

第四十六条 有下列情形之一的，用人单位应当向劳动者支付经济补偿：

（一）劳动者依照本法第三十八条规定解除劳动合同的；

（二）用人单位依照本法第三十六条规定向劳动者提出解除劳动合同并与劳动者协商一致解除劳动合同的；

（三）用人单位依照本法第四十条规定解除劳动合同的；

（四）用人单位依照本法第四十一条第一款规定解除劳动合同的；

（五）除用人单位维持或者提高劳动合同约定条件续订劳动合同，劳动者不同意续订的情形外，依照本法第四十四条第一项规定终止固定期限劳动合同的；

（六）依照本法第四十四条第四项、第五项规定终止劳动合同的；

（七）法律、行政法规规定的其他情形。

第四十七条 经济补偿按劳动者在本单位工作的年限，每满一年支付一个月工资的标准向劳动者支付。六个月以上不满一年的，按一年计算；不满六个月的，向劳动者支付半个月工资的经济补偿。

劳动者月工资高于用人单位所在直辖市、设区的市级人民政府公布的本地区上年度职工月平均工资三倍的，向其支付经济补偿的标准按职工月平均工资三倍的数额支付，向其支付经济补偿的年限最高不超过十二年。

本条所称月工资是指劳动者在劳动合同解除或者终止前十二个月的平均工资。

第九十七条　本法施行前已依法订立且在本法施行之日存续的劳动合同，继续履行；本法第十四条第二款第三项规定连续订立固定期限劳动合同的次数，自本法施行后续订固定期限劳动合同时开始计算。

本法施行前已建立劳动关系，尚未订立书面劳动合同的，应当自本法施行之日起一个月内订立。

本法施行之日存续的劳动合同在本法施行后解除或者终止，依照本法第四十六条规定应当支付经济补偿的，经济补偿年限自本法施行之日起计算；本法施行前按照当时有关规定，用人单位应当向劳动者支付经济补偿的，按照当时有关规定执行。

《违反和解除劳动合同的经济补偿办法》

第五条　经劳动合同当事人协商一致，由用人单位解除劳动合同的，用人单位应根据劳动者在本单位工作年限，每满 1 年发给相当于 1 个月工资的经济补偿金，最多不超过 12 个月。工作时间不满 1 年的按 1 年的标准发给经济补偿金。

附 2：最高人民法院五个严禁

一、严禁接受案件当事人及相关人员的请客送礼；

二、严禁违反规定与律师进行不正当交往；

三、严禁插手过问他人办理的案件；

四、严禁在委托评估、拍卖等活动中徇私舞弊；

五、严禁泄露审判工作秘密。

第三节　劳动争议仲裁法扩展与思考

一、劳动调解

1. 劳动争议调解组织

可受理劳动争议的调解组织有以下几类。

（1）企业劳动争议调解委员会。企业劳动争议调解委员会由职工代表和企业代表组成。职工代表由工会成员担任或者由全体职工推举产生，企业代表由企业负责人指定。企业劳动争议调解委员会主任由工会成员或者双方推举的人员担任。

（2）依法设立的基层人民调解组织。

（3）在乡镇、街道设立的具有劳动争议调解职能的组织。

2. 调解员

劳动争议调解组织的调解员应当由公道正派、联系群众、热心调解工作，并具有一定法律知识、政策水平和文化水平的成年公民担任。

3. 劳动调解程序

（1）当事人申请劳动争议调解可以书面申请，也可以口头申请。口头申请的，调解组织应当当场记录申请人基本情况、申请调解的争议事项、理由和时间。

（2）调解劳动争议，应当充分听取双方当事人对事实和理由的陈述，耐心疏导，帮助其达成协议。

（3）经调解达成协议的，应当制作调解协议书。调解协议书由双方当事人签名或者盖章，经调解员签名并加盖调解组织印章后生效，对双方当事人具有约束力，当事人应当履行。

自劳动争议调解组织收到调解申请之日起 15 日内未达成调解协议的，当事人可以依法申请仲裁。

（4）达成调解协议后，一方当事人在协议约定期限内不履行调解协议的，另一方当事人可以依法申请仲裁。因支付拖欠劳动报酬、工伤医疗费、经济补偿或者赔偿金事项达成调解协议，用人单位在协议约定期限内不履行的，劳动者可以持调解协议书依法向人民法院申请支付令。人民法院应当依法发出支付令。

二、劳动诉讼

当事人对仲裁结果不服的，可自收到仲裁裁决书之日起 15 日内向人民法院提起诉讼。经过仲裁裁决，当事人向法院起诉的劳动争议案件，人民法院必须受理。

1. 劳动诉讼申请范围

（1）对劳动争议仲裁委员会不予受理或者逾期未做出决定的，申请人可以就该劳动争议事项向人民法院提起诉讼。

（2）劳动者对劳动争议的终局裁决不服的，可以自收到仲裁裁决书之日起 15 日内向人民法院提起诉讼。

（3）当事人对终局裁决情形之外的其他劳动争议案件的仲裁裁决不服的，可以自收到仲裁裁决书之日起 15 日内提起诉讼。

（4）终局裁决被人民法院裁定撤销的，当事人可以自收到裁定书之日起 15 日内就该劳动争议事项向人民法院提起诉讼。

2. 劳动诉讼的管辖

劳动争议案件由用人单位所在地或者劳动合同履行地的基层人民法院管辖。劳动合同履行地不明确的，由用人单位所在地的基层人民法院管辖。

人民法院一审审理终结后，对一审判决不服的，当事人可在 15 日内向上一级人民法院提起上诉；对一审裁定不服的，当事人可在 10 日内向上一级人民法院提起上诉。经二审审理所做出的裁决是终审裁决的，自送达之日起发生法律效力，当事人必须履行。

三、思考题

（1）劳动仲裁与民事仲裁的区别是什么？

（2）一裁终局的劳动案件有哪些？

（3）劳动争议先予执行的情形有哪些？

任务六

参加社会保险

任务目标

1. 懂得社会保险的种类。
2. 学会怎样缴纳社会保险。

过程与方法

1. 社会保险基础知识认知。（教师讲授）
2. 完成工伤保险案例分析。（学生小组活动）
3. 任务总结与点评。（教学双方参与）

第一节　社会保险法

一、基本养老保险

（一）含义

基本养老保险，是指缴费达到法定期限并且个人达到法定退休年龄后，国家和社会提供物质帮助以保证因年老而退出劳动领域者稳定、可靠的生活来源的社会保险制度。基本养老保险是社会体系中最重要、实施最广泛的一项制度。

（二）缴费

1. 单位缴费

按照现行政策，企业为职工缴纳养老保险费的缴费的比例一般不得超过企业工资总额的20%，具体比例由省、自治区、直辖市人民政府确定。

2. 个人缴费

按照现行政策，职工个人按照本人缴费工资的 8%缴费，计入个人账户。缴费工资也称缴费工资基数，一般为职工本人上一年度月平均工资。

城镇个体工商户和灵活就业人员的缴费基数为当地上年度在岗职工月平均工资，缴费比例为 20%，其中 8%计入个人账户。

二、基本医疗保险

（一）含义

基本医疗保险，是指按照国家规定缴纳一定比例的医疗保险费，在参保人因患病和意外伤害而就医诊疗时，由医疗保险基金支付其一定医疗费用的社会保险制度。

（二）缴费

1. 单位缴费

按照现行政策，用人单位为职工缴纳医疗保险费的缴费比例一般为职工工资总额的 6%左右。用人单位缴纳的基本医疗保险费分为两个部分：一部分用于建立统筹基金；另一部分划入个人账户。

2. 个人缴费

1）个人缴费部分

按照现行政策，职工负担的基本医疗保险个人缴费比例为本人工资的 2%。

2）用人单位缴费的划入

用人单位为职工缴纳医疗保险费用，划入个人账户的比例一般为 30%左右。

（三）医疗期

医疗期是指企业职工因患病或非因公负伤停止工作，治病休息，但不得解除劳动合同的期限。

1. 医疗期期间

用人单位职工因患病或非因工负伤，需要停止工作，进行医疗时，根据本人实际参加工作年限和在本单位工作年限，给予 3 个月到 24 个月的医疗期。

（1）实际工作年限 10 年以下的，在本单位工作 5 年以下的为 3 个月，5 年以上的为 6 个月。

（2）实际工作年限 10 年以上的，在本单位工作年限 5 年以下的为 6 个月；5 年以上 10 年以下的为 9 个月；10 年以上 15 年以下的为 12 个月；15 年以上 20 年以下的为 18 个月；20 年以上的为 24 个月。

2. 医疗期内待遇

职工在医疗期内，其病假工资、基本救济费和医疗待遇按照有关规定执行。病假工资或疾病救济费可以低于当地最低工资标准支付，但最低不得低于最低工资标准的 80%。医疗期内不得解除劳动合同，如医疗期内遇劳动合同期满，则合同必须延续至医疗期满，职工在此期间仍然享受医疗期内待遇。

三、工伤保险

（一）含义

工伤保险，是指劳动者在职业工作中或规定的特殊情况下遭遇意外伤害或职业病，导致暂时或永久丧失劳动能力以及死亡时，劳动者或其遗属能够从国家和社会获得物质帮助的社会保险制度。

（二）缴费

用人单位应当为职工缴纳工伤保险费，职工个人不缴纳工伤保险费。

工伤保险根据以支定收、收支平衡的原则，确定费率。国家根据不同行业的工伤风险程度确定行业的差别费率，并根据使用工伤保险基金、工伤发生率等情况在每个行业内确定若干费率档次。行业差别费率及行业内费率档次由国务院社会保险行政部门制定，报国务院批准后公布施行。社会保险经办机构根据用人单位使用工伤保险基金、工伤发生率和所属行业费率档次等情况，确定用人单位缴费费率。

（三）工伤的认定

职工有下列情形之一的，应当认定为工伤。

（1）在工作时间和工作场所内，因工作原因受到事故伤害的。

（2）工作时间前后在工作场所内，从事与工作有关的预备性或收尾性工作受到事故伤害的。

（3）在工作时间和工作场所内，因履行工作职责受到暴力等意外伤害的。

（4）患职业病的。

（5）因工外出期间，由于工作原因受到伤害或者发生事故下落不明的。

（6）在上下班途中，受到非本人主要责任的交通事故或城市轨道交通、客运轮渡、火车事故伤害的。

（7）法律、行政法规规定应当认定为工伤的其他情形。

四、失业保险

（一）含义

失业保险是指国家通过立法强制实行的，由社会集中建立基金，保障因失业而暂时中断生活来源的劳动者的基本生活，并通过职业培训、职业介绍等措施促进再就业的社会保险制度。

（二）缴费

1. 单位缴费

根据《失业保险条例》的规定，城镇企业事业单位按照本单位工资总额的 2%缴纳失业保险费。

2. 个人缴费

个人按照本人工资的 1%缴纳职业保险费。

五、生育保险

（一）含义

生育保险是国家通过立法，在怀孕和分娩的妇女劳动者暂时中断劳动时，由国家和社会提供医疗服务、生育津贴和产假的一种社会保险制度，国家或社会对生育的职工给予必要的经济补偿和医疗保健的社会保险制度。

（二）缴费

根据《社会保险法》规定，职工应当参加生育保险，由用人单位按照国家规定缴纳生育保险费，职工不缴纳生育保险费。

生育保险费由企业按照职工工资总额的一定比例向社会保险经办机构缴纳生育保险费，建立生育保险基金。生育保险费的提取比例由当地人民政府根据计划内生育人数和生育津贴、生育医疗费等项费用确定，并可根据费用支出情况适时调整，但最高不得超过工资总额的1%。

第二节　社会保险法实务

一、案例

江苏省无锡高新技术产业开发区人民法院

民 事 判 决 书

〔2015〕新硕民初字第××××号

原告白××，原无锡市××商品混凝土有限公司员工。

委托代理人程××，江苏×××律师事务所律师。

被告无锡市××商品混凝土有限公司，组织机构代码证代码××，住所地江苏省无锡市新区硕放街道××××。

法定代表人吕××，该公司董事长。

委托代理人许××、夏××，江苏××律师事务所律师。

原告白××与被告无锡市××商品混凝土有限公司（以下简称××公司）工伤保险待遇纠纷一案，本院于2015年4月20日受理后，依法由审判员邱××独任审判，于2015年5月28日公开开庭进行了审理。原告白××的委托代理人程××、被告××公司的委托代理人许××到庭参加诉讼。本案现已审理终结。

原告白××诉称：白××自2009年10月9日起在××公司工作，2014年1月22日白××在工作时受伤，2014年3月11日被认定为工伤。2014年12月24日，白××在对行为的法律后果不明知的情况下，向××公司出具了解除劳动关系通知书。但实际上白××因工伤导致的眼部伤病并未痊愈仍在治疗中，新发生了医疗费用共计16 673.8元。现要求判令××公司支付白××医疗费16 673.8元。

被告××公司辩称：请求法院依法判决。

经审理查明：

白××自2009年10月9日起在××公司工作，××公司为白××缴纳了工伤保险。2014年1月22日白××在工作时受伤，2014年3月11日被认定为工伤，受伤害部位为左眼。2014

年 12 月 24 日，白××向××公司出具解除劳动关系通知书。2015 年 1 月 17 日，白××因左眼伤病复发住院治疗，截至起诉之日共计发生医疗费用 16 673.8 元。

诉讼中，××公司表示对本案所涉医疗费用由法院做出判决后再向社保机构申报理赔。

上述事实，有工伤认定决定书、劳动能力鉴定结论通知书、解除劳动关系通知书、病历本、入出院记录、医疗费票据及当事人陈述等证据在卷证实。

本院认为：工伤职工工伤复发，确认需要治疗的，享受工伤医疗待遇。白××因工伤复发进行治疗发生医疗费用 16 673.8 元，事实清楚。白××要求××公司支付医疗费 16 673.8 元的诉讼请求，本院予以支持。

综上，依照《工伤保险条例》第三十条第一款、第三十八条之规定，判决如下：

××公司于本判决发生法律效力之日起 10 日内支付白××医疗费 16 673.8 元。如果未按本判决指定的期间履行给付金钱义务，应当依照《中华人民共和国民事诉讼法》第二百五十三条之规定，加倍支付迟延履行期间的债务利息。

案件受理费减半收取 5 元（此款已由白××预交），由××公司负担（白××同意其预交的案件受理费 5 元由××公司向其直接支付，本院不再退还，由××公司在本判决发生法律效力之日起 10 日内支付给白××）。

如不服本判决，可在判决书送达之日起 15 日内，向本院递交上诉状及副本一份，上诉于江苏省无锡市中级人民法院，同时根据《诉讼费用交纳办法》的有关规定，向该院预交上诉案件受理费（江苏省无锡市中级人民法院开户行：中国工商银行无锡城中支行，账号：11×××05）。

审判员　邱××

2015 年 6 月 9 日

书记员　周××

附：本案援引法律条款

《工伤保险条例》

第三十条　职工因工作遭受事故伤害或者患职业病进行治疗，享受工伤医疗待遇。

职工治疗工伤应当在签订服务协议的医疗机构就医，情况紧急时可以先到就近的医疗机构急救。

治疗工伤所需费用符合工伤保险诊疗项目目录、工伤保险药品目录、工伤保险住院服务标准的，从工伤保险基金支付。工伤保险诊疗项目目录、工伤保险药品目录、工伤保险住院服务标准，由国务院社会保险行政部门会同国务院卫生行政部门、食品药品监督管理部门等部门规定。

职工住院治疗工伤的伙食补助费，以及经医疗机构出具证明，报经办机构同意，工伤职工到统筹地区以外就医所需的交通、食宿费用从工伤保险基金支付，基金支付的具体标准由统筹地区人民政府规定。

工伤职工治疗非工伤引发的疾病，不享受工伤医疗待遇，按照基本医疗保险办法处理。

工伤职工到签订服务协议的医疗机构进行工伤康复的费用，符合规定的，从工伤保险基金支付。

第三十八条　工伤职工工伤复发，确认需要治疗的，享受本条例第三十条、第三十二条和第三十三条规定的工伤待遇。

二、讨论分析

分为若干学习小组，每组 5～6 人。按小组任务书的要求进行工作。

小组任务书

任务编号 2－3

任务	工伤保险案例分析				
学习方法	小组协作	任务依据	《社会保险法》	课时	1 课时+课外
任务内容与步骤					
1. 认真阅读案例，小组进行分析讨论后，回答下列问题： （1）工伤保险如何认定？ （2）工伤解除劳动合同的条件是什么？ （3）工伤复发是否享受工伤保险待遇？ 2. 各小组汇报分析结果，进行组间辩论。 3. 完成小组成员互评表					

三、总结与评价

教师与学生共同进行任务的总结与评价。教师把整个任务内容再整理一遍，进行归纳总结，使学生的思路更清晰。

（1）教师根据完成本次任务的情况，对每个小组的表现进行打分，并记录在任务评价表中。

（2）学生根据完成本次任务的协作情况，对小组其他成员打分，并记录在小组成员互评表中。

任务评价表

任务　　　　　　　　班级　　　　　　　　小组　　　　　　　　日期

组别	评价内容或要点				得分	总评
	完成任务内容 分值 0～10	完成任务时间 分值 0～10	完成任务质量 分值 0～30	团队协作 分值 0～20		
1						
2						
3						
4						
5						
6						
7						
8						

小组成员互评表

任务　　　　　　　　班级　　　　　　　　小组　　　　　　　　日期

小组成员	评价内容或要点			得分	备注
	态度积极 分值 0～10	协作精神 分值 0～10	贡献程度 分值 0～10		

第三节　社会保险法扩展与思考

一、社会保险待遇与条件

（一）基本养老保险

1. 参保

职工参加，单位和职工共同缴费；灵活就业人员参加，个人缴费。

2. 基本养老保险基金

基本养老保险有用人单位和个人缴费以及政府补贴三方面来源。单位缴费的，计入基本养老保险统筹账户基金；职工缴纳的计入个人账户。灵活就业人员缴纳的，分别计入基本养老保险统筹基金和个人账户。个人账户不得提前支取，记账利率不得低于银行定期存款利率，免征利息税，个人死亡的，个人账户余额可以继承。

3. 基本养老金待遇

基本养老金由统筹养老金和个人账户养老金组成。达到法定退休年龄时累计缴费满 15 年的，按月领取基本养老金。达到法定退休年龄时累计缴费不足 15 年的，可以缴费至满 15 年，按月领取基本养老金；也可以转入新型农村社会养老保险或者城镇居民社会养老保险，享受相应的养老保险待遇。参加基本养老保险的个人，因病或者非因工死亡的，其遗嘱可以领取丧葬补助金和抚恤金；在未达到法定退休年龄时因病或者非因工致残完全丧失劳动能力的，可以领取病残津贴。

个人跨统筹地区就业的，其基本养老保险关系随本人转移，缴费年限累计计算。个人达到法定退休年龄时，基本养老保险金分段计算、统一支付。

（二）基本医疗保险

1. 参保

职工参保的，单位和职工共同缴纳；灵活就业人员参保的，个人缴纳。

2. 基本医疗保险待遇

患者发生的医疗费用按照国家规定从基本医疗保险基金中支付。由社会保险经办机构与医疗机构、药品经营单位直接结算。

下列医疗费用未纳入基本医疗保险基金支付范围：应当从工伤保险基金中支付的；应当由第三人负担的；应当由公共卫生负担的；在境外就医的。医疗费用依法应当由第三人负担，第三人不支付或者无法确定第三人的，由基本医疗保险基金先行支付。基本医疗保险基金先行支付后，有权向第三人追偿。

（三）工伤保险

1. 参保

职工参保，由用人单位缴纳保费。

2. 工伤保险待遇

职工因工作原因受到事故伤害或者患职业病，且经工伤认定的，享受工伤保险待遇；其中，经劳动能力鉴定丧失劳动能力的，享受伤残待遇。职工因下列情形之一导致本人在工作中伤亡的，不认定为工伤：故意犯罪；醉酒或吸毒；自残或者自杀；法律、行政法规规定的其他情形。

工伤保险基金负担的费用有以下几种：治疗工伤的医疗费用和康复费用；住院伙食补助费；到统筹地区以外就医的交通食宿费；安装配置伤残辅助器具所需费用；生活不能自理的，经过劳动能力鉴定委员会确认的生活护理费；一次性伤残补助金和一至四级伤残职工按月领取的伤残津贴；终止或者解除劳动合同时，应当享受的一次性医疗补助金；因工死亡的，其遗嘱领取的丧葬补助金、供养亲属抚恤金和因工死亡补助金；劳动能力鉴定费。

用人单位支付的费用有以下几种：治疗工伤期间的工资福利；五级、六级伤残职工按月领取的伤残津贴；终止或者解除劳动合同时，应当享受的一次性伤残就业补助金。

停止享受工伤保险待遇的情形有以下几种：丧失享受待遇条件的；拒不接受劳动能力鉴定的；拒绝治疗的。

3. 特殊情况的处理

（1）工伤保险与基本养老保险的衔接：职工符合领取基本养老金条件的，停发伤残津贴，享受基本养老保险待遇。基本养老保险待遇低于伤残津贴的，从工伤保险基金中补足差额。

（2）单位未缴费的情形：由用人单位支付工伤保险待遇。用人单位不支付的，从工伤保险基金中先行支付，由用人单位偿还。用人单位不偿还的，社会保险经办机构可以向其追偿。

（3）第三人造成工伤的，第三人不支付工伤医疗费用或者无法确定第三人的，由工伤保险基金先行支付。工伤保险基金先行支付后，有权向第三人追偿。

（四）失业保险

1. 参保

职工参保，单位和职工共同缴费。

2. 失业保险待遇

领取失业保险金需具备以下全部条件（缺一不可）：失业前用人单位和本人已经缴纳失业保险费满一年的；非因本人意愿中断就业的；已经进行失业登记，并有求职要求的。

领取失业保险金的最长期限：累计缴费满一年不足5年的，最长为12个月；累计缴费满

5年不足10年的，最长为18个月；累计缴费10年以上的，最长为24个月。

失业人员在领取失业保险金期间，参加职工基本医疗保险，享受基本医疗保险待遇。保费从失业保险基金中支付，个人不缴纳失业保险。

失业人员在领取失业保险金期间死亡的，向其遗属发给一次性丧葬补助金和抚恤金。所需资金从失业保险基金中支付。

停止失业保险待遇的事由（符合任一情况）：重新就业的；应征服兵役的；移居境外的；享受基本养老保险待遇的；无正当理由，拒不接受当地人民政府指定部门或机构介绍的适当工作或提供培训的。

（五）生育保险

1. 参保

职工参保，由用人单位缴纳保费。

2. 生育保险待遇

生育医疗费用包括下列各项：生育的医疗费用；计划生育的医疗费用；法律、法规的其他项目费用。参保职工未就业配偶也可以享受医疗保险待遇。

生育津贴：女职工生育享受产假；享受计划生育手术休假；法律、法规规定的其他情形。

二、思考题

（1）用人单位应从何时开始为劳动者缴纳社会保险？

（2）用人单位未按照规定给职工缴纳社会保险应承担哪些责任？

参考资料

《中华人民共和国劳动法》
《中华人民共和国劳动合同法》
《中华人民共和国劳动合同法实施条例》
《职工带薪年休假条例》
《全国年节及纪念日放假办法》
《工资支付暂行规定》
《对〈工资支付暂行规定〉有关问题的补充规定》
《集体合同规定》
《劳务派遣暂行规定》
《中华人民共和国劳动争议调解仲裁法》
《劳动人事争议仲裁办案规则》
《最高人民法院关于审理劳动争议案件适用法律若干问题的解释》
《中华人民共和国社会保险法》
《实施〈中华人民共和国社会保险法〉若干规定》
《人力资源社会保障部、财政部关于阶段性降低社会保险费率的通知》
《失业保险条例》

《人力资源社会保障部、财政部关于阶段性降低失业保险费率有关问题的通知》
《工伤保险条例》
《国务院办公厅关于印发生育保险和职工基本医疗保险合并实施试点方案的通知》
《社会保险费征缴暂行条例》

项目三

市场交易与纳税

合同是当事人或当事双方之间设立、变更、终止民事关系的协议。依法成立的合同，受法律保护。广义的合同指所有法律部门中确定权利、义务关系的协议。狭义的合同指一切民事合同。在市场交易过程中，合同能保证交易双方严格遵循契约精神，对我国社会主义法治国家的构建和社会主义市场经济的良性运转都有着积极作用。

税收是国家（政府）公共财政最主要的收入形式和来源。税收的本质是国家为满足社会公共需要，凭借公共权力，按照法律所规定的标准和程序，参与国民收入分配，强制取得财政收入所形成的一种特殊分配关系。它体现了一定社会制度下国家与纳税人在征税、纳税的利益分配上的一种特定分配关系，它具有非直接偿还性（无偿性）、强制义务性（强制性）、法定规范性（固定性）。

纳税，即税收中的纳税人的执行过程，就是根据国家各种税法的规定，按照一定的比率，把集体或个人收入的一部分缴纳给国家。纳税是每个企业和公民的基本义务。

任务七

合同的订立与履行

任务目标

1. 懂得合同法的概念、原则、类型。

2. 懂得合同订立的主要条款、合同订立的形式、合同效力的基本理论。

3. 懂得合同的订立过程，合同的变更、转让和终止，抗辩权及合同的保全、担保、违约责任。

4. 懂得合同的效力、合同的履行。

5. 学会订立买卖合同、租赁合同。

6. 学会判断合同效力及法律后果。

过程与方法

1. 合同法律规定及解释；合同效力法律规定及解释；合同履行的法律规定及解释。（教师讲授）

2. 实际订立买卖合同；实际订立租赁合同；对房屋买卖合同案例进行分析。（学生小组活动）

3. 任务总结与点评。（教学双方参与）

第一节　合　同　法

一、概述

合同（Contract），又称为契约、协议，是指平等主体的自然人、法人、其他组织之间设立、变更、终止民事权利义务关系的协议。合同作为一种民事法律行为，是当事人协商一致的产物，是两个以上的意思表示相一致的协议。只有当事人所做出的意思表示合法，合同才具有法律约束力。依法成立的合同从成立之日起生效，具有法律约束力。

（一）合同法的适用与基本原则

1. 合同法的适用

有关身份关系的协议，如婚姻、收养、监护等不属于合同法的调整范围。另外，一些特殊的协议，如行政合同、执行企业内部生产责任制的协议等也不属于合同法的调整范围。

2. 合同法的基本原则

合同法的基本原则是制定、执行、解释合同法的最高准则。根据我国《合同法》及有关规定，我国合同法的基本原则主要有以下几点。

1）平等原则

平等原则是指合同当事人的法律地位平等，一方不得将自己的意志强加给另一方。

2）自愿原则

自愿原则是指合同当事人在法律许可的范围内有权根据自己的真实意愿，自由地进行合同的设立、变更和终止的活动，任何单位和个人不得非法干预。

3）公平原则

公平原则是指因合同所确立的当事人之间权利享有与义务的分担应当公平合理，对双方都有利。

4）诚实信用原则

诚实信用原则是指合同当事人行使权力、履行义务应当遵循诚实信用原则。

5）守法原则和尊重公序良俗原则

守法原则是指合同当事人订立、履行合同，应当遵守我国的法律、行政法规、地方性法规及规章。

尊重公序良俗原则是指合同当事人订立、履行合同，应当尊重社会公德，不得扰乱社会经济秩序、损害社会公共利益。

（二）合同的类型

根据不同的标准从法律上可以对合同做出不同的分类，并针对不同的合同类型确定其各自的规则。

1. 有偿合同与无偿合同

根据当事人是否可以从合同中获取某种利益，可以将合同分为有偿合同与无偿合同。

有偿合同，指一方通过履行合同规定的义务而给对方的某种利益，对方要得到该利益必须支付相应代价的合同，如买卖合同、租赁合同、保险合同等。有偿合同是商品交换最典型的法律形式。

无偿合同，指一方给付对方某种利益，对方取得该利益时并不支付任何报酬的合同，如赠与合同、借用合同、保证合同等。

2. 有名合同与无名合同

根据法律上是否做出规定并赋予特定名称，可以将合同分为有名合同与无名合同。

有名合同又称典型合同，是法律专门设有规范并赋予一定名称的合同。合同法规定的15类合同，都属于有名合同，分别是买卖合同、赠与合同、借款合同、租赁合同、融资租赁合同、承揽合同、建设工程合同、运输合同、技术合同、保管合同、仓储合同、委托合同、行纪合同、居间合同及供电、气、热力合同。

无名合同又称非典型合同，是法律没有专门规范，也没有赋予一定名称的合同。

3. 诺成合同与实践合同

根据合同的成立是否以交付标的物为成立要件，可以将合同分为诺成合同和实践合同。

诺成合同，指当事人的意思表示一致即成立的合同，如买卖合同。

实践合同又称要物合同，是除双方当事人的意思表示一致以外，还需要交付标的物或完成其他给付才能成立的合同。典型的实践合同主要包括：保管合同、自然人之间的借款合同、定金合同、借用合同。

4. 要式合同与不要式合同

根据合同的成立是否具备一定形式为标准，可以将合同分为要式合同与不要式合同。

要式合同，指根据法律规定的形式而成立的合同。这里的形式，应从广义上来理解，既包括书面形式，也包括批准、备案等形式。以书面形式为合同成立要件的合同类型有借款合同、融资租赁合同、建设工程合同、技术开发合同；以办理批准、登记等手续的形式为合同生效要件的合同由法律、行政法规规定，主要有中外合资经营合同、中外合作经营合同、向外国人转让专利的合同。

不要式合同，指法律对合同成立并无特别形式要求的合同。

5. 双务合同与单务合同

根据当事人双方是否存在对待给付义务，合同可以分为双务合同和单务合同。

双务合同，指双方当事人互负具有对待给付义务的合同，例如买卖合同、租赁合同等。

单务合同是指仅有一方当事人负担给付义务的合同。主要包括两类：一类是仅一方负担给付义务，如无偿保管合同；另一类是双方都负有给付义务，但是双方的义务不具有对待给付关系，如附义务的赠与合同。

6. 主合同与从合同

根据某一合同是否以其他合同的存在为前提而存在，可将合同分为主合同与从合同。

主合同是指不依赖于其他合同而单独存在的合同。

从合同是必须以其他合同的存在为前提方可存在的合同。比如借款合同与保证合同，前者为主合同，后者为从合同。两者区分的意义在于，从合同不能独立存在，具有从属性。

主合同的成立与效力影响到从合同的成立与效力。

二、合同的订立

（一）合同订立的形式

合同的订立是指两个或两个以上的当事人，依法就合同的主要条款经过协商一致达成协议的法律行为。合同当事人可以是自然人，也可以是法人或者其他组织，但都应当具有与订立合同相应的民事权利能力和民事行为能力。当事人也可以依法委托代理人订立合同。

当事人订立合同有书面形式、口头形式和其他形式。

法律、行政法规规定采用书面形式的，应当采用书面形式。当事人约定采用书面形式的，应当采用书面形式。

供需双方本着平等互利、长期合作的原则，经双方友好协商，共同签订本协议书，在协议中，双方申明均已理解并确认协议书的所有内容，同意承担各自的权利和义务，忠实地履行本协议。

（二）合同订立的程序

当事人采取要约、承诺方式订立合同。

1. 要约

所谓要约，是一方当事人以签订合同为目的，向对方当事人提出合同的具体条件，并期待对方当事人接受该条件的意思表示。

1）要约的构成要件

（1）要约是由特定的人做出的意思表示。

（2）要约的内容必须具体、确定。

（3）要约应有缔结合同的目的。

（4）要约应向受要约人发出。

2）要约邀请

要约邀请又称为要约引诱，是指希望他人向自己发出要约的意思表示。例如，寄送的价目表、拍卖公告、招标公告、招股说明书、商业广告等一般都为要约邀请。

要约邀请有以下三个特征。

（1）要约邀请向不特定的对象发出。

（2）要约邀请的内容不是具体的。

（3）要约邀请没有法律约束力。

一般而言，要约与要约邀请的区别如下表。

区别	要约	要约邀请
是否接受法律约束	要约是希望订立合同，行为人因其要约将来可能要接受法律约束（一旦对方承诺，则合同成立）	要约邀请则是订立合同的预备行为，在性质上是一种事实行为，本身不具有法律意义。即便受要约人承诺，行为人也无须接受要约邀请内容的约束
意思表示内容	当事人主动愿意向对方提出订立合同的意思表示	当事人希望对方向自己主动提出订立合同的意思表示

3）要约生效的时间

要约采取到达主义原则，即要约到达受要约人时生效。

采用数据电文形式订立合同，收件人指定特定系统接收数据电文的，该数据电文进入该特定系统的时间视为到达时间；未指定特定系统的，该数据电文进入收件人的任何系统的首次时间视为到达时间。要约到达受要约人，并不是指要约一定实际送达到受要约人或者其代理人手中，要约只要送达受要约人通常的地址、住所或者能够控制的地方即视为送达。反之，即使在要约送达受要约人之前受要约人已经知道其内容，要约也不生效。

4）要约的撤回、撤销与失效

（1）要约的撤回。要约撤回是指要约在发出后、生效前，要约人使要约不发生法律效力的意思表示。撤回要约的通知应当在要约到达受要约人之前或者与要约同时到达受要约人。

（2）要约的撤销。要约撤销是指要约人在要约生效后、受要约人承诺前，使要约丧失法律效力的意思表示。撤销要约的通知应当在受要约人发出承诺通知之前到达受要约人。由于撤销要约可能会给受要约人带来不利的影响，损害受要约人的利益，法律规定了两种不得撤销要约的情形：要约人确定了承诺期限或者以其他形式明示要约不可撤销；受要约人有理由认为要约是不可撤销的，并已经为履行合同做了准备工作。

（3）要约的失效。要约失效是指要约丧失法律效力，即要约人与受要约人均不再受其约束，要约人不再承担接受承诺的义务，受要约人也不再享有通过承诺使合同得以成立的权利。《合同法》规定了要约失效的情形：承诺期限届满，受要约人未做出承诺；要约人依法撤销要约；拒绝要约的通知到达要约人；受要约人对要约的内容做出实质性变更。

2. 承诺

承诺是指受要约人做出的同意要约以成立合同的意思表示。

1）承诺的构成条件

（1）承诺由受要约人做出。承诺人必须由受要约人（可以是其代理人）做出，其他任何人均无承诺的资格。

（2）承诺必须向要约人做出。

（3）承诺的内容必须与要约的内容一致。

承诺是受要约人愿意按照要约的全部内容与要约人订立合同的意思表示。

如果受要约人在承诺中对要约的内容加以实质性变更，便不构成承诺，而视为对要约的拒绝而成立新要约。

如果受要约人在承诺中对要约的内容加以非实质性变更，除要约人及时表示反对或要约表明承诺不得对要约的内容做出任何变更外，该承诺有效。合同的内容以承诺为准。

（4）承诺须在有效期限内到达要约人。

2）承诺的方式

承诺应当以通知的方式做出，通知的方式可以是口头的，也可以是书面的，根据交易习惯或者要约表明可以通过行为做出承诺的除外。

3）承诺的期限

承诺应当在要约确定的期限内到达要约人。要约以信件或者电报做出的，承诺期限自信件载明的日期或者电报交发之日开始计算。信件未载明日期的，自投寄该信件的邮戳日期开始计算。要约以电话、传真等快速通信方式做出的，承诺期限自要约到达受要约人时开始计算。

要约没有确定承诺期限的，承诺应当依照下列规定到达：① 要约以对话方式做出的，应当即时做出承诺，但当事人另有约定的除外；② 要约以非对话方式做出的，承诺应当在合理期限内到达。

4）承诺的生效

承诺通知到达要约人时生效。承诺不需要通知的，根据交易习惯或者要约的要求做出承诺的行为时生效。采用数据电文形式订立合同的，承诺到达的时间同上述要约到达时间的规定相同。承诺生效时合同成立。

5）承诺的迟到和迟延

（1）承诺的迟到是指受要约人超过承诺期限发出承诺。迟到的承诺为新要约，除非要约人及时通知受要约人该承诺有效。

（2）承诺的迟延是指受要约人在承诺期限内发出承诺，按照通常情形能够及时到达要约人，但因其他原因承诺到达要约人时超过承诺期限的。承诺延迟该承诺有效，除非要约人及时通知受要约人因承诺超过期限不接受该承诺。

6）承诺的撤回

承诺撤回是指承诺人阻止承诺发生法律效力的行为。撤回承诺的通知，应当在承诺通知到达要约人之前或者与承诺通知同时到达要约人。

3. 缔约过失责任

缔约过失责任又叫作先合同责任或先契约责任，是指在缔约过程中，缔约当事人一方违反诚实信用原则所应承担的先合同义务，而造成对方信赖利益损失时所应当承担的民事责任。

如果当事人违背了诚实信用原则，在订立合同过程中有下列情形之一，给对方造成损失，就应当承担损害赔偿责任。

（1）假借订立合同恶意进行磋商。

（2）故意隐瞒与订立合同有关的重要事实或者提供虚假情况。

（3）当事人在订立合同过程中知悉的商业秘密，无论合同是否成立，泄露或不正当地使用的。

（4）有其他违背诚实信用原则的行为。

负有缔约过失责任的当事人，应当赔偿受损害的当事人，赔偿以受损害的当事人的损失为限，包括直接利益的减少和间接利益的损失。

（三）合同的主要条款

合同的条款及合同的内容，是当事人之间权利义务的具体规定。合同一般包括以下条款。

（1）当事人的名称或姓名和住所。

（2）标的。

（3）数量。

（4）质量。

（5）价款或报酬。

（6）履行期限、地点和方式。

（7）违约责任。

（8）解决争议的方法。

三、合同的效力

合同的效力是指已经成立的合同在当事人之间产生的一定的法律约束力。已经成立的合同具备法律规定的生效要件，就是一个有效的合同。如果已经成立的合同不具备法律规定的生效要件，就不是一个有效的合同，不能产生当事人预期的法律效果，这类合同可以分为无效合同、可撤销合同、效力待定合同。

（一）有效合同

1. 合同生效

1）合同生效的含义

合同生效是指合同具备一定的要件以后就会产生法律效力。

合同成立与合同生效不同，合同成立是指两个或两个以上的当事人就合同的主要条款经过协商达成一致协议，合同生效，则反映法律对已经成立的合同的评价。合同成立是合同生效的前提，合同生效是合同成立的结果。

2）合同生效的时间

（1）成立时生效。依法成立的合同，自成立的时候生效。

（2）合同自批准、登记时生效。依据法律、行政法规规定应当办理批准、登记等手续生效的合同。

（3）条件成就时生效。当事人对合同生效可以约定附条件。附条件的合同指合同的双方当事人在合同中约定某种事实状态，并以其将来发生和不发生作为合同生效或不生效的限制条件。所附的条件应当是合法的、将来可能发生的事实。过去的、现在的、将来必定发生的或必定不能发生的事实都不能作为所附条件。附生效条件的合同，自条件成就时生效。当事人为自己利益不正当地阻止条件成就的，视为条件已成就；不正当地促成条件成就的，视为条件不成就。

（4）附生效期限届至时生效。当事人对合同生效可以约定附期限的合同是指附有将来确定到来的期限作为合同的条款，并在该期限到来时合同的效力发生和终止。

2. 合同生效需具备的要件

（1）当事人缔约时具有相应的缔约能力。

（2）当事人意思表示真实。

（3）不违反法律、行政法规的强制性规定。

（4）不违反国家利益或社会公共利益。

（二）无效合同

无效合同是相对有效合同而言的，它是指合同虽然已经成立，但因欠缺合同生效要件，其在内容和形式上违反了法律、行政法规的强制性规定和社会公共利益，因此确认为无效。

有下列情形之一的，合同无效。

（1）一方以欺诈、胁迫的手段订立合同，损害国家利益。

（2）恶意串通，损害国家、集体或者第三人利益。

（3）以合法形式掩盖非法目的。

（4）损害社会公共利益。

（5）违反法律、行政法规的强制性规定。

此外，无行为能力人订立的合同，限制行为能力人订立的与其年龄、智力、健康状况不相适应的合同，行为人在神志不清的状态下订立的合同也属于无效合同。合同中的下列免责条款也属于无效条款：造成对方人身伤害的；因故意或者重大过失造成对方财产损失的。

当事人超越经营范围订立合同，人民法院不因此认定合同无效，但违反国家限制经营、特许经营以及法律、行政法规禁止经营规定的除外。

（三）可变更可撤销合同

可变更可撤销合同是指因合同当事人订立合同时意思表示不真实，经有撤销权的当事人行使撤销权，使已经生效的合同归于无效的合同。

下列合同，当事人一方有权请求人民法院或者仲裁机构变更或者撤销。

（1）因重大误解订立的。

（2）在订立合同时显失公平的。

（3）一方以欺诈、胁迫的手段或者乘人之危，使对方在违背真实意思的情况下订立的合同，受损害方有权请求人民法院或者仲裁机构变更或者撤销。

当事人请求变更的，人民法院或仲裁机构不得撤销；当事人请求撤销的，人民法院或仲裁机构可以变更或撤销。

具有下列情形之一的，具有撤销权的当事人撤销权消灭：自知道或者应当知道撤销事由之日起一年内没有行使撤销权；知道撤销事由后明确表示或者以自己的行为放弃撤销权。

（四）效力待定合同

效力待定合同是指对于某些方面不符合合同生效的要件，但并不属于无效合同或可撤销合同，法律允许根据情况予以补救的合同。

下列情形下订立的合同为效力待定合同。

1. 限制民事行为能力人订立的超越其年龄、智力范围的合同

限制民事行为能力人订立的超越其年龄、智力范围的合同，经法定代理人追认后，该合同有效。相对人可以催告法定代理人在 1 个月之内予以追认。法定代理人未做表示的，视为拒绝追认。合同被追认之前，善意相对人有撤销的权利。撤销应当以通知的方式做出。如果是纯获利益的合同或者是与其年龄、智力、精神健康状况相适应而订立的合同，不必经法定代理人追认，合同当然有效。

2. 行为人没有代理权、超越代理权或者代理权终止后以被代理人名义订立的合同

行为人没有代理权、超越代理权或者代理权终止后以被代理人名义订立的合同，未经被代理人追认，对被代理人不发生效力，由行为人承担责任，相对人可以催告被代理人在 1 个月内予以追认。被代理人做表示的，视为拒绝追认。合同被追认之前，善意相对人有撤销的权利。撤销应当以通知的方式做出。

行为人没有代理权、超越代理权或者代理权终止后以被代理人名义订立的合同，相对人有理由相信行为人有权代理的，该代理行为有效。

法人或者其他组织的法定代表人、负责人超越权限订立的合同，除相对人知道或者应当知道其超越权限的以外，该代表行为有效。

3. 无处分权人订立的合同

无处分权的人处分他人财产，经权利人追认或者无处分权的人订立合同后取得处分权的，该合同有效，无处分权包括两种情况：一是行为人对处分的财产享有所有权但是其处分权受到限制，实际不得处分其所有的财产；二是行为人对处分的财产没有所有权，只有占有权，因而没有对该财产的处分权。

（五）合同无效或撤销的法律后果

无效的合同或者被撤销的合同自始没有法律约束力。合同部分无效，不影响其他部分效力的，其他部分仍然有效。合同无效或被撤销将产生以下法律后果。

1. 返还财产

合同无效或者被撤销后，因该合同取得的财产，应当予以返还；不能返还或者没有必要返还的，应当折价补偿。

2. 赔偿损失

对合同或者被撤销有过错的一方应当赔偿对方因此所受到的损失；双方都有过错的，应当各自承担相应的责任。

3. 收缴财产

当事人恶意串通，损害国家、集体或者第三人利益的，因此取得的财产收归国家所有或者返还集体、第三人。

合同无效、被撤销或者终止的，不影响合同中独立存在的有关解决争议方法的条款的效力。

四、合同的履行

（一）合同的履行

合同的履行，是指合同生效后，双方当事人按照合同规定的各项条款，完成各自义务的行为。当事人应当按照约定全面履行自己的义务。合同履行中，当事人还应当遵循诚实信用原则，根据合同的性质、目的和交易习惯履行通知、协助、保密等义务。

1. 合同履行的一般原则

《合同法》规定："当事人应当按照约定全面履行自己的义务。当事人应当遵循诚实信用原则，根据合同的性质、目的和交易习惯履行通知、协助、保密等义务。"

1）全面履行原则

全面履行原则，也称全面、适当履行原则，是指合同双方当事人应当按照合同约定的标的或标的物的种类、数量、质量、价款或者报酬以及履行的方式、地点、期限等，全面履行合同义务的原则。

2）诚实信用原则

诚实信用原则，是指合同当事人在行使合同权利或履行合同义务的同时，应当诚实守信，以善意的方式履行自己的义务，正确行使自己的权利的原则。它要求合同当事人在履行合同过程中，要根据合同的性质、目的和交易习惯履行通知、协助、保密等义务。恪守信用和交易习惯，不做欺诈行为，不逃避履行义务，也不滥用自己的权利。

2. 合同履行的规则

1）合同约定不明确时的履行规则

合同成立以后，当事人就质量、价款或者报酬、履行地点等内容没有约定或者约定不明确的，可以协议补充；不能达成补充协议的，按照合同有关条款或者交易习惯确定；仍不能确定的，适用下列规定。

（1）质量不明确的，按照国家标准、行业标准履行；没有国家标准、行业标准的，按照通常标准或者符合合同目的的特定标准履行。

（2）价款或者报酬不明确的，按照订立合同履行地的市场价格履行；依法应当执行政府定价或者政府指导价的，按照规定履行。

(3) 履行地点不明确，给付货币的，在接受货币一方所在地履行；交付不动产的，在不动产所在地履行；其他标的在履行义务一方所在地履行。

(4) 履行期限不明确的，债务人可以随时履行，债权人也可以随时要求履行，但应当给对方必要的准备时间。

(5) 履行方式不明确的，按照有利于实现合同目的的方式履行。

(6) 履行费用的负担不明确的，由履行义务一方负担。

2) 执行政府定价或者政府指导价的合同的履行规则

执行政府定价或者政府指导价的，在合同约定的交付期限内政府价格调整时，按照交付时的价格计价。逾期交付标的物的，遇价格上涨时，按照原价格执行；价格下降时，按照新价格执行。逾期提取标的物或者付款的，遇价格上涨时，按照新价格执行；价格下降时，按照原价格执行。

3. 涉及第三人的合同履行

1) 向第三人履行的合同

向第三人履行的合同又称利他合同，是指双方当事人约定由债务人向第三人履行债务，第三人直接取得债权的合同。双方当事人约定由债务人向第三人履行债务的合同，不必征得第三人同意。第三人因债务人向其履行合同而对债务人享有直接请求给付的权利，在合同规定的范围内，享有债权人对债务人所享有的权利，但第三人不是合同当事人，根据合同相对性原则，当债务人未向第三人履行债务或者履行债务不符合约定时，债权人有权要求债务人承担违约责任。

2) 由第三人履行的合同

由第三人履行的合同，又称第三人负担的合同，是指经当事人约定，由第三人代替债务人履行债务，但第三人并没有因此成为合同的当事人的合同。

(二) 双务合同履行抗辩权

双务合同履行中的抗辩权是双务合同效力的体现，属于抗辩权中一时的抗辩，并无消灭对方请求权的效力，只是一时地拒绝对方的履行请求，产生中止履行的效力，一旦产生抗辩权的事由消失，债务人仍应履行其债务。

1. 同时履行抗辩权

同时履行抗辩权指未约定先后履行顺序的双务合同的一方当事人，在对方当事人未为对待给付前，可拒绝履行自己债务的权利。

1) 构成要件

(1) 因同一双务合同互负债务，且双方的债务没有履行的先后顺序。

(2) 对方的债务与自己的债务均已届履行期。

(3) 对方对其自身债务未履行或履行不符合约定而请求履行。

第一，如对方对其债务未履行（包括迟延履行和不能履行），则可行使同时履行抗辩权。

第二，如果对方的履行不符合约定（包括部分履行和瑕疵履行），则也可行使同时履行抗辩权，拒绝对方相应的履行请求。

2) 法律效力

在同时履行抗辩权中，双方均享有该抗辩权，行使该抗辩权不构成违约。若他方不履行，则自己也不履行；若他方只是部分不履行，则自己只能针对未履行的部分进行抗辩。

2. 不安抗辩权

不安抗辩权指在有先后履行顺序的合同中，应先履行的一方有确切证据证明对方在履行期限到来后，将不能或不会履行债务，则在对方没有履行或提供担保之前，暂时中止债务履行的权利。

1）构成要件

（1）双方当事人因同一双务合同而互负债务，且双方的债务履行有先后顺序。

（2）后履行方有丧失或可能丧失履行债务能力的情形。

第一，经营状况严重恶化。这里的经营状况严重恶化，要达到丧失或可能丧失履行债务能力的程度。

第二，转移财产、抽逃资金，以逃避债务。

第三，丧失商业信誉。

第四，有丧失或可能丧失履行债务能力的其他情形。

（3）不安事由危及对方债权的实现。

这里的危及对方债权的实现，既可以是危及全部债权的实现，也可以是危及部分债权的实现。

2）不安抗辩权的行使

（1）不安抗辩权的行使后果——中止履行。

不安抗辩权属抗辩权，其作用就在于防御，而不在于攻击。故抗辩权一般被定性为合同一方对另一方的请求有拒绝的权利。

（2）不安抗辩权人的附随义务。

不安抗辩权的行使无须以诉讼方式进行，而是由权利人直接行使且无须经对方当事人同意。但不安抗辩权人行使不安抗辩权时，有两大义务：通知义务和举证义务。

第一，通知义务。先履行方当事人中止履行后，应及时通知对方，若违反该义务，应由违反义务人承担损害赔偿责任。

第二，举证义务。为防止不安抗辩权的滥用，先履行方当事人必须举出确切证据证明后履行方当事人存在上述法定丧失或者可能丧失履行债务能力的情形。

（3）不安抗辩权的法律效力。

第一，先履行方当事人在相对人未为对待给付或提出担保之前，有权中止或拒绝自己的给付。

第二，相对人在合理期限未恢复履行能力，也为提供适当担保的，不安抗辩权人可以解除合同。

第三，相对人在合理期限内恢复履行能力或提供了适当担保的，不安抗辩权就归于消灭。这里提供担保既包括人保也包括物保。

第四，先给付义务人若主张不安抗辩权不能成立，则应对其中止履行承担违约责任。

3. 先履行抗辩权

先履行抗辩权是指当事人互负债务，有先后履行顺序的，在先履行一方未履行之前，后履行一方有权拒绝履行请求，先履行一方履行债务不符合债的本旨，后履行一方有权拒绝其相应的履行请求。先履行抗辩权也叫顺序履行抗辩权。

第二节 合同法实务

一、订立买卖合同

（一）买卖合同法律特别规定

买卖合同是指出卖人转移标的物的所有权于买受人，买受人支付价款的合同。其中，依约定应交付标的物并转移标的物所有权的一方称为出卖人，应支付价款的一方称为买受人。

1. 出卖人的义务

出卖人的第一项义务是交付标的物，并转移标的物的所有权于买受人。这项义务是出卖人的主要合同义务，它由两个方面的内容组成：其一为交付标的物；其二为转移标的物的所有权于买受人。

1）交付标的物

买卖合同中，出卖人应将买卖合同的标的物交付买受人。

（1）交付时间。

合同约定交付期间的，出卖人可以在该交付期间内的任何时间交付，但应当在交付前通知买受人。出卖人提前交付标的物的，应取得买受人的同意，否则买受人有权拒收。当事人未约定标的物的交付期限或者约定不明确的，可以协议补充；不能达成协议补充的，按照合同有关条款或者交易习惯确定；仍不能确定的，可以随时交付，但应当给买受人必要的时间准备。

（2）交付地点。

出卖人应当按照约定的地点交付标的物。当事人未约定交付地点或者约定不明确，可以协议补充；不能达成协议的，按照合同有关条款或者交易习惯确定；仍不能确定的，适用《合同法》第 141 条第 2 款：标的物需要运输的，出卖人应当将标的物交付给第一承运人以运交给买受人。标的物不需要运输的，出卖人和买受人订立合同时知道标的物在某一地点的，出卖人应当在该地点交付标的物；不知道标的物在某一地点的，应当在出卖人订立合同时的营业地交付标的物。

（3）交付数量。

出卖人应当按照约定的数量交付标的物。出卖人多交标的物的，买受人可以接受或者拒绝接受多交的部分。买受人接受多交部分的，按照原合同的价格支付价款。出卖人少交付标的物的，除不损害买受人利益的以外，买受人可以拒绝接受。买受人拒绝接受标的物的，应当及时通知出卖人。买受人怠于通知的，应当承担因此产生的损害赔偿责任。

2）转移所有权

取得标的物的所有权是买受人的主要交易目的。转移标的物的所有权，是在交付标的物的基础上，实现标的物所有权的转移，使买受人获得标的物所有权。标的物的所有权自标的物交付时起转移，但法律另有规定或者当事人另有约定的除外。

3）瑕疵担保

出卖人的瑕疵担保义务分为物的瑕疵担保义务和权利的瑕疵担保义务。

（1）物的瑕疵担保义务。

出卖人应当按照约定的质量要求交付标的物。出卖人提供有关标的物的质量说明的，交付的标的物应当符合该说明的质量要求。这一义务被称为物的瑕疵担保义务。因标的物的瑕疵使合同目的不能实现时，买受人可以拒绝接受标的物或者解除合同。

出卖人负担物的瑕疵担保义务，是由买卖合同的有偿性决定的。

（2）权利的瑕疵担保义务。

出卖人就交付的标的物，除非法律另有规定外，负有保证第三人不得向买受人主张任何权利的义务。这一义务称为出卖人权利的瑕疵担保义务。标的物的权利瑕疵，可表现为出卖人未告知该标的物上负担着第三人的权利，或者是出卖人未告知标的物无处分权。

标的物存在瑕疵时，买受人可以请求出卖人除去权利负担，并可根据债务不履行的规定，请求出卖人承担违约责任。

4）交付有关单证和资料

出卖人还应当按照约定或者交易习惯向买受人交付提取标的物单证以外的有关单证和资料。该项义务系出卖人在买卖合同中所负担的从合同义务，该项义务辅助主合同义务实现买受人的交易目的。

除负担上述主合同义务和从合同义务外，出卖人还应遵循诚实信用原则，根据合同的性质、目的，负担通知、协助、保密等附随义务。

2. 买受人的义务

1）支付价款的义务

（1）支付价款的数额。

买受人应当按照约定的数额支付价款，对价款没有约定或者约定不明的可以协议补充；不能达成补充协议的，按照合同有关条款或交易习惯确定。如不能确定，按照订立合同时履行地的市场价格履行，依法应当执行政府定价或政府指导价的，按照规定履行。

（2）支付价款的时间。

买受人应当按照约定的时间支付价款，对支付时间没有约定或者约定不明确的，可以协议补充；不能达成补充协议的，按照合同有关条款或者交易习惯确定；仍不能确定的，按照同时履行的原则，买受人应当在收到标的物或者提取标的物单证的同时支付。价格支付迟延时，买受人不但有义务继续支付价款，而且还有责任支付迟延利息。

（3）支付价款的地点。

买受人应当按照约定的地点支付价款，对于支付地点没有约定或约定不明的，可以协议补充；不能达成补充协议的，按照合同有关条款或者交易习惯确定；仍不能确定的，买受人应当在出卖人的营业地支付，但约定支付价款以交付标的物或者交付提取标的物的单证为条件，在交付标的物或提取标的物单证的所在地支付。

2）受领标的物的义务

买受人有依照合同约定或者交易惯例受领标的物的义务，对于出卖人不按合同约定条件交付的标的物，例如多交付、提前交付、交付的标的物有瑕疵等，买受人有权拒绝接受。

3）及时检验标的物的义务

买受人收到标的物时，有及时检验义务。

（1）当事人约定检验期间的，买受人应当在约定期间内，将标的物的数量或质量不符合约定的情形通知出卖人，买受人怠于通知的，视为标的物的数量或质量符合约定。

（2）当事人没有约定期间的，买受人应当在发现或者应当发现标的物数量或质量不符合约定的合理期间内通知出卖人。

（3）买受人在合理期间内未通知或者自标的物收到之日起 2 年内未通知出卖人的，视为标的物数量或质量符合约定。此处的“2 年”是最长的合理期间，该期间为不变期间，不适用诉讼时效中止、中断或延长的规定。

（4）对标的物有质量保证期的，适用质量保证期，不适用该 2 年的规定。

（5）在约定的检验期间，或者在买受人发现或者应当发现标的物数量或者质量不符合约定的期间内，或者在标的物的质量保证期内，买受人没有通知标的物的数量和质量不符合约定的，通知期间过后，标的物的数量和质量视为符合约定。一旦视为合格后，买受人就不能请求出卖人承担违约责任。

（6）出卖人和买受人之间约定的检验标准与买受人和第三人之间约定的检验标准不一致的，以出卖人和买受人之间的检验标准为准。

4）暂时保管及应急处置拒绝受领的标的物的义务

在特定情况下，买受人对于出卖人所交付的标的物，虽可做出拒绝接受的意思表示，但有暂时保管并应及时处置标的物的义务。买受人拒绝接受时的保管义务是有条件的。

（1）必须是在异地交付的情况下，货物到达交付地点时，买受人发现标的物的品质瑕疵而做出拒绝接受的意思表示。

（2）出卖人在标的物接受交付的地点没有代理人。

（3）一般物品由买受人暂时保管。

（4）对于不易保管的易变质物品如水果、蔬菜等，买受人可以紧急变卖，但变卖所得在扣除变卖费用后须退回给出卖人。

3. 标的物的风险负担

1）概念

标的物的风险负担是指在买卖合同履行过程中，因不可归责于买卖合同当事人的事由致使标的物毁损、灭失的风险应由哪一方当事人承担。

对于此概念的理解需要注意以下内容。

（1）标的物风险负担的问题只存在于买卖合同中，并不适用其他的合同。

（2）标的物的毁损、灭失须发生在合同履行过程中，即在合同生效之后，履行完毕之前。

（3）标的物的毁损、灭失事由须是不可归责于双方当事人的，主要指不可抗力、意外事件，若当事人对标的物的毁损、灭失有过错的，则应按照违约或者侵权处理。

2）风险负担的一般规则

标的物毁损、灭失的风险，在标的物交付之前由出卖人承担，交付之后由买受人承担，但法律另有规定或者当事人另有约定的除外。可见风险负担的转移采用交付主义。这里所谓的法律另有规定或者当事人另有约定主要包括两种情形：一是在交付前标的物风险即买受人负担；二是交付后的一段时间内标的物的风险仍由出卖人负担。

对此理解需要注意以下内容。

（1）这里的交付是指标的物占有的转移，包括所有的交付方式。

（2）标的物的风险转移给买方，不影响出卖人履行不合格时违约责任的承担。

（3）标的物的风险转移并不意味着标的物所有权发生转移，如不动产买卖、保留所有权的买卖。其所有权的变动需要满足约定的条件或者办理登记，但是风险的转移仍然采用交付主义。

3）风险负担的具体适用

（1）在途货运买卖。

出卖人出卖交由承运人运输的在途标的物，除当事人另有约定的以外，毁损、灭失的风险自合同成立时由买受人承担。

此规则需要注意的是，出卖人出卖交由承运人运输的在途标的物，在合同成立时知道或者应当知道标的物已经毁损、灭失却未告知买受人，买受人主张出卖人负担标的物毁损、灭失的风险的，人民法院应予支持。即此时在合同成立时，并不发生风险负担的转移。

（2）货交第一承运人。

当事人没有约定交付地点或者约定不明确，《合同法》规定标的物需要运输的，出卖人将标的物交付给第一承运人后，标的物毁损、灭失的风险由买受人承担。

需要注意以下两点。

第一，标的物需要运输，是指标的物由出卖人负责办理托运，承运人是独立于买卖合同当事人之外的运输业者的情形。

第二，如果约定了交付地点，则不适用此规则，而是应当在约定的地点完成交付后，风险才能转移。

（3）未交付单证。

出卖人未安装约定交付提取标的物单证和资料，但已交付了标的物或提取标的物的单证的，仍发生风险负担的转移，即由买受人承担风险。

（4）买受人迟延受领。

因买受人的原因致使标的物不能按照约定的期限交付的，买受人应当自违反约定之日起承担标的物毁损、灭失的风险。

所谓买受人的原因，主要包括两种情形。

第一，买受人违约，比如买受人由于可归责于自身的原因陷于不履行或者不完全履行，出卖人由于合同履行抗辩权的行使，在合同约定的履行期终止履行义务的。

第二，买受人对出卖人准备交付的标的物实施侵权行为，致使出卖人无法按照约定的期限交付标的物，双方又未补充约定变更合同履行期限的。

在这两种情况下，即使出卖人没有完成标的物的交付，买受人仍应自约定的交付期限起，承担标的物毁损、灭失的损失。

（5）买受人迟延提货。

出卖人按照约定或者法律的规定将标的物置于交付地点，买受人违反约定没有收取的，标的物毁损、灭失的风险自违反约定之日起由买受人承担。

（6）出卖人根本违约。

因标的物质量不符合要求，致使不能实现合同目的的，买受人可以拒绝接受标的物或者解除合同。买受人拒绝接受标的物或者解除合同的，标的物损毁、灭失的风险由出卖人承担。

4. 孳息归属

孳息归属是指标的物于买卖合同订立后所生的孳息的归属。标的物于合同订立后所生孳息的归属与风险的负担是密切相连的，两者遵循同一原则。因此，在孳息归属上，采取交付主义，即标的物在交付前产生的孳息，归出卖人所有；标的物交付后产生的孳息，归买受人所有；合同另有约定的，依其约定。

（二）实务操作

分为若干学习小组，每组 5～6 人。按小组任务书的要求进行工作。

小组任务书　　　　任务编号 3－1

任务	拟定买卖合同				
学习方法	小组协作	任务依据	《合同法》	课时	1 课时＋课外
任务内容与步骤					
1. 根据《合同法》规定及买卖合同的特别规定，小组讨论后拟定买卖合同 2. 由 A 组为买方，B 组为卖方，双方依据买卖合同范本，完成买卖合同 3. 小组进行汇报展示 4. 完成小组成员互评表					

买卖合同范本

合同编号：

供方：　　　　地址：
电话：　　　　传真：
需方：　　　　地址：
电话：　　　　传真：

一、名称、规格、数量、价格
产品名称：
规格：
单价：
数量：
总价：
二、质量标准
三、付款方式
四、送货方式
五、交货方式
六、法律适用及争议解决
七、补充说明

打款账号：　　　　户名：
供方：　　　　需方：
签字/盖章：　　　　签字/盖章：
日期：　　年　月　日　　　　日期：　　年　月　日

（三）总结与评价

教师与学生共同进行任务的总结与评价。教师把整个任务内容再整理一遍，进行归纳总结，使学生的思路更清晰。

（1）教师根据完成本次任务的情况，对每个小组的表现进行打分，并记录在任务评价表中。

（2）学生根据完成本次任务的协作情况，对小组其他成员打分，并记录在小组成员互评表中。

任务评价表

任务　　　　　　　　　　班级　　　　　　　　　　小组　　　　　　　　　　日期

组别	评价内容或要点				得分	总评
	完成任务内容 分值 0～10	完成任务时间 分值 0～10	完成任务质量 分值 0～30	团队协作 分值 0～20		
1						
2						
3						
4						
5						
6						
7						
8						

小组成员互评表

任务　　　　　　　　　　班级　　　　　　　　　　小组　　　　　　　　　　日期

小组成员	评价内容或要点			得分	备注
	态度积极 分值 0～10	协作精神 分值 0～10	贡献程度 分值 0～10		

二、订立

（一）租赁合同法律特别规定

租赁合同指出租人将租赁物交付承租人使用、收益，承租人支付租金的合同。租赁合同中交付租赁物供对方使用、收益的一方称为出租人，使用租赁物并支付租金的一方称为承租人。

租赁合同是有名合同、有偿合同、双务合同、诺成合同、继续性合同。除此之外，还需要注意以下三点内容。

1. 转让财产使用权的合同

在租赁合同中，承租人的目的只是取得租赁物的使用收益权，出租人也只是转让租赁物的使用收益权，而不是转让其所有权；租赁合同终止后，出租人需要返还出租物，这是租赁合同与买卖合同的根本区别。

2. 具有临时性

租赁合同具有临时性的特征，不适用于财产的永久性使用。我国《合同法》规定租赁期限不得超过 20 年，超过 20 年的，超过部分无效。租赁期间届满，当事人可以续订租赁合同，但约定的租赁期限自续订之日起不得超过 20 年。

3. 租赁期限 6 个月以上的租赁合同是要式合同

租赁期限 6 个月以上的，应当采用书面形式。当事人未采用书面形式的，视为不定期租赁。所以不要式的租赁合同有两种：一是不定期租赁合同；二是租赁期限不足 6 个月的租赁合同。

（二）租赁合同当事人的权利和义务

1. 出租人的义务

1）交付租赁物并保证承租人的正常使用、收益的义务

（1）如果租赁物有使承租人不能正常使用、收益的瑕疵，出租人即应承担违约责任。

（2）在订立合同时，承租人已知道租赁物存在瑕疵的，其后不得解除合同。租赁物危及承租人的安全或者健康的，即使承租人订立合同时明知该租赁物质量不合格，仍然可以随时解除合同。

（3）出租人于租赁关系存续期间也应保持租赁物适用于约定使用、收益的状态。

（4）出租人应担保不因第三人对租赁物主张权利而使承租人不能依约使用、收益。因第三人主张权利，致使承租人不能对租赁物使用、收益的，承租人可以要求减少租金或者不支付租金。第三人主张权利的，承租人应当及时通知出租人，承租人未及时通知出租人，因此给自己造成的损失，无权要求出租人承担责任；如给出租人造成损失，则应对出租人承担赔偿损失的责任。

2）维修租赁物的义务

（1）除法律另有规定或合同另有约定外，出租人对租赁物有维修的义务。承租人在租赁物需要维修时可以要求出租人在合理期间内维修。

（2）出租人未履行维修义务的，承租人可以自行维修，维修费用由出租人负担。

（3）出租人因维修租赁物影响承租人使用的，应当相应减少租金或者延长租期。

（4）承租人未交付租金，出租人可行使同时履行抗辩权，拒绝履行其后的维修义务。

2. 承租人的义务

1）依约定方法或租赁物的性质使用租赁物的义务

承租人未按约定方法或者租赁物的性质使用租赁物，致使租赁物受到损耗的，出租人可

以解除合同并要求其赔偿损失。

2）妥善保管租赁物的义务

承租人未尽妥善保管义务，造成租赁物毁损、灭失的，应当承担损害赔偿责任。

3）不作为义务

租赁合同中，承租人的不作为义务主要包括以下内容。

（1）不得随意对租赁物进行改善或在租赁物上增设他物。承租人基于租赁合同，对于租赁物所享有的租赁权，从权利属性上来讲，系属债权。因此，承租人只有在经过出租人同意的前提下，方可对租赁物进行改善或者增设他物；承租人未经出租人同意，即对租赁物进行改善或者增设他物的，出租人可以要求承租人恢复原状或者赔偿损失。

（2）针对房屋租赁，最高人民法院《关于审理城镇房屋租赁合同纠纷案件具体应用法律若干问题的解释》做了如下规定。

第一，承租人经出租人同意装饰装修，租赁合同无效时，未形成附合的装饰装修物，出租人同意利用的，折价归出租人所有；不同意利用的，可由承租人拆除。因拆除造成房屋毁损的，承租人应当恢复原状。

已形成附合的装饰装修物，出租人同意利用的，可折价归出租人所有；不同意利用的，由双方各自按照导致合同无效的过错分担现值损失。

租赁期间届满或者合同解除时，除当事人另有约定外，未形成附合的装饰装修物可由承租人拆除。因拆除造成房屋毁损的，承租人应当恢复原状。

合同解除时，双方对已形成附合的装饰装修物的处理没有约定的，人民法院按下列情形分别处理：其一，因出租人违约导致合同解除，承租人请求出租人赔偿剩余租赁期内装饰装修残值损失的，应予支持；其二，因承租人违约导致合同解除，承租人请求出租人赔偿剩余租赁期内装饰装修残值损失的，不予支持。但出租人同意利用的，应在利用价值范围内予以适当补偿；其三，因双方违约导致合同解除，剩余租赁期内的装饰装修残值损失，由双方根据各自的过错承担相应的责任；其四，因不可归责于双方的事由导致合同解除的，剩余租赁期内的装饰装修残值损失，由双方按照公平原则分担。法律另有规定的，适用其规定。租赁期间届满时，承租人请求出租人补偿附合装饰装修费用的，不予支持。但当事人另有约定的除外。

第二，承租人未经出租人同意装饰装修或者扩建发生的费用，由承租人负担。出租人请求承租人恢复原状或者赔偿损失的，人民法院应予支持。

（3）不得随意转租。

所谓转租，是指承租人不退出租赁合同关系，而将租赁物出租给次承租人使用、收益。基于租赁权的债权属性，承租人不得随意转租租赁物。

第一，承租人经出租人同意，可以将租赁物转租给第三人。承租人转租的，承租人与出租人之间的租赁合同继续有效，次承租人对租赁物造成损失的，基于合同的相对性，出租人仅能对承租人主张违约责任的承担。对于次承租人，仅能在符合侵权责任的构成要件时，出租人方可对其主张侵权责任的承担。

承租人经出租人同意将租赁房屋转租给第三人时，转租期限超过承租人剩余租赁期限的，人民法院应当认定超过部分的约定无效。但出租人与承租人另有约定的除外。

第二，承租人未经出租人同意转租的，出租人可以解除其与承租人之间的合同，承租人获得租金构成不当得利。但承租人与次承租人之间的租赁合同，仍可成为生效合同，承租人对第三人负违约责任。

4）支付租金的义务

（1）承租人应当依照约定的期限支付租金；对支付期限没有约定或者约定不明确的，可以协议补充；不能达成补充协议的，按照合同有关条款或者交易习惯确定。

（2）仍不能确定的，租赁期间不满 1 年的，应当在租赁期间届满时支付；租赁期间在 1 年以上的，应当在每届满 1 年时支付；剩余期间不满 1 年的，应当在租赁期间届满时支付。

（3）承租人无正当理由未支付或者迟延支付租金的，出租人可以要求承租人在合理期限内支付。此期间为宽限期，承租人逾期不支付的，出租人可以解除合同。

5）返还租赁物的义务

（1）返还的租赁物应当符合按照约定或者租赁物的性质使用后的状态。

（2）定期租赁合同应于租赁期限届满时为之，不定期租赁合同应于通知终止租赁关系时为之。

（3）承租人在返还租赁物时，就其对租赁物所支出的必要费用，也可主张返还。

承租人承担租赁物的返还义务，应注意以下几点。

第一，承租人返还租赁物的义务为基于租赁合同所生的义务，因而即使是出租人在租赁关系终了后，将租赁物的所有权让与他人，也可请求返还。

第二，数人共同承租时，各承租人所负担的租赁物返还义务为连带债务。

第三，出租人为数人时，如出租人间为按份共有关系，则各共有人可基于所有物返还请求权，就应有部分主张返还。如数个出租人为共同共有关系，则原则应由数个共有人共同主张返还。如仅有一共有人主张返还的，则视为全体共有人的利益，并在返还时，应向全体共有人返还。

3. 租赁合同的风险负担

租赁期间，租赁物毁损、灭失的风险由出租人承担。《合同法》第 231 条规定："因不可归责于承租人的事由，致使租赁物部分或者全部毁损、灭失的，承租人可以要求减少租金或者不支付租金；因租赁物部分或者全部毁损、灭失，致使不能实现合同目的的，承租人可以解除合同。"

4. 租赁合同的终止

1）租赁合同因期限届满而终止

若租赁合同期限届满，承租人继续使用租赁物，出租人没有提出异议，原租赁合同继续有效，但租赁期限为不定期。

2）租赁合同因当事人的接触而终止

（1）当事人双方均可解除。

在不定期租赁合同中，合同当事人享有随时解除权，出租人解除合同应当在合同期限内通知承租人。

（2）承租人的法定解除权。

第一，因不可归责于承租人的事由，致使租赁物部分或者全部毁损、灭失，不能实现合同的目的。

第二，租赁物危及承租人的安全或健康的，即便承租人订立合同时明知该租赁物质量不合格的。

第三，“一房数租”中，不能取得房屋承租权的承租人有权解除合同。

第四，租赁房屋被依法查封的。

第五，租赁房屋权属有争议的。

第六，租赁房屋具有违反法律、行政法规关于房屋使用条件强制性规定的。

（3）出租人的法定解除权。

第一，承租人未按照约定的方法或者租赁物的性质使用租赁物，致使租赁物受到损失的。

第二，房屋租赁中，承租人擅自变动房屋建筑主体和承租结构或者扩建，在出租人要求合理期限内仍不予恢复原状的。

第三，承租人未经出租人同意擅自转租的（但出租人知道或者应当知道擅自转租之日起6个月内未提出异议的，解除权消灭）。

第四，承租人无正当理由未支付或者延付租金，经出租人催告后在合理期间内仍未支付的。

（二）实务操作

分为若干学习小组，每组5～6人。按小组任务书的要求进行工作。

小组任务书　　　　**任务编号3－2**

任务	拟定租赁合同				
学习方法	小组协作	任务依据	《合同法》	课时	1课时＋课外
任务内容与步骤					
1. 根据《合同法》规定及租赁合同的特别规定，小组讨论后拟定租赁合同 2. A组为租房人，B组为房东，依据租赁合同范本，完成租赁合同 3. 小组进行汇报展示 4. 完成小组成员互评表					

租赁合同范本

甲方（出租方）：____________　　　　身份证号码：____________

乙方（承租方）：____________　　　　身份证号码：____________

现经甲乙双方充分了解、协商一致，达成如下租房合同：

一、房屋的坐落、面积、装修及设施、设备：________________________

二、租赁期限：________，即_______年____月____日至_______年____月____日。

三、租金及交纳时间：每月________元，乙方应每月付一次，先付后住。第一次乙方应于甲方将房屋交付同时，将房租付给甲方；第二次及以后付租金，乙方应提前一个月付清。

四、租房押金：乙方应于签约同时付给甲方押金________元，到期结算，多余归还。

五、租赁期间的其他约定事项：

1. 甲、乙双方应提供真实有效的房产证、身份证等证件。

2. 甲方提供完好的房屋、设施、设备，乙方应注意爱护，不得破坏房屋装修、结构及设施、设备，否则应按价赔偿。如使用中有非人为损坏，则应由甲方修理。

3. 水、电、煤气、电话、网络、有线电视等的使用费及物业、电梯、卫生费等所有费用都由乙方支付。入住日抄见：水________立方米，电________度，煤气________立方米。所有费用乙方应按时付清。

4. 房屋只限乙方使用，乙方不得私自转租、改变使用性质或供非法用途。租下本房后，乙方应立即办好租赁登记、暂住人口登记等手续。若发生非法事件，乙方自负后果。在租赁期限内，甲方确需提前收回房屋时，应当事先商得乙方同意，给乙方造成损失的，应当予以赔偿。

5. 合同一经签订，双方都不得提前解除。租赁期内，如遇不可抗力因素导致无法继续履行本合同的，本合同自然终止，双方互不承担违约责任。

6. 甲、乙双方约定，乙方如需开具房租发票，因此产生的税费由乙方支付。

7. 此合同未尽事宜，双方可协商解决，并做出补充条款，补充条款与本合同有同等效力。双方如果出现纠纷，先友好协商，协商不成的，由人民法院裁定。

8. 本合同经签字（盖章）生效。

9. 其他约定事项：________________________

六、违约责任：甲、乙双方中任一方有违约情况发生的，违约方应向守约方支付违约金，违约金为______元，损失超过违约金时，须另行追加赔偿。

七、本合同一式两份，甲、乙双方各执一份，具有同等法律效力。

甲方（签字）：____________________　乙方（签字）：____________________

联系电话：____________________　联系电话：____________________

（三）总结与评价

教师与学生共同进行任务的总结与评价。教师把整个任务内容再整理一遍，进行归纳总结，使学生的思路更清晰。

（1）教师根据完成本次任务的情况，对每个小组的表现进行打分，并记录在任务评价表中。

（2）学生根据完成本次任务的协作情况，对小组其他成员打分，并记录在小组成员互评表中。

任务评价表

任务　　　　班级　　　　小组　　　　日期

组别	评价内容或要点				得分	总评
	完成任务内容 分值 0～10	完成任务时间 分值 0～10	完成任务质量 分值 0～30	团队协作 分值 0～20		
1						
2						
3						
4						
5						
6						
7						
8						

小组成员互评表

任务　　　　　　　　班级　　　　　　　　小组　　　　　　　　日期

小组成员	评价内容或要点			得分	备注
	态度积极 分值 0～10	协作精神 分值 0～10	贡献程度 分值 0～10		

三、案例分析

（一）案例

常德市武陵农商行拟出卖其名下的金友大厦，制定了《金友大厦竞卖方案》，并于 2005 年 12 月 14 日召开金友大厦竞买会，武陵农商行给竞买人谢红、陈章金、李发银、常德市东永实业有限公司（以下简称“东永公司”）发放了《报价竞买须知》，其中东永公司是金友大厦二、三楼的承租人，租期从 2002 年 10 月 1 日至 2010 年 9 月 30 日。4 位竞买人签字同意了《报价竞买须知》。

《报价竞买须知》约定：金友大厦的账面价值为 1 398 万元；第六条约定“此次报价如各购买者的最高报价均低于账面价值，则此次报价竞买无效，待将情况上报后另行组织报价竞买”；第七条约定“此次报价竞买者中，如有最高报价等于或大于账面价值时，则此次报价竞买有效，以报价最高者为中买者。但需本社考察竞买者的经济实力和资信状况，并报上级正式审查同意批复后，才能签订正式购买合同”；第八条约定“报价结束后，当面公布报价结果，从高到低排出前三名，排名第一者在 2005 年 12 月 31 日前，向我社最低存入人民币 400 万元”。

当日经各自报价，陈章金、李发银报价低于账面价值，东永公司报价 1 398 万元等于账面价值，谢红报价 1 399 万元大于账面价值。武陵农商行宣布报价结果后，东永公司当场表示自己享有优先购买权，愿意以 1 399 万元购买。2005 年 12 月 20 日东永公司在武陵信用社存款 400 万元直到 2013 年 12 月 23 日。2005 年 12 月 16 日谢红在武陵信用社存款 400 万元，后在 2006 年 10 月 24 日取走。

取款后谢红提起诉讼，要求武陵农商行履行合同。东永公司以第三人身份参与诉讼，要求确认优先购买权。该案经过多次审理，于 2012 年 3 月 23 日，湖南省高级人民法院做出〔2010〕湘高法民再终字第 11 号民事判决书，判决驳回谢红要求履行合同的诉讼请求，驳回东永公司确认优先购买权的诉讼请求。2012 年 10 月 16 日，最高人民法院做出〔2012〕民申字第 1192 号民事裁定书。最高人民法院认为谢红不符合签订正式购买合同的条件，裁定驳回谢红的再审申请。

同时在上述案件期间武陵农商行先后两次书面表示，根据上级文件精神，接受东永公司购买金友大厦整体房屋。其中，《关于对“金友大厦”的处理意见》中表示“东永公司参加竞买后，经我社全面考察，东永公司遵守租赁合同，资信状况好，经济实力强，其报价与存款符合《金友大厦竞卖方案》与《报价竞买须知》要求，我社根据‘湘信联咨〔2006〕10 号《湖南省农村信用社联合社关于对常德市武陵区农村信用联社抵债资产处置的咨询批复》’的文件精神，按《金友大厦竞卖方案》第十条与《报价竞买须知》第九条约定，接受常德市东永公司购买金友大厦整体房屋”。2010 年 7 月 19 日常德武陵农商行给东永公司出具《回复》认定东永公司 1 398 万元“报价有效”，“接受东永公司购买金友大厦整体房屋”。

2012 年，东永公司手持《回复》找常德农商行协商过户金友大厦，常德农商行因房价上涨，以双方未签订书面合同为由，提出关于金友大厦的房屋买卖合同不成立，不承认《回复》，拒绝过户。为此东永公司诉至法院，要求法院判令关于金友大厦房屋买卖合同成立。

（二）分析讨论

分为若干学习小组，每组 5～6 人。按小组任务书的要求进行工作。

小组任务书 任务编号 3－3

<table>
<tr><td>任务</td><td colspan="5">案例分析</td></tr>
<tr><td>学习方法</td><td>小组协作</td><td>任务依据</td><td>《合同法》</td><td>课时</td><td>1 课时＋课外</td></tr>
<tr><td colspan="6">任务内容与步骤</td></tr>
<tr><td colspan="6">1. 认真阅读案例，小组进行分析讨论后，回答下列问题：
（1）武陵农商行的《报价竞买须知》是要约还是要约邀请？
（2）东永公司参加竞标报价并将 400 万元存到武陵农商行的行为是要约还是承诺？
（3）为什么谢红不符合签订正式购买合同的条件？
（4）武陵农商行与东永公司之间的房屋买卖合同是否成立？
2. 各小组汇报分析结果，进行组间辩论。
3. 完成小组成员互评表</td></tr>
</table>

（三）总结与评价

教师与学生共同进行任务的总结与评价。教师把整个任务内容再整理一遍，进行归纳总结，使学生的思路更清晰。

（1）教师根据完成本次任务的情况，对每个小组的表现进行打分，并记录在任务评价表中。

（2）学生根据完成本次任务的协作情况，对小组其他成员打分，并记录在小组成员互评表中。

任务评价表

任务　　　　　　　　　　　　班级　　　　　　　　　　　　小组　　　　　　　　　　　　日期

组别	评价内容或要点				得分	总评
	完成任务内容 分值 0～10	完成任务时间 分值 0～10	完成任务质量 分值 0～30	团队协作 分值 0～20		
1						
2						
3						
4						
5						
6						
7						
8						

小组成员互评表

任务　　　　　　　　　　　　班级　　　　　　　　　　　　小组　　　　　　　　　　　　日期

小组成员	评价内容或要点			得分	备注
	态度积极 分值 0～10	协作精神 分值 0～10	贡献程度 分值 0～10		

第三节　合同法拓展与思考

一、知识拓展

（一）合同成立的时间和地点

合同成立是指当事人之间形成合意，产生了合同关系。

1. 合同成立的时间

1）一般规定

承诺生效时，合同成立。

2）合同书形式的合同成立时间

当事人采用合同书形式订立合同的，自双方当事人签字或者盖章时合同成立，如双方当事人未同时在合同书上签字或盖章，则以当事人中最后一方签字或盖章的时间为合同的成立时间。在签字或者盖章之前，当事人一方已经履行主要义务并且对方接受的，该合同成立。

3）确认书形式的合同成立时间

当事人采用信件、数据电文等形式订立合同的，可以在合同成立之前要求签订确认书，签订确认书时合同成立。

4）合同的事实成立

法律、行政法规规定或者当事人约定采用书面形式订立合同，当事人未采用书面形式但一方已经履行主要义务并且对方接受的，该合同成立。

2. 合同成立的地点

1）一般规定

一般来说，承诺生效的地点为合同的成立地点。采用数据电文形式订立合同的，收件人的主营业地为合同成立的地点；没有主营业地的，其经常居住地为合同成立的地点。当事人另有约定的，按照其约定。

2）书面合同的成立地点

当事人采用合同书、确认书形式订立合同的，双方当事人签字或者盖章的地点为合同成立的地点。

（二）格式条款合同

格式条款是指当事人为了重复使用而预先拟定，并在订立合同时未与对方协商的条款。

采用格式条款订立合同的，提供格式条款的一方应当遵循公平原则确定当事人之间的权利和义务，并采取合理的方式提请对方注意免除或者限制自己一方责任的条款，按照对方的要求，对该条款予以说明。

（三）合同的变更与转让

合同的变更有广义与狭义之分。广义的合同变更，包括合同内容的变更和合同主体的变更。前者是指当事人不变，合同的权利义务予以改变的现象。后者是指合同关系保持同一性，仅改换债权人或债务人的现象。狭义的合同变更，仅指合同内容的变更。《合同法》上的变更是指狭义的合同变更，它是指合同订立后，因为当事人的协商或者法定原因而将合同权利义务予以改变的情形。

1. 合同的变更的概念与特点

合同的变更指在合同成立以后，尚未履行或尚未完全履行时，当事人就合同的内容达成修改或补充的协议。

（1）合同变更原则上经当事人双方协商一致，并在原合同的基础上达成新的协议。

（2）合同内容的变更是指合同关系的局部变化，而并非对合同内容的全部变更。合同内容的变更应是在保持原合同效力的基础上，再形成新的合同关系。这种新的合同关系应包括原合同的实质内容。所谓实质内容主要是指合同的标的。如因为标的变更，则合同的基本权利义务也发生变化，该合同已经不是原来的合同，而是一个新的合同。至于标的数量、质量、价款等发生变化，则一般不会影响合同的实质内容。

（3）合同的变更也会产生新的债权债务。合同变更后会增加新的内容或改变合同的某些内容。当事人之间也应按新的合同内容履行债权债务。

2. 合同变更的要件与效力

1）合同变更的要件

（1）原来已存在有效的合同关系。

合同的变更是在原合同的基础上，改变原合同关系的内容。因此，不存在原合同关系就不存在合同的变更问题。原合同关系可能存在以下情形。

第一，原合同无效。无效的合同自始无效，不会发生合同变更的问题。

第二，原合同为可撤销的合同。可撤销的合同，一旦被撤销，则合同溯及既往的归于无效，自然无变更之可能。如果该合同没有被撤销，则合同仍然为有效。当事人可以对该合同合意进行变更。相应地，合同撤销权人的撤销权也因此归于消灭。除合意变更以外，撤销权人还有请求法院或仲裁机构变更合同的权利。

第三，原合同为效力未定的合同。由于效力未定的合同的效力取决于合同当事人之外的第三人的追认，故该合同在追认之前，合同效力处于待定状态。在合同被追认之前，当事人对合意的内容进行变更，也属可能。只不过事后如果得不到追认，仍然不发生效力。

（2）合同的内容需有变更。

合同的变更应使变更后的合同关系与原合同关系保持同一性。具体而言，主要有以下几种变更类型。

第一，合同标的物数量、质量、规格等的变更。

第二，合同履行条件的变更，例如，履行期限、履行地点、履行方式以及结算方式等。

第三，合同价款的变更，即合同价款或酬金的增减以及利息的变化等。

第四，合同所附条件或期限的变更等。

（3）变更必须明确具体。

合同变更会直接导致当事人之间的权利义务的变化，关系到当事人的切身利益，因此，其变更应明确具体。

（4）特别手续的规定。

法律、行政法规规定变更合同应当办理批准、登记等手续的，应当遵守其规定。

2）合同变更的效力

（1）合同变更仅对合同未履行部分发生效力，对已履行部分没有溯及力，但法律另有规定或当事人另有约定的除外。

（2）在有担保的合同，合同变更增加债务人的负担时，依据《最高人民法院关于适用〈中华人民共和国担保法〉若干问题的解释》第三十条，非经保证人书面同意，保证人只在原保证范围内承担保证责任，对增加的部分不承担保证责任。

（3）合同的变更，不影响当事人要求赔偿的权利。比如，在一方当事人违约后，双方达成了变更协议的，在达成变更协议后，不影响非违约方向违约方主张损害赔偿的权利。

3. 合同的转让

合同的转让，即合同主体的变更，是指合同当事人一方依法将其合同的权利和义务全部或部分转让给第三人的行为。具体包括合同权利的转让、合同义务的转移、合同权利义务的一并转让。合同转让后，转让合同义务的一方当事人不再对合同义务承担责任。

1）合同权利的转让

合同权利的转让，又称债权转让，是指债权人通过协议将合同权利的全部或部分转让给第三人的行为。

（1）合同权利转让的条件。

《合同法》规定，债权人转让权利的，应当通知债务人。未经通知，该转让对债务人不发生效力。债权人转让权利的通知不得撤销，但经受让人同意的除外。

为维护交易秩序，兼顾当事人各方利益，《合同法》规定，下列合同的权利不得转让：第一，根据合同性质不得转让。其主要指涉及特定当事人身份关系的合同，如委托合同、赠与合同等。第二，按照当事人约定不得转让。第三，依照法律规定不得转让。

（2）合同权利转让的效力。

第一，对受让人的效力。其主要包括：其一，债权人转让权利的，受让人同时取得与债权有关的从权利，但该从权利专属于债权人自身的除外。其二，债权人转让全部权利的，受让人取代原债权人而成为合同的权利主体，原合同关系消灭，产生新的合同关系；债权人转让部分权利的，受让人加入原合同关系之中，与原债权人共同作为债权人。

第二，对债务人的效力。其主要包括：其一，债务人接到债权转让通知后，债务人应当向受让人履行债务。其二，债务人对让与人的抗辩，可以向受让人主张。债务人对让与人的抵销权可以向受让人行使。但条件是债务人对让与人享有债权，并且债务人的债权先于转让的债权到期或同时到期。

2）合同义务的转移

合同义务的转移是指在不改变合同义务的前提下，经债权人同意，债务人将合同的义务全部或者部分转移给第三人。

（1）合同义务转移的条件。

合同义务的转移使债务的承担者发生变化，将直接影响到债权人债权的实现。因此，《合同法》规定，债务人将合同的义务全部或者部分转移给第三人，应当经债权人同意。

（2）合同义务的转移对受让人的效力。

第一，债务人转移全部义务的，受让人完全取代了原债务人而成为合同的义务承担者；债务人部分转移合同义务的，受让人加入原合同关系之中，与原债务人共同作为债务人。

第二，新债务人享有原债务人所应享有的抗辩权，可以主张原债务人对债权人的抗辩。

第三，新债务人应当承担与主债务有关的从债务，但从债务专属于原债务人自身的除外。

3）合同权利义务的一并转让

合同权利义务的一并转让是指当事人一方经对方同意，将自己在合同中的权利和义务一并转让给第三人。合同关系的一方当事人将权利和义务一并转让时，除了应当征得另一方当事人的同意外，还应当遵守《合同法》有关转让权利和义务转移的其他规定。

4）法人或者其他组织合并或分立后债权债务关系的处理

《合同法》规定，当事人订立合同后合并的，由合并后的法人或者其他组织行使合同权利，履行合同义务。当事人订立合同后分立的，除债权人和债务人另有约定的除外，由分立的法人或者其他组织对合同的权利和义务享有连带债权，承担连带债务。

（四）合同的解除

合同的解除是指在合同有效成立之后，因一方或双方当事人的意思表示，使合同关系溯及地消灭，未履行的部分不必继续履行，已履行的部分依具体情形进行处理的制度。

1. 合同解除的特征

（1）以有效成立并继续存在的合同为标的。也即尚未成立的合同、无效的合同和可能被撤销的、效力待定的合同都不是合同解除的标的。

（2）必须具备解除的条件。只有符合了我国《合同法》规定的一般解除条件或者特别解除条件时才能解除。

（3）必须有解除行为。解除行为有依双方当事人协商一致解除和仅依一方意思表示而解除两种类型。

（4）结果是使合同关系消灭。合同解除后，当事人之间的权利义务关系终止。然后根据合同是否履行或者履行的情况和合同的性质再采取其他措施。

2. 合同解除的类型

依据解除是否需要解除权及解除权发生的根据的不同，将合同解除分为法定解除、约定解除与合意解除。

1）法定解除

依据法律规定发生的解除权而解除合同的，称为法定解除。具体内容稍后阐述。除此之外，在《合同法》中其他条文也有规定法定解除。

解除权有两种类型：一是一方违约时，非违约方的解除权；二是在有些合同中，考虑到合同的性质和特点赋予其中一方或双方任意解除合同的权利。

2）约定解除

依据合同规定当事人保留解除权而解除合同的，称为约定解除。其中，保留解除权的合意，称为解约条款。解除权既可以保留给当事人一方，也可以保留给当事人双方。保留解除权，可以在当事人订立合同时约定，也可以在以后另行订立保留解除权的合同。

3）合意解除

当事人双方通过协商同意将合同解除的行为，称为合意解除，亦称为协议解除。当事人协商一致，可以解除合同。它的特点在于，解除合同不以解除权的存在为必要，而是取决于当事人双方的意思表示一致。

3. 合同解除的条件

1）法定解除条件

有下列情形之一的，当事人可以解除合同。

（1）因不可抗力致使不能实现合同目的。

如果不可抗力的发生已严重影响当事人所追求的合同目的的实现，则我国《合同法》允许当事人一方或者双方通过行使解除权的方式将合同解除。

（2）预期违约。

在履行期限届满之前，当事人一方明确表示或者以自己的行为表明不履行主要债务的行为，包括明示拒绝履行和默示拒绝履行。因拒绝履行的解除权，其构成要件包括：一是要求债务人有履行能力；二是债务人拒绝履行行为违法；三是债务人有过错。

（3）迟延履行。

包括须经催告的解除和不须经催告的解除。

第一，在须经催告的情形下，即当事人普通的迟延履行，履行期限在合同的内容上不特别重要时，当事人一方须有履行能力，但迟延履行主要债务，经催告后在合理期限内仍未履行的情况下，相对方才可以解除合同。

第二，在不需经催告的情形下，履行期限在合同的内容上特别重要时，一方当事人履行迟延，即构成根本违约，当事人可不经催告而直接解除合同。

（4）履行不能。

因其他违约行为致使合同目的不能实现，当事人可以解除合同。此处的不能是确定的、继续的不能，且不以债务人是否有过错为必要。

（5）不完全履行。

不完全履行可分为量的不完全履行和质的不完全履行。

债务人以适当履行的意思提供标的物，而标的物的数量有所短缺的，属于量的不完全履行。它可以由债务人补充履行，使之符合合同目的。

债务人以适当履行的意思提供标的物，但标的物在品种、规格、型号等质量方面不符合法律的规定或合同的约定，或者标的物有隐蔽缺陷，或者提供的劳务达不到合同规定的水平，都属于合同的不完全履行。于此情形，可多给债务人一定宽限期，使之消除缺陷或另行给付。如果在此期限内未能消除缺陷或另行给付，解除权产生，债权人可解除合同。

（6）不安抗辩情形的催告解除权。

依法行使不安抗辩权中止履行的当事人，应当及时通知对方，对方在合理期限内未恢复履行能力并且未提供适当担保的，中止履行的一方可以解除合同。

（7）附随义务的违反。

如果当事人不履行附随义务，导致合同目的不能达到，则相对方可行使解除权，解除合同。

（8）受领迟延。

在特定情形，债权人受领迟延，债务人可以解除合同。

2）合意解除的条件

合意解除合同的实质是在原合同当事人之间重新成立了一个新的合同，来废弃双方的原合同关系，使双方基于原合同发生的债权债务归于消灭。因此因解除而新成立的合同一定要具备合同的有效要件：当事人有相应的行为能力；意思表示真实；内容不违反法律、行政法规的强行性规范和社会公共利益；要采取适当的形式。

4. 合同解除的程序

1）合意解除的程序

合意解除实质为原合同当事人之间重新成立一个以解除原合同为目的的合同，因此，应遵循由要约到承诺的一般缔约程序及其他相关要求，以实现当事人双方意思表示一致。法律、行政法规规定解除合同应当办理批准、登记等手续的，依照其规定。

2）单方解除的程序

单方解除，即享有合同解除权的一方当事人通过行使解除权而解除合同。享有解除权的一方，不需对方当事人的同意，只需解除权人的意思表示，即可发生解除合同的法律效果。

（1）解除权行使的期限。

第一，法律规定或者当事人约定解除权行使期限的，期限届满当事人不行使的，该权利消灭。

第二，法律没有规定或者当事人未约定解除权的行使期限，经对方催告后在合理期限内不行使的，该权利消灭。

（2）解除权的行使程序。

第一，一方行使解除权解除合同的，应当通知对方。合同自通知到达对方时解除。对方有异议的，可请求人民法院或者仲裁机构确认合同的效力。当事人对合同解除或者债务抵销虽有异议，但在约定的异议期限届满后才提出异议并向人民法院起诉的，人民法院不予支持；当事人没有约定异议期间，在解除合同或者债务抵销通知到达之日起三个月以后才向人民法院起诉的，人民法院不予支持。

第二，法律、行政法规规定解除合同应当办理批准、登记等手续的，依照其规定。

5. 合同解除的效力

1）合同解除效力的一般规定

合同解除后，尚未履行的，终止履行；已经履行的，根据履行情况和合同性质，当事人可以要求恢复原状，采取其他补救措施，并有权要求赔偿损失。这是我国《合同法》关于解除效力的一般规定。该条规定确立了合同解除的两个方面的效力：一是向将来发生效力，即终止履行；二是合同解除可以产生溯及力。

2）合同解除与赔偿损失

合同解除和损害赔偿并存。这些规定都比较抽象，应该对合同解除与赔偿损失的关系，分别不同情况，做出具体分析。

第一，合意解除可以与赔偿损失并存。

第二，因不可抗力发生的合同解除，当事人是否承担损害赔偿责任，应当具体分析；因不可抗力而解除合同的，一般不需要负赔偿责任，但是，如果是因一方当事人迟延履行后，发生不可抗力致使合同目的不能实现的，陷入迟延的一方应当向另一方赔偿损失。

第三，因违约行为造成合同解除，违约方应承担损害赔偿责任。关于损害赔偿的范围，以履行利益的损失为主，也可以包括其他的损害赔偿，如信赖利益、固有利益等。

（五）合同的担保

合同的担保是指为促使债务人履行其债务，保障债权人的债权得以实现，合同当事人依据法律规定或双方约定，由债务人或第三人向债权人提供的以确保债权实现和债务履行的措施。担保旨在保障债务的履行和债权的实现。担保方式有保证、抵押、质押、留置和定金。

1. 合同担保的法律特征

合同担保的法律特征有从属性、补充性和相对独立性。

1）从属性

从属性是指合同担保从属于担保的债务所依的主合同，一般以主合同的存在为前提，因主合同的变更而变更，因主合同的消灭而消灭。

2）补充性

补充性是指合同担保一经成立，就在主债关系基础上补充了某种权利义务关系。

3）相对独立性

相对独立性是指合同的担保相对独立于被担保的合同债权而发生或者存在。

2. 保证

保证是指第三人作为保证人，由保证人和债权人约定，当债务人不履行债务或不能履行债务时，由保证人代为履行债务或承担责任的行为。在保证法律关系中，债权人为主合同的债权人，债务人为主合同的债务人，保证人是代为履行债务或承担责任的第三人。

1）保证人

具有代为清偿债务能力的法人、其他组织或者公民，可以做保证人。因此，一般情况下，保证人的主体法律资格没有限制。然而，依照法律规定，国家机关、学校、幼儿园、医院等以公益为目的的事业单位、社会团体不得为保证人，但是，在经国务院批准为使用外国政府或者国际经济组织贷款进行转贷的情况下，国家机关可以作为保证人；企业法人的分支机构、职能部门不得为保证人，但是，企业法人的分支机构有法人书面授权的，可以在授权范围内提供保证；任何单位和个人不得强令银行等金融机构或者企业为他人提供保证，银行等金融机构或者企业对强令其为他人提供保证的行为，有权拒绝。

2）保证的内容

保证的内容是指由保证人与债权人以书面形式订立的保证合同的主要内容，包括被保证的主债权种类和数额、债务人履行债务的期限、保证的方式、保证的范围、保证的期限、双方约定的其他事项。

3）保证的方式

保证的方式有一般保证和连带责任保证两种。

（1）当事人在保证合同中约定，债务人不能履行债务时，由保证人承担保障责任的，为一般保证。

一般保证的保证人在主合同纠纷未经审判或者仲裁，并就债务人财产依法强制执行仍不能履行债务前，对债权人可以拒绝承担保证责任。但是，有下列情形之一的，一般保证的保证人不得以此规定对抗债权人的债权请求：第一，债务人住所变更，致使债权人要求其履行债务发生重大困难的；第二，人民法院受理债务人破产案件，中止执行程序的；第三，保证人以书面形式放弃前款规定的权利的。

（2）当事人在保证合同中约定保证人与债务人对债务承担连带责任的，为连带责任保证。

连带责任保证的债务人在主合同规定的债务履行期届满没有履行债务的，债权人可以要求债务人履行债务，也可以要求保证人在其保证范围内承担保证责任。

当事人对保证方式没有约定或者约定不明确的，按照连带责任保证承担保证责任。

一般保证和连带责任保证的保证人享有债务人的抗辩权。债务人放弃对债务的抗辩权的，保证人仍有抗辩权。

4）保证期间

保证期间是指保证人承担保证责任的期间。当事人可以在保证合同中约定保证期间，当事人没有约定保证期间或者约定不明确的，依照下列原则确定。

（1）一般保证的保证期间。

一般保证的保证人与债权人未约定保证期间的，保证期间为主债务履行期届满之日起 6 个月。在合同约定的保证期间和前款规定的保证期间，债权人未对债务人提起诉讼或者申请仲裁的，保证人免除保证责任；债权人已提起诉讼或者申请仲裁的，保证期间适用诉讼时效中断的规定。

（2）连带责任保证的保证期间。

连带责任保证的保证人与债权人未约定保证期间的，债权人有权自主债务履行期届满之日起 6 个月内要求保证人承担保证责任。在合同约定的保证期间和法律规定的保证期间，债权人未要求保证人承担保证责任的，保证人免除保证责任。

5）保证责任

保证人应当在约定的保证范围内承担保证责任。一般来说，保证范围主要包括主债权及利息、违约金、损害赔偿金和实现债权的费用。保证合同另有约定的，按照约定。当事人对保证担保的范围没有约定或者约定不明确的，保证人应当对全部债务承担责任。

保证期间，债权人依法将主债权转让给第三人的，保证人在原保证担保的范围内继续承担保证责任，但保证合同另有约定的，按照约定。保证期间，债权人许可债务人转让债务的，应当取得保证人书面同意，保证人对未经其同意转让的债务，不再承担保证责任。债权人与债务人协议变更主合同的，应当取得保证人书面同意，未经保证人书面同意的，保证人不再承担保证责任，但保证合同另有约定的，按照约定。

保证期间，债权人与债务人对主合同数量、价款、币种、利率等内容做了变动，未经保证人同意的，如果减轻债务人的债务的，保证人仍应当对变更后的合同承担保证责任。如果加重债务人的债务的，保证人对加重的部分不承担保证责任。

债权人与债务人对主合同履行期限做了变动，未经保证人书面同意的，保证期间为原合同约定的或者法律规定的期间。债权人与债务人协议变动主合同内容，但并未实际履行的，保证人仍应当承担保证责任。

3. 抵押

1）抵押的含义

抵押是指为担保债务的履行，债务人或者第三人不转移财产的占有，将该财产抵押给债权人，债务人不履行到期债务或者发生当事人约定的实现抵押权的情形，债权人有权依照法律规定以该财产折价或者以拍卖、变卖该财产的价款优先受偿的担保方式。其中债务人或第三人称为抵押人，债权人为抵押权人，提供担保的财产为抵押财产或抵押物。抵押权人在债务人不履行债务时，抵押权人可以将抵押物变价优先受偿的权利，称为抵押权。

2）抵押财产

（1）法律许可抵押的财产包括：建筑物和其他土地附着物；建设用地使用权；以招标、拍卖、公开协商等方式取得的荒地等土地承包经营权；生产设备、原材料、半成品、产品；正在建造的建筑物、船舶、航空器；交通运输工具；法律、行政法规未禁止抵押的其他财产。

（2）法律禁止抵押的财产包括：土地所有权；耕地、宅基地、自留地、自留山等集体所有的土地使用权，但法律规定可以抵押的除外；学校、幼儿园、医院等以公益为目的的事业单位、社会团体的教育设施、医疗卫生设施和其他社会公益设施，但以其教育设施、医疗卫生设施和其他社会公益设施以外的财产为自身债务设定抵押的除外；所有权、使用权不明或者有争议的财产；依法被查封、扣押、监管的财产；法律、行政法规规定不得抵押的其他财产。

3）抵押合同内容

抵押人和抵押权人应当以书面形式订立抵押合同。抵押合同的内容包括被担保的主债权种类、数额，债务人履行债务的期限，抵押物的名称、数量、质量、状况、所在地、所有权权属或者使用权权属，抵押担保的范围，当事人认为需要约定的其他事项。

4）抵押合同的生效及抵押的效力

（1）抵押合同法定登记生效。

以书面形式订立抵押合同，是抵押合同成立的法律要件，但并不是所有的抵押仅凭签订书面合同即可生效，有的还需要依法登记才能生效。对于以下列财产为抵押物而订立的抵押合同应当办理抵押登记。抵押权自登记时设立：第一，建筑物和其他土地附着物；第二，建设用地使用权；第三，以招标、拍卖、公开协商等方式取得的荒地等土地承包经营权；第四，正在建造的建筑物。

（2）抵押的效力。

抵押担保的范围包括主债权及利息、违约金、损害赔偿金和实现抵押权的费用。抵押合同另有约定的，按照约定。

当事人以法律规定的需要办理抵押物登记的财产做抵押的，应当向有关部门办理抵押物登记，抵押合同自登记之日起生效。以其他财产抵押的，可以自愿办理抵押物登记，抵押合同自签订之日起生效。

抵押期间，抵押人转让已办理登记的抵押物的，应当通知抵押权人并告知受让人转让物已经抵押的情况：抵押人未通知抵押权人或者未告知受让人的，转让行为无效。财产抵押后，该财产的价值大于所担保债权的余额部分，可以再次抵押，但不得超出其余额部分。转让抵押物的价款明显低于其价值的，抵押权人可以要求抵押人提供相应的担保；抵押人不提供的，不得转让抵押物。

抵押权不得与债权分离而单独转让或者作为其他债权的担保。抵押权与其担保的债权同时存在，债权消灭，抵押权也消灭。

5）抵押权的实现

债务履行期届满，债务人未履行债务即抵押权人未受清偿的，抵押权人可以与抵押人协议以抵押物折价或者以拍卖、变卖该抵押物所得的价款受偿；协议不成的，抵押权人可以向人民法院提起诉讼。抵押物折价或者拍卖、变卖后，其价款超过债权数额的部分归抵押人所有，不足部分由债务人清偿。

同一财产向两个以上债权人抵押的，拍卖、变卖抵押物所得的价款按照以下规定清偿。

（1）抵押合同登记生效的，按照抵押物登记的先后顺序清偿；顺序相同的，按照债权比例清偿。

（2）抵押合同自登记之日起生效，该抵押物已登记的，按照前述规定清偿。未登记的，按照合同生效的时间先后顺序清偿；顺序相同的，按照债权比例清偿。抵押物已登记的先于未登记的受偿。

为债务人抵押担保的第三人，在抵押权人实现抵押权后，有权向债务人追偿。

抵押权因抵押物灭失而消灭。因灭失所得的赔偿金，应当作为抵押财产。

4. 质押

质押是指债务人或第三人将动产或权利交由债权人占有，作为债务履行担保的行为。当债务履行期限届满，债务人不履行债务时，债权人有权依照法律规定对质押的财产折价或者以拍卖、变卖或者行使财产权利，以取得的价款或者财产优先受偿。债务人或第三人用于质权担保的财产为质权标的，称为质物。占有质权标的的债权人为质权人，提供财产设定质权的债务人或第三人为出质人，又称为质押人。质押分为动产质押和权利质押。

1）动产质押

动产质押是指债务人或者第三人将其动产移交债权人占有，将该动产作为债权的担保。债务人不履行债务时，债权人有权依照本法规定以该动产折价或者以拍卖、变卖该动产的价款优先受偿。移交的动产为质物，提供质物的债务人或者第三人为出质人，债权人为质权人。

出质人和质权人应当以书面形式订立质押合同。质押合同自质物移交于质权人占有时生效。

质押合同应当包括以下内容：第一，被担保的主债权种类、数额；第二，债务人履行债务的期限；第三，质物的名称、数量、质量、状况；第四，质押担保的范围；第五，质物移交的时间；第六，当事人认为需要约定的其他事项。质押合同不完全具备前款规定内容的，可以补正。

质押担保的范围包括主债权及利息、违约金、损害赔偿金、质物保管费用和实现质权的费用。质押合同另有约定的，按照约定。

债务履行期届满质权人未受清偿的，可以与出质人协议以质物折价，也可以依法拍卖、变卖质物。质物折价或者拍卖、变卖后，其价款超过债权数额的部分归出质人所有，不足部分由债务人清偿。质权人有权收取质物所生的孳息。质押合同另有约定的，按照约定。质物所生的孳息应当先充抵收取孳息的费用。

出质人和质权人在合同中不得约定在债务履行期届满质权人未受清偿时，质物的所有权转移为质权人所有。

2）权利质押

权利质押是指以债权或其他财产权利为标的物的质押。

下列权利可以质押。

（1）汇票、支票、本票。

（2）债券、存款单。

（3）仓单、提单。

（4）可以转让的基金份额、股权。

（5）可以转让的注册商标专用权、专利权、著作权等知识产权中的财产权。

（6）应收账款。

（7）法律、行政法规规定可以出质的其他财产权利。

以汇票、支票、本票、债券、存款单、仓单、提单出质的，当事人应当订立书面合同。质权自权利凭证交付质权人时设立。没有权利凭证的，质权自有关部门办理出质登记时设立。

5. 留置

留置是指债权人依法按照合同约定占有债务人的动产，债务人不按照合同约定的期限履行债务的，债权人有权依照法律规定留置该财产，以该财产折价或者以拍卖、变卖该财产的价款优先受偿。

因保管合同、运输合同、承揽合同及法律规定可以留置的其他合同发生的债权，债务人不履行债务的，债权人有留置权。留置担保的范围包括主债权及利息、违约金、损害赔偿金、留置物保管费用和实现留置权的费用。

债权人与债务人应当在合同中约定，债权人留置财产后，债务人应当在不少于两个月的期限内履行债务。债权人与债务人在合同中未约定的，债权人留置债务人财产后，应当确定两个月以上的期限，通知债务人在该期限内履行债务，但鲜活易腐等不易保管的动产除外。债务人逾期仍不履行的，债权人可以与债务人协议以留置物折价，也可以依法拍卖、变卖留置物。留置物折价或者拍卖、变卖后，其价款超过债权数额的部分归债务人所有，不足部分由债务人清偿。留置权因债权消灭或者债务人另行提供担保并被债权人接受而消灭。

6. 定金

定金是指合同当事人为了保证合同的履行，在合同订立时或履行前，给付对方当事人一定数量的货币以保证债权实现的担保方式。定金应当以书面形式约定。当事人在定金合同中应当约定交付定金的期限。定金合同从实际交付定金之日起生效。定金的数额由当事人约定，但不得超过主合同标的额的20%。

债务人履行债务后，定金抵作价款或者收回。给付定金一方不履行约定债务的，无权要求返还定金；收受定金一方不履行约定债务的，应当双倍返还定金。

（六）合同责任

1. 缔约过失责任

缔约过失责任是指在合同订立过程中，合同一方当事人因违背基于诚信原则产生的义务，造成合同相对方的利益损失，所应承担的损害赔偿责任。

1）缔约过失责任的构成要件

（1）缔约的过失发生在合同订立过程中。

缔约过失虽然发生在合同订立过程中，但当事人之间显然已经具有基于订立合同而产生的联系。正是基于这种联系，在双方当事人之间产生了某种信赖关系。如果没有订立合同的联系，不能使用缔约过失责任。

（2）一方违背依诚实信用原则所负的义务。

根据诚实信用原则，当事人订立合同时应履行一定的附随义务，包括无正当理由不得撤销要约的义务、使用方法的告知义务、重大事项的告知义务、保密义务等。只要当事人违反了上述义务并导致合同最终无法成立，就构成缔约上的过失。

（3）导致他人信赖利益受损。

缔约过失行为导致合同无法成立后，造成的信赖利益损害是指相对方因信赖合同的成立生效，但由于合同不成立或无效所遭受的不利益。只有在合同相对人遭受信赖利益的损失，且该损失与缔约过失行为有直接因果关系的情况下，信赖人才能基于相对人缔约上的过失请求赔偿。

（4）因果关系。

相对方的信赖利益损失是由行为人的缔约过失行为造成的，而不是其他行为造成的。如果这二者之间不存在因果关系，则不能让其承担缔约过失责任。

2）缔约过失责任的适用

（1）假借订立合同，恶意进行磋商。

这里的假借是指根本没有订立合同的目的，与对方进行谈判磋商只是借口，目的是损害对方或者他人的利益。

（2）故意隐瞒与订立合同有关的重要事实或者提供虚假情况。

故意隐瞒重要事实或者提供虚假情况的目的是使合同相对方因被蒙蔽而进入错误认识。这属于缔约时的欺诈行为。

（3）泄露或不正当使用商业秘密。

当事人在订立合同过程中知悉的商业秘密，无论合同是否成立，不得泄露或者不正当地使用。泄露或者不正当地使用该商业秘密给对方造成损失的，应当承担损害赔偿责任。此时，可能构成缔约过失责任与侵权责任的竞合。如在缔约过程中，甲企业为了展示自己在同行业中的优势地位，向乙公司出示了自己的重要客户信息，乙公司知晓后，将客户信息的名单出售给了与甲企业经营同样业务的丙企业。此时乙公司对于甲企业，既构成侵权，也构成缔约过失责任。

（4）其他违背诚实信用原则的行为。

这是关于缔约过失责任的兜底条款。主要包括违反有效的要约邀请、要约人违反有效要约等。另外，经法定批准、登记生效的合同未办理批准、登记手续的应承担缔约过失责任。

3）缔约过失责任与其他责任的区别

（1）缔约过失责任与违约责任的区别。

第一，缔约过失责任以先合同义务为成立的前提，而违约责任以合同义务为成立的前提。

第二，缔约过失责任原则上要以缔约人有过失为成立前提，而违约责任原则上为严格责任，一般不要求以过错为要件。

（2）缔约过失责任与侵权责任的区别。

第一，缔约过失责任以过错为成立要件，而侵权责任既有过错责任又有无过错责任。

第二，缔约过失责任的赔偿范围通常是信赖利益，而侵权责任的赔偿范围则是固有利益或完全性利益。

4）缔约过失责任的赔偿范围

缔约过失责任主要是针对信赖利益的赔偿。信赖利益损害可以区分为所受损害和所失利益。所受损害可表现为买受人为去现场查看买卖标的物所支付的交通费。所失利益则可表现为丧失与第三人另订立合同的机会所产生的损失。例如，张三与李四拟签订合同将其电脑以3 000元卖给李四时，王五提出愿意以更高价格购买，李四被迫购买了其他人的电脑。而王五借故拖延最终没有签订合同，张三无奈以2 400元将电脑卖给了赵六。其中2 400元与3 000元的差价损失，张三可向王五主张承担缔约过失责任。

5）对缔约过失责任范围的限制

（1）与有过失规则。

在缔约过失责任上，受损人与有过失者，仍应适用过失相抵原则。

（2）减损义务规则。

在缔约过失导致损害的场合，依据诚实信用原则，对受害人也应当有减损义务的存在，受损人应及时采取措施避免损失的扩大，否则对于扩大的损失不得请求赔偿。

2. 违约责任

违约责任指违约人因其违约行为而应承担的一种不利的法律后果。即合同当事人一方不履行合同义务或者履行合同义务不符合合同的约定所应承担的民事责任。

1）违约责任的主要特征

（1）违约责任是违约的当事人一方对另一方承担的责任。

因为合同具有相对性，故此也决定了违约责任的相对性。当事人一方因第三人的原因造成违约的，应当向对方承担违约责任。当事人一方和第三人之间的纠纷，依照法律规定或者按照约定解决。

（2）违约责任基本上是财产责任。

违约责任作为第二次义务，作为合同债务的转化形式或替代品，与合同债务具有同一性，通常表现为财产责任。例如，我国《合同法》上违约责任主要包括赔偿损失、违约金、强制履行等。上述违约责任方式基本可以货币衡量计算，因此属于财产责任范畴。

（3）违约责任的补偿性指违约责任所具有的填补受害人损失的性质。

（4）违约责任是当事人不履行合同债务时所产生的民事责任。

第一，违约责任以合同关系有效为前提。

第二，合同一方当事人违约或者不履行合同债务。

（5）违约责任可由当事人在法律允许范围内约定。

违约责任由当事人在法律允许范围内约定，最典型的表现为违约金或当事人事先约定损失赔偿额或其计算方法。

2）违约责任的构成要件

违约责任的构成要件有二：一是有违约行为；二是无免责事由。

（1）违约行为。

违约行为，指违反合同义务的行为，这里的合同义务包括当事人在合同中约定的义务，也包括法律直接规定的义务，还包括根据法律原则和精神的要求，当事人应当遵守的义务。

违约行为的主体通常是债务人，但是在受领迟延的情况下，违约行为的主体则是债权人。

（2）免责事由。

要承担违约责任，还要求不得具有免责事由，违约责任的免责事由具体包括以下几种。

第一，不可抗力。

我国实行严格责任原则，即债务人原则上不能通过证明自己没有过失主张责任不能成立，通常只有具备法定的免责事由时才可以免责。该法定事由便是不可抗力。不可抗力是指不可预见、不可避免、不可克服的事实，在发生不可抗力时，当事人一方即便存在违约行为，也不承担责任。

但是，有规则也有例外情形，如金钱债务的迟延责任不得以不可抗力而免责；迟延履行期间发生不可抗力的，不能因此免责。

第二，免责条款。

当事人可以通过事先约定免责条款来免除一方或者双方的责任。但是存在不能约定免责的情形，如约定造成一方人身伤亡免责的和故意、重大过失造成一方财产损失免责的，此类约定均无效。

（3）违约责任的归责原则。

第一，主要为严格责任原则。

当事人一方不履行合同义务或者履行合同义务不符合约定的，应当承担继续履行、采取补救措施或者赔偿损失等违约责任，但当事人能够证明自己没有过错的除外。也就是原则上采取的是严格责任原则（无过错责任原则）。

第二，以过错责任原则为补充。

虽然以严格责任原则为主，但基于调整对象的特殊性，在部分合同中实施过错责任原则，主要有以下几种。

类型	参考法条
供电合同	《合同法》第一百八十条："供电人因供电设施计划检修、临时检修、依法限电或者用电人违法用电等原因，需要中断供电时，应当按照国家有关规定事先通知用电人。未事先通知用电人中断供电，造成用电人损失的，应当承担损害赔偿责任。" 《合同法》第一百八十一条："因自然灾害等原因断电，供电人应当按照国家有关规定及时抢修。未及时抢修，造成用电人损失的，应当承担损害赔偿责任。"
赠与合同	《合同法》第一百八十九条："因赠与人故意或者重大过失致使赠与的财产毁损、灭失的，赠与人应当承担损害赔偿责任。"
租赁合同	《合同法》第二百二十二条："承租人应当妥善保管租赁物，因保管不善造成租赁物毁损、灭失的，应当承担损害赔偿责任。"
加工承揽合同	《合同法》第二百五十七条："承揽人发现定作人提供的图纸或者技术要求不合理的，应当及时通知定作人。因定作人怠于答复等原因造成承揽人损失的，应当赔偿损失。" 《合同法》第二百六十五条："承揽人应当妥善保管定作人提供的材料以及完成的工作成果，因保管不善造成毁损、灭失的，应当承担损害赔偿责任。"
客运合同	《合同法》第三百零三条："在运输过程中旅客自带物品毁损、灭失，承运人有过错的，应当承担损害赔偿责任。旅客托运的行李毁损、灭失的，适用货物运输的有关规定。"
无偿保管合同	《合同法》第三百七十四条："保管期间，因保管人保管不善造成保管物毁损、灭失的，保管人应当承担损害赔偿责任，但保管是无偿的，保管人证明自己没有重大过失的，不承担损害赔偿责任。"
委托合同	《合同法》第四百零六条："有偿的委托合同，因受托人的过错给委托人造成损失的，委托人可以要求赔偿损失。无偿的委托合同，因受托人的故意或者重大过失给委托人造成损失的，委托人可以要求赔偿损失。受托人超越权限给委托人造成损失的，应当赔偿损失。"

3）违约责任与侵权责任的竞合

违约责任与侵权责任竞合的处理方法：因当事人一方的违约行为，侵害对方人身、财产权益的，受损害方有权选择依照本法要求其承担违约责任或者依照其他法律要求其承担侵权责任。

当事人在一审开庭前可以变更诉讼请求。

4）违约责任的形式

当事人一方不履行合同义务或者履行合同义务不符合约定的，应当承担继续履行、采取补救措施或者赔偿损失等违约责任。据此，违约责任有三种基本形式，即继续履行、采取补救措施和赔偿损失。当然，除此之外，违约责任还有其他形式，如违约金和定金责任等。

（1）继续履行。

继续履行，又称强制履行，是指违约方不履行合同时，由法院强制违约方继续履行合同义务的违约责任方式。

第一，构成要件。

其一是存在违约行为。

其二是应有守约方请求违约方继续履行合同债务的行为。如果守约方不请求违约方继续履行，而是将合同解除，则不可能成立强制履行责任。

其三是违约方能够继续履行合同。如果合同已经履行不能，则不应再有强制履行责任的发生，但是金钱债务无条件适用强制履行。

第二，不能强制履行的情形。

下列情形不适用强制履行。

其一是履行不能。所谓履行不能包括法律上的不能和事实上的不能，不管是哪种不能都使合同因失去标的而必须消灭，从而无法强制履行。

法律上的不能是基于法律的规定不能再履行的情况，如本来是可以流通的标的物后来被法律禁止流通了；特定物一物二卖，如果已经交付给其中一个买受人，另一个买受人就不能再请求实际履行，因为根据法律规定，出卖人已经不可能再实际履行了。

事实上履行不能，基于客观事实而不能履行的情况，如在特定物的买卖中，标的物的灭失即是如此。

其二是债务标的不适于强制履行或履行费用过高。

不适于强制履行的债务标的，指债务的性质不适宜强制履行。例如，演出合同、技术开发合同、出版合同、委托合同等。这些合同均具有人身专属性，不适合强制其履行。

履行费用过高，是指有时标的要强制履行，代价太大。例如，为完成加工合同专门进口设备，花的代价远超合同上的收益。

其三是债权人在合理期限内未要求履行。规定本条的立法目的在于，以此督促债权人及时主张权利，行使其履行请求权。

第三，强制履行与有关责任方式的关系。

其一是强制履行与违约金的关系。

首先是与赔偿性违约金的关系。

我国《合同法》事实上承认了赔偿性违约金和惩罚性违约金。其中赔偿性违约金有损害赔偿额预定的性质，也即支付了赔偿性违约金就可替代强制履行。

其次是与惩罚性违约金的关系。

惩罚性违约金并非对违约损失的填补，而是带有惩罚性质，故惩罚性违约金可以与强制履行并用。所以当事人就迟延履行约定违约金的，违约方支付违约金后，还应当履行债务。

其二是强制履行与赔偿损失的关系。

一般认为，赔偿损失分为两类：填补赔偿和迟延赔偿。

首先，填补赔偿与强制履行不能并存。

填补赔偿具有替代实际履行的功能，故其与强制履行不能并存，否则将构成不当得利。

其次，迟延赔偿与强制履行可以并存。

迟延赔偿的目的在于使受害人免受因迟延而实际遭受的损失，例如，利息损失。其并不具有替代实际履行的功能，因此在保护受害人方面，其与强制履行可并行，同时存在。

（2）采取补救措施。

质量不符合约定的，应当按照当事人的约定承担违约责任。对违约责任没有约定或者约定不明确，依法仍不能确定的，受损害方根据标的的性质以及损失的大小，可以合理选择要求对方承担修理、更换、重作、退货、减少价款或者报酬等违约责任。

第一，限期履行应履行的债务。

在拒绝履行、迟延履行、不完全履行情况下，守约方可以提出一个新的履行期限，要求违约方在该履行期限内履行合同债务。

第二，修理、更换、重作。

如果债务人交付的标的物不合格，提供的工作成果不合格，而债权人仍需要的，则可以适用修理、更换或重作。

修理，是指交付的标的物不合格，有修理的可能并为债权人需要时，债务人消除标的物的缺陷的补救措施。

更换，是指交付的合同标的物不合格，无修理可能，或者修理所需要的费用过高，或者修理所需要的时间过长，债务人交付同种同质的标的物的补救措施。

重作，是指在承揽、建设工程等合同中，债务人交付的工作成果不合格，不能修理或修理费用过高，由债务人重新制作工作成果的补救措施。

（3）赔偿损失。

赔偿损失，在合同法上也称违约损害赔偿，是指债务人不履行合同义务时，依法赔偿债权人所受损失的责任，我国《合同法》中的赔偿损失是指金钱赔偿。

第一，违约损害赔偿的分类。

包括约定赔偿、一般法定赔偿和特别法定赔偿。

约定赔偿，指依当事人意思而定的损害赔偿。例如，当事人可以约定一方违约时应当根据违约情况向对方支付一定数额的违约金，也可以约定因违约产生的损失赔偿额的计算方法。

一般法定赔偿，指依据法律规定而定的损害赔偿。例如，当事人一方不履行合同义务或者履行合同义务不符合约定，给对方造成损失的，损失赔偿额应当相当于因违约所造成的损失，包括合同履行后可以获得的利益，但不得超过违反合同一方订立合同时预见到或者应当预见到的因违反合同可能造成的损失。

特别法定赔偿，指基于特殊立法政策而特别规定的损害赔偿。例如，经营者对消费者提供商品或服务有欺诈行为的，依照《中华人民共和国消费者权益保护法》的规定承担损害赔偿责任。

第二，补偿性损害赔偿与惩罚性损害赔偿。

违约方承担补偿性损害赔偿的范围包括实际损失和可得利益的损失两部分。其在适用上受到一定的限制，详见后文中“损害赔偿责任范围的限制”的内容。

惩罚性损害赔偿，是指在弥补实际损害之外，根据法律规定，另行主张的赔偿责任。惩罚性损害赔偿，限于法律明文规定的特定情形。惩罚性损害赔偿主要体现在如下所述的几方面。

经营者对消费者实施欺诈行为时的三倍赔偿责任。（《消费者权益保护法》第五十五条）

生产或者销售明知不符合食品安全标准的食品的十倍惩罚性赔偿。（《食品安全法》第九十六条）

《最高人民法院关于审理商品房买卖合同纠纷案件适用法律若干问题的解释》第八条和第九条中关于双倍返还购房款的规定。

第三，对损害赔偿责任范围的限制。

一是可预见规则。

当事人一方不履行合同义务或者履行合同义务不符合约定，给对方造成损失的，损失赔偿额应当相当于因违约所造成的损失，包括合同履行后可以获得的利益，但不得超过违反合同一方订立合同时预见到或者应当预见到的因违反合同可能造成的损失。

可预见规则的构成要件有以下几点。

预见主体为违约方。

预见时间为订立合同时。

预见的内容只要求预见损害的类型而无须预见损害的程度。

判断可预见性的标准为常人按日常生活经验判断或专业人士对所处行业应有的判断。

二是与有过失规则。

这是指就损害的发生或扩大，赔偿权利人有过失时，法院可以减轻赔偿金额或免除赔偿责任。

与有过失规则的构成要件有以下几点。

受害人或赔偿权利人应有过失。

赔偿权利人的行为应助成损害的发生或扩大。

三是减轻损失规则。

当事人一方违约后，对方应当采取适当措施防止损失的扩大；没有采取适当措施致使损失扩大的，不得就扩大的损失要求赔偿。当事人因防止损失扩大而支出的合理费用，由违约方承担。

（4）违约金。

首先，违约金是由当事人约定或法定的、在一方当事人不履行或不完全履行合同时向另一方当事人支付的金钱或其他给付。

违约金有多种分类，如惩罚性违约金与赔偿性违约金；约定违约金和法定违约金。

其中，惩罚性违约金是当事人对违约所约定的一种私力制裁，该违约金在违约时，债务人除支付违约金外，其他因债的关系所应负的一切责任均不受影响，债权人仍可请求债务人实际履行或损害赔偿。由于合同法奉行自愿原则，当事人仍可明确约定惩罚性违约金。

赔偿性违约金是当事人双方预先估计的损害赔偿总额。预先约定损害赔偿金或其计算方法，一方面可以激励债务人履行债务；另一方面，如发生违约，则其责任承担简单明了。若该违约金相当于履行的替代，则请求该违约金之后不能再请求债务履行或不履行的损害赔偿。若当事人无特别约定的情形，违约金应认定为赔偿性违约金。

约定违约金是指由当事人在合同中约定的违约金。

法定违约金是由法律法规直接规定固定比率或数额的违约金。比如《中华人民共和国电信条例》第三十二条的规定即法定违约金。

其次，违约金责任的成立。

违约金作为一种从债务，违约金责任成立的前提是存在有效的合同关系。应有违约行为的存在。违约金责任的成立只要求有违约行为，至于是否造成损失并不是违约金责任的成立条件。是否造成损失以及损失的大小只是调整违约金数额的考虑因素。在违约金的构成原则上适用严格责任原则。

再次，违约金数额的调整。

约定的违约金低于造成的损失的，当事人可以请求人民法院或者仲裁机构予以适当增加；约定的违约金过分高于造成的损失的，当事人可以请求人民法院或仲裁机构予以适当减少。

请求人民法院增加违约金的，增加后的违约金数额以不超过实际损失额为限。增加违约金以后，当事人又请求对方赔偿损失的，人民法院不予支持。

约定的违约金过分高于造成的损失，当事人可以请求人民法院或仲裁机构予以适当减少。对因违约造成的实际损失，应由请求减额的债务人负举证责任。

最后，违约金责任的适用。

其一，违约金与定金。当事人既约定违约金，又约定定金的，一方违约时，对方可以选择适用违约金或者定金条款。此处的违约金应当是赔偿性违约金。

其二，违约金与实际履行。实际履行不能代替支付违约金。违约方实际履行后，如果对方要求其支付违约金，只要违约金的数额并非过分高于造成的损失的，违约方应当继续支付违约金；反之亦然。

其三，违约金与损害赔偿金。由于违约金和损害赔偿金通常都是补偿性的，有一个就可以满足非违约方的需要了，两者在理论上没有并存的必要性。故也不可以并用。

由于赔偿性违约金在性质上属于损害赔偿额的预定，因此，有关限定损害赔偿范围的特别规则也适用于违约金，包括过失相抵、减损规则以及损益相抵规则等。

（5）定金责任。

当事人可以依照《担保法》约定以付定金的方式作为债权的担保。定金的最高额不得超过主合同标的额的 20%。债务人履行债务后，定金应当抵作价款或收回。给付定金的一方不履行约定的债务的，无权要求返还定金；收受定金的一方不履行约定的债务的，应当双倍返还定金。

二、思考题

试述格式条款的特点、解释和解释的原则。

参 考 资 料

《中华人民共和国合同法》

《最高人民法院关于适用〈中华人民共和国合同法〉若干问题的解释（一）》

《最高人民法院关于适用〈中华人民共和国合同法〉若干问题的解释（二）》

《最高人民法院关于审理买卖合同纠纷案件适用法律问题的解释》

《最高人民法院关于审理商品房买卖合同纠纷案件适用法律若干问题的解释》

《最高人民法院关于审理城镇房屋租赁合同纠纷案件具体应用法律若干问题的解释》

任务八

纳　　税

任务目标

1. 懂得税收基础知识。
2. 学会如何缴纳税款。

过程与方法

1. 纳税基础知识认知。（教师讲授）
2. 纳税操作实务。（学生小组活动）
3. 任务总结与点评。（教学双方参与）

第一节　税法基础

一、税收的性质

税收又称“税赋”，是国家为了实现其职能，凭借政治权力，按照法律规定，强制地、无偿地参与社会剩余产品分配，以取得财政收入的一种规范形式。税收是国家取得财政收入的主要形式。与其他财政收入形式相比，税收具有强制性、无偿性和固定性的特征，习惯上称为税收的“三性”。

税收的“三性”相互联系，不可分离，是不同社会制度下税收所共有的，它是税收本质的具体体现，是区别税与非税的根本标志。

二、税收分类

1. 按征税对象分类

按征税对象分类是税收最基本和最主要的分类方法，可将税收分为流转税、所得税、财产税、行为税、特定目的税、资源税和烟叶税。

流转税是指以商品或劳务的流转额为征税对象征收的一类税，这是我国现行税制中最大的一类税收，涉及商品的生产和流通各个环节，主要有增值税、消费税、关税。

所得税类是指以所得额为征税对象征收的一类税。所得额是指全部收入减除为取得收入所耗费的各项成本费用后的余额，主要有企业所得税、个人所得税。

财产税类是指以纳税人所拥有或使用的财产为征税对象征收的一类税，主要有房产税、车船税、契税。

行为税类是指以纳税人的某些特定行为为征税对象征收的一类税，主要有印花税。

特定目的税是为了达到特定目的而征收的一类税，主要有城建税、车辆购置税、耕地占用税。

资源税类是指对开发、利用和占有国有自然资源的单位和个人征收的一类税，主要有资源税、土地增值税、城镇土地使用税。

烟叶税是国家对收购烟叶的单位按照收购烟叶金额征收的一种税。

2. 按税收与价格的关系分类

按税收与价格的关系划分，税收可分为价内税和价外税。

价内税就是税款包含在应税商品价格（计税依据）之内，商品价格由“成本+利润+税金”构成的一类税。

价外税是指税款不包含在应税商品价格（计税依据）之内，商品价格仅由成本和利润构成，价税分离的一类税。

3. 按计税依据分类

按计税依据不同，税收可分为从价税和从量税。

从价税是指以征税对象的一定数量单位（重量、件数、容积、面积、长度等）为标准，按照固定税额计征的一类税。

4. 按税负能否转嫁分类

按税负能否转嫁，税收可以分为直接税和间接税。

直接税是指纳税人本身承担税负，不发生税负转嫁关系的一类税。直接税的纳税人即负税人。比如所得税、财产税等。

间接税是指纳税人本身不是负税人，可将税负转嫁给他人的一类税。间接税的纳税人与负税人不一致。比如增值税、消费税、关税等流转税。

5. 按税收管理与使用权限分类

按税收管理与使用权限的不同，税收可以分为中央税、地方税、中央和地方共享税。

中央税是指管理权限归中央，税收收入归中央支配和使用的税种。

地方税是指管理权限归地方，税收收入归地方支配和使用的税种。

中央和地方共享税则是指主要管理权限归中央，税收收入由中央政府和地方政府共同享有，按一定比例分成的税种。

三、现行税种

中国现行的税种共 18 种（2016 年 5 月 1 日起，全面推行“营改增”；2018 年 1 月 1 日起施行环境保护税），分别是增值税、消费税、企业所得税、个人所得税、资源税、城市维护建设税、房产税、印花税、城镇土地使用税、土地增值税、车船税、船舶吨税、车辆购置税、关税、耕地占用税、契税、烟叶税、环境保护税。其中个人所得税、企业所得税、车船税和环境保护税这 4 个税种通过全国人大立法，其他绝大多数税收事项都是依靠行政法规、规章及规范性文件来规定。

（一）增值税

增值税是对在我国境内销售货物或提供加工、修理修配劳务，销售劳务、无形资产或者不动产的单位或者个人，对其取得的销售额中的增值部分征收的一种税。

（二）消费税

消费税是对在我国境内生产、委托加工和进口应税消费品的单位和个人，就其销售额或销售数量征收的一种税。

（三）企业所得税

企业所得税是对我国境内的企业和其他取得收入的组织的生产经营所得和其他所得征收的一种税。

（四）个人所得税

个人所得税是指在中国境内有住所，或者无住所但在境内居住满一年的个人，以及无住所又不居住或者居住不满一年但从中国境内取得所得的个人征收的一种税。

（五）资源税

资源税是指在中国境内开采矿产品或者生产盐的单位和个人征收的一种税。

（六）城市维护建设税

城市维护建设税是国家对实际缴纳增值税、消费税（简称“两税”）的单位和个人，以其实际缴纳的“两税”税额为计税依据而征收的一种附加税。

（七）房产税

房产税是对在我国境内拥有房屋产权的单位和个人，依据房屋计税余值或租金收入征收的一种税。

（八）印花税

印花税是对经济活动和经济交往中书立、领受、使用应税经济凭证的行为征收的一种税。

（九）城镇土地使用税

城镇土地使用税是对在我国境内拥有土地使用权的单位和个人，依据实际占用土地面积定额征收的一种税。

（十）土地增值税

土地增值税是对有偿转让国有土地使用权及地上建筑物和其他附着物产权并取得增值额的单位和个人征收的一种税。

（十一）车船税

车船税是对在我国境内拥有或者管理车辆、船舶的单位和个人，就其车船的种类和规定的计税依据和年税额标准征收的一种税。

（十二）船舶吨税

船舶吨税是海关代表国家交通管理部门在设关口岸对进出中国国境的船舶征收的用于航道设施建设的一种使用税。

（十三）车辆购置税

车辆购置税是对我国境内购置并使用应税车辆的单位和个人征收的一种税。

（十四）关税

关税是海关对进出国境或者关境的货物和物品的单位或个人征收的一种税。

（十五）耕地占用税

耕地占用税是对占用耕地或者从事非农业建设的单位或者个人征收的，以实际占用面积为计税依据的一种税。

（十六）契税

契税是对在我国境内转移土地使用权、房屋所有权权属时，向取得产权的单位和个人征收的一种税。

（十七）烟叶税

烟叶税对在我国境内从事烟叶收购的单位在收购环节征收的一种税。

（十八）环境保护税

环境保护税是对在我国境内排放应税污染物的单位和个人征收的一种税。

第二节　税法实务

一、税务登记

（一）登记注册

自 2015 年 10 月 1 日起，我国实行“三证合一”登记制度改革，“三证合一”登记制度是指将企业登记时依次申请，分别由工商行政部门核发工商营业执照、质量技术监督部门核发组织机构代码证和税务部门核发税务登记证，改为一次申请、由工商行政管理部门核发一个营业执照的登记制度。从 2016 年 10 月 1 日起，再整合社会保险登记和统计登记证，实现“五证合一、一照一码”登记制度改革。

改革后，新设立企业和农民专业合作社领取由工商行政部门核发加载法人和其他组织统一社会信用代码（以下称统一代码）的营业执照后，无须再次进行税务登记，不再领取税务登记证。企业办理涉税事宜时，在完成补充信息采集后，凭加载统一代码的营业执照可代替税务登记证使用。改革前核发的原税务登记证件在 2017 年年底前的过渡期内继续有效，2018 年 1 月 1 日起，一律改为使用加载统一代码的营业执照，原发税务登记证件不再有效。

已实行“五证合一、一照一码”登记模式的新设立企业和农民专业合作社办理注销登记，须先向税务主管机关申请清税，填写清税申报表。国税、地税税务主管机关按照各自职责分别进行清税，限时办理，将结果向纳税人统一出具清税证明，同时将信息共享到交换平台。

（二）增值税一般纳税人资格登记

增值税纳税人分为一般纳税人和小规模纳税人两类。一般纳税人资格实行登记制，登记事项由增值税纳税人向其主管税务机关申请办理，一般应具备两个条件：① 会计核算健全，能够准确提供税务资料；② 预计年应税销售达到规定标准。一般纳税人总、分支机构不在同一县（市）的，应分别向其机构所在地主管税务机关申请办理一般纳税人登记手续。

小规模纳税人会计核算健全，能够提供准确税务资料的，可以向主管税务机关申请一般纳税人登记。

二、纳税流程

纳税流程如下图所示。

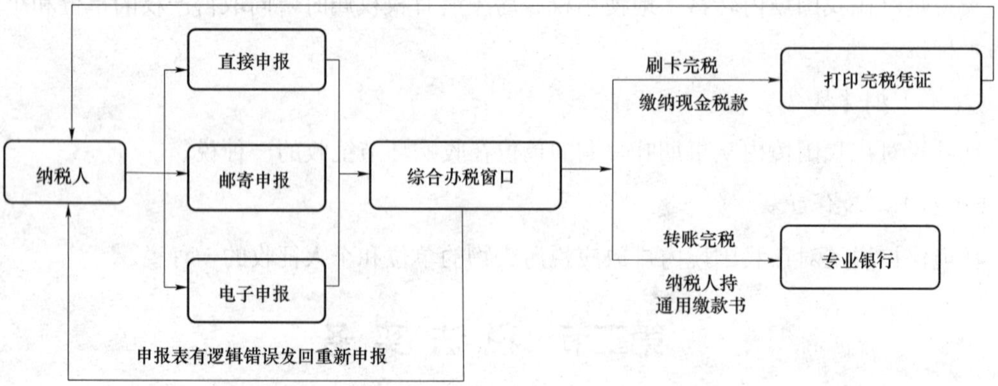

三、实务操作

（一）案例

广州市天一企业顾问有限公司于2016年1月8日在广州市工商行政管理局天河分局登记注册，注册资本10万元，法定代表人杨鑫，统一社会信用代码为9144010666××××2338。公司位于广州市天河区黄埔大道666号（邮编510000），电话：020－3465××××，经营范围为企业管理咨询、商品信息咨询、企业投资咨询、劳务派遣，经营期限为10年，聘用中国职工50人，执行企业会计制度，实行个人所得税代扣代缴。该公司共有股东3人，分别是杨鑫（身份证号码：4401061951××××4789，电话：133××××6482，住址：广州市天河区体育东路3号，货币出资4万元），李丽华（身份证号码：4201541962××××1645，电话：138××××1643，住址：广州市番禺区东环路27号，货币出资3万元），王琦（身份证号码：4325781975××××3816，电话：189××××3178，住址：广州市天河区天河路697号，货币出资3万元）。该公司财务负责人为梁天华（身份证号码：4401031957××××1023，电话：155××××2111），办税员为康国荣（身份证号码：4401811990××××2392，电话：133

××××8974）。

（1）2016 年 1 月 12 日，该公司向税务机关申报办理涉税信息补充登记。

（2）2016 年 3 月 20 日，该公司将公司住址迁至广州市天河区中山大道 839 号（邮编 510000）。

（3）2016 年 8 月 15 日，该公司经股东会议解散，遂于 2016 年 8 月 20 日向税务机关申请开具清税证明。

（二）实务操作

分为若干学习小组，每组 5～6 人，按小组任务书的要求进行工作。

小组任务书　　　　**任务编号 3-4**

任务	税务登记				
学习方法	小组协作	任务依据	税收法律制度	课时	1 课时 + 课外
任务内容与步骤					
1. 认真阅读案例，小组进行分析讨论后，完成如下操作： （1）根据案例，填写纳税人首次办税补充信息表（表 5）。 （2）根据案例，填写清税申报表（表 6）。 （3）根据案例，填写注销税务登记申请表（表 7）。 2. 小组进行汇报展示。 3. 完成小组成员互评表					

（三）总结与评价

教师与学生共同进行任务的总结与评价。教师把整个任务内容再整理一遍，进行归纳总结，使学生的思路更清晰。

（1）教师根据完成本次任务的情况，对每个小组的表现进行打分，并记录在任务评价表中。

（2）学生根据完成本次任务的协作情况，对小组其他成员打分，并记录在小组成员互评表中。

任务评价表

任务　　　　班级　　　　小组　　　　日期

组别	评价内容或要点				得分	总评
	完成任务内容 分值 0～10	完成任务时间 分值 0～10	完成任务质量 分值 0～30	团队协作 分值 0～20		
1						
2						
3						
4						
5						
6						
7						
8						

小组成员互评表

任务　　　　　　　　班级　　　　　　　　小组　　　　　　　　日期

小组成员	评价内容或要点			得分	备注
	态度积极 分值 0～10	协作精神 分值 0～10	贡献程度 分值 0～10		

表 5　纳税人首次办税补充信息表

<table>
<tr><td>统一社会
信用代码</td><td colspan="2"></td><td>纳税人名称</td><td colspan="2"></td></tr>
<tr><td>核算方式</td><td colspan="2">请选择对应项目打“√”
□ 独立核算
□ 非独立核算</td><td>从业人数（ ）人</td><td colspan="2">其中外籍人数（ ）人</td></tr>
<tr><td>适用会计制度</td><td colspan="5">请选择对应项目打“√”
□ 企业会计制度　□ 企业会计准则　□ 小企业会计准则
□ 行政事业单位会计制度</td></tr>
<tr><td>生产经营地</td><td colspan="5">________省（市/自治区）________市（地区/盟/自治州）________县（自治县/旗/自治旗/市/区）____________________乡（民族乡/镇/街道）____________________村（路/社区）__________号</td></tr>
<tr><td>办税人员</td><td>身份证件种类</td><td>身份证件号码</td><td>固定电话</td><td>移动电话</td><td>电子信箱</td></tr>
<tr><td></td><td></td><td></td><td></td><td></td><td></td></tr>
<tr><td>财务负责人</td><td>身份证件种类</td><td>身份证件号码</td><td>固定电话</td><td>移动电话</td><td>电子信箱</td></tr>
<tr><td></td><td></td><td></td><td></td><td></td><td></td></tr>
<tr><td colspan="6">税务代理人信息</td></tr>
<tr><td>纳税人识别号</td><td colspan="2">名称</td><td>联系电话</td><td colspan="2">电子信箱</td></tr>
<tr><td></td><td colspan="2"></td><td></td><td colspan="2"></td></tr>
<tr><td colspan="6">代扣代缴、代收代缴税款业务情况</td></tr>
<tr><td colspan="3">代扣代缴、代收代缴税种</td><td colspan="3">代扣代缴、代收代缴税款业务内容</td></tr>
<tr><td colspan="3"></td><td colspan="3"></td></tr>
<tr><td colspan="3"></td><td colspan="3"></td></tr>
</table>

续表

<table>
<tr><td colspan="2">经办人签章：

____年____月____日</td><td colspan="4">纳税人公章：

____年____月____日</td></tr>
<tr><td>国标行业（主）</td><td></td><td colspan="2">主行业明细行业</td><td colspan="2"></td></tr>
<tr><td colspan="2">国标行业（附）</td><td colspan="4">国标行业（附）明细行业</td></tr>
<tr><td colspan="2"></td><td colspan="4"></td></tr>
<tr><td colspan="2"></td><td colspan="4"></td></tr>
<tr><td>纳税人所处街乡</td><td></td><td>隶属关系</td><td></td><td>国地管户类型</td><td></td></tr>
<tr><td>国税主管税务局</td><td></td><td colspan="2">国税主管税务所（科、分局）</td><td colspan="2"></td></tr>
<tr><td>地税主管税务局</td><td></td><td colspan="2">地税主管税务所（科、分局）</td><td colspan="2"></td></tr>
<tr><td>经办人</td><td></td><td colspan="2">信息采集日期</td><td colspan="2"></td></tr>
</table>

填表说明：

（1）本表由已办理“一照一码”纳税人在首次办理涉税事项时，或者纳税人本表相关内容发生变更时使用，由税务机关根据纳税人提供资料填写，并打印交纳税人确认。当纳税人本表相关内容发生变化时，仅填报变化栏目即可。

（2）“生产经营地”“财务负责人”栏仅在纳税人信息发生变化时填写。

（3）“统一社会信用代码”栏填写纳税人办理“一照一码”证照时工商机关赋予的社会信用代码。

（4）“纳税人名称”栏填写纳税人办理“一照一码”证照时的名称。

（5）“核算方式”栏选择纳税人会计核算方式，分为独立核算、非独立核算。

（6）“适用会计制度”栏选择纳税人适用的会计制度，在企业会计制度、企业会计准则、小企业会计准则、行政事业单位会计制度中选择其一。

（7）“国标行业（主）”“主行业明细行业”“国标行业（附）”“国标行业（附）明细行业”栏根据《国民经济行业分类》（GB/T 4754—2017）进行填写。

（8）本表一式一份，税务机关留存；纳税人如需留存，请自行复印。

表 6　清税申报表

<table>
<tr><td>纳税人名称</td><td></td><td>统一社会信用代码</td><td></td></tr>
<tr><td>注销原因</td><td colspan="3"></td></tr>
<tr><td rowspan="4">附送资料</td><td></td><td colspan="2"></td></tr>
<tr><td></td><td colspan="2"></td></tr>
<tr><td></td><td colspan="2"></td></tr>
<tr><td></td><td colspan="2"></td></tr>
<tr><td colspan="4">纳税人
经办人：　　　　法定代表人（负责人）：　　　　纳税人（公章）
年　月　日　　　　年　月　日　　　　年　月　日</td></tr>
<tr><td colspan="4">以下由税务机关填写</td></tr>
<tr><td>受理时间</td><td colspan="3">经办人：　　　　负责人：
年　月　日　　　　年　月　日</td></tr>
<tr><td>清缴税款、滞纳金、罚款情况</td><td colspan="3">经办人：　　　　负责人：
年　月　日　　　　年　月　日</td></tr>
<tr><td>缴销发票情况</td><td colspan="3">经办人：　　　　负责人：
年　月　日　　　　年　月　日</td></tr>
<tr><td>税务检查意见</td><td colspan="3">检查人员：　　　　负责人：
年　月　日　　　　年　月　日</td></tr>
<tr><td>批准意见</td><td colspan="3">部门负责人：　　　　税务机关　（签章）
年　月　日　　　　年　月　日</td></tr>
</table>

填表说明：

（1）附送资料：填写附报的有关注销的文件和证明资料。

（2）清缴税款、滞纳金、罚款情况：填写纳税人应纳税款、滞纳金、罚款缴纳情况。

（3）缴销发票情况：纳税人发票领购簿及发票缴销情况。

（4）税务检查意见：检查人员对需要清查的纳税人，在纳税人缴清查补的税款、滞纳金、罚款后签署意见。

（5）本表一式三份，税务机关两份，纳税人一份。

表 7　注销税务登记申请表

<table>
<tr><td>纳税人名称</td><td colspan="2"></td><td colspan="2">税务登记号</td><td colspan="2"></td></tr>
<tr><td>注销原因</td><td colspan="6"></td></tr>
<tr><td>附送资料</td><td colspan="6"></td></tr>
<tr><td colspan="7">（公章）
办税员：　　法定代表人（负责人）：　　年　月　日</td></tr>
<tr><td colspan="7">以下由税务机关填写</td></tr>
<tr><td>受理时间</td><td colspan="6">经办人：　　年　月　日</td></tr>
<tr><td>清缴税款、滞纳金、罚款情况</td><td colspan="6">经办人：　　年　月　日</td></tr>
<tr><td>缴销发票情况</td><td colspan="6">经办人：　　年　月　日</td></tr>
<tr><td>税务检查意见</td><td colspan="6">检查人员：　　部门负责人：　　年　月　日</td></tr>
<tr><td rowspan="3">收缴税务证件情况</td><td>种类</td><td>税务登记证正本</td><td colspan="2">税务登记证副本</td><td></td><td></td></tr>
<tr><td>收缴数量</td><td></td><td colspan="2"></td><td></td><td></td></tr>
<tr><td colspan="6">经办人：　　年　月　日</td></tr>
<tr><td>批准意见</td><td colspan="6">税务机关
（税务登记专用章）
部门负责人：　　年　月　日</td></tr>
</table>

使用说明：

1. 本表依据《税收征收管理法实施细则》第十五条设置。

2. 适用范围：纳税人发生解散、破产、撤销、被吊销营业执照及其他情形而依法终止纳税义务，或者因住所、经营地点变动而涉及改变地税登记机关的，向原地税登记机关申报办理注销税务登记时使用。

3. 填表说明：

（1）附送资料：有关注销的文件和证明资料。

（2）清缴税款、滞纳金、罚款情况：纳税人结清应纳税款、滞纳金、罚款后，由征收人员签署意见。

（3）缴销发票情况：纳税人缴销发票领购簿及全部发票后，由发票发售人员签署意见。

（4）税务检查意见：检查人员对需要清查的纳税人，在纳税人缴清查补的税款、滞纳金、罚款后签署意见。

（5）收缴税务证件情况：由登记人员在相应的栏内填写收缴数量并签字确认。收缴的证件如果为“临时税务登记证”，添加“临时”字样。

4. 本表一式两份，税务机关一份，纳税人一份。

第三节　税法扩展与思考

一、知识拓展

（一）税制构成要素

税制构成要素包括总则、纳税人、征税对象、税目、税率、纳税环节、纳税期限、纳税地点、税收减免、税收加征、违章处理、附则等项目。下面仅就主要构成要素进行简要介绍。

1. 纳税人

纳税人是指税法规定直接负有纳税义务的单位和个人，也称纳税主体，它规定了税款的法律承担者。纳税人可以是自然人，也可以是法人。自然人和法人若有税法规定的应税财产、收入和特定行为，就对国家负有纳税义务。

2. 征税对象

征税对象又称课税对象，是征税的目的物，即对什么东西征税，它是一种税区别于另一种税的主要标志。征税对象体现不同税种征税的基本界限，决定着不同税种名称的由来以及各税种在性质上的差别。

3. 税目

税目是征税对象的具体化，反映各税种具体的征税项目，体现每个税种的征税广度。对大多数税种，由于征税对象比较复杂，而且对税种内部不同征税对象又需要采取不同的税率档次进行调节，所以需要对税种的征税对象做进一步划分，做出具体的界限规定，这个规定的界限范围就是税目。

4. 税率

税率是应纳税额与计税依据之间的法定比例，是计算应纳税额的尺度，体现了征税的深度，直接关系到国家财政收入的多少和纳税人税收负担的大小。因此税率是体现税收政策的中心环节，是构成税制的基本要素。

税率可以分为绝对量形式表示的定额税率和百分比形式表示的比例税率及累进税率。累进税率还可以分为全额累进税率、超额累进税率和超率累计税率。

5. 纳税环节

纳税环节是指对处于不断运动中的纳税对象选定的应当缴纳税款的环节。每个税种都有其特定的纳税环节，有的纳税环节单一，有的需要在不同环节分别纳税。凡只在一个环节纳税的称为“一次课征制”，凡在两个环节征税的称为“两次课征制”，凡在两个以上环节征税的称为“多次课征制”。

6. 纳税期限

纳税期限是指纳税人在发生纳税义务后，应向税务机关申报纳税并解缴税款的起止时间。超过期限未缴税的属于欠税，应依法加收滞纳金。各税种由于自身的特点不同而有着不同的纳税期限，一般分为按期纳税和按次纳税两种形式。

7. 纳税地点

纳税地点是指按照税法规定向征税机关申报纳税的具体地点。它说明纳税人应向哪里的征税机关申报纳税以及哪里的征税机关有权进行税收管辖的问题。

8. 税收减免

税收减免是减税和免税的合称，是对某些纳税人或征税对象的鼓励或者照顾措施。减税是对应纳税额少征一部分税款，而免税则是对应纳税额全部免征税款。

减税免税体现了税收在原则性基础上的灵活性，是构成税收优惠的主要内容，具体可分为税基式减免、税率式减免和税额式减免三种形式。

9. 税收加征

税收加征形式包括地方附加、加成征收、加倍征收等。

10. 违章处理

违章处理是对纳税人发生违反税法行为采取的惩罚措施，它是税收强制性的体现。纳税人必须依法及时足额地缴纳税款，凡有拖欠税款、逾期不缴、偷税漏税等违反税法的行为，都应受到制裁。违章处理的措施主要有加收滞纳金、处以罚款、税收保全措施、税收强制执行措施等。

（二）发票基本知识

1. 发票的概念

发票是在购销商品、提供或者接受服务以及从事其他经营活动中，开具、取得的用以记录经济业务活动并具有税源监控功能的收费款（商事）凭证。发票不仅是财务收支的法定凭证和会计核算的原始凭证，而且是税收征收管理的重要依据。

2. 发票的种类

按领购使用范围不同，发票分为普通发票和增值税专用发票。普通发票作为购销双方的收付款凭证，其基本联次为三联，即作为销货方留存备查的存根联（第一联），作为购货方付款凭证的发票联（第二联），作为销货方收款凭证的记账联（第三联）。增值税专用发票的联次则为记账联、抵扣联和发票联。

3. 发票的基本内容

发票的基本内容包括发票的名称、发票代码、发票联次及用途、客户名称、商品名称及经营项目、计算单位、数量、单价、金额、开票人、开票日期、开票单位（个人）名称（章）等。此外，增值税专用发票还应包括购销双方的经营地址、电话、纳税人识别号、开户银行及账号、税率、税额等内容。

4. 发票的管理

国家税务总局统一负责全国发票管理工作。发票的具体管理工作由国家税务总局和地方税务局按各自的权限执行。所以，税务机关是发票的主管机关，负责发票印制、领取、开具、取得、保管、缴销的管理和监督。单位、个人在购销商品、提供或者接受服务以及从事其他经营活动中，均应当按照规定开具、使用、取得发票。

5. 领购发票的程序

首次申请购发票的单位和个人应当向税务机关提出购票申请，填写“发票领购簿申请审批表”并提供经办人身份证明、税务登记证明或其他有关证明以及发票专用章的印模，经主管税务机关审核后，发给“发票领购簿”。领购发票的单位和个人凭“发票领购簿”核准的种类、数量以及购票方式，向主管税务机关领购发票。

在首次领购发票后，纳税人需领购发票时，需持发票领购簿、经办人身份证明及已用发票存根联，到税务机关撤销、领购发票，并交纳发票工本费。

6. 发票的工具

纳税义务人在对外销售商品、提供服务以及发生其他经营活动收取款项时，必须向付款方开具发票。在特殊情况下由付款方向收款方开具发票（收款单位和扣缴义务人支付给个人款项时开具的发票），未发生经营业务一律不准开具发票。普通发票和增值税专用发票有不同的开具要求，增值税专用发票必须通过增值税防伪税控系统开具，需要专用的开票设备。

二、思考题

（1）一般企业应纳税的种类有哪些？

（2）企业纳税申报需要准备哪些资料和证件？

（3）企业在发票的领购和使用方面应遵循哪些原则？

（4）纳税人对税务机关做出的具体征税行为不服，应如何处理？

参考资料

《中华人民共和国税收征收管理法》

《中华人民共和国税收征收管理法实施细则》

《中华人民共和国发票管理办法》

《中华人民共和国发票管理办法实施细则》

项目四

市场竞争

企业在市场竞争中要处理好与竞争对手的关系，就要学会用法律手段制止对手不正当竞争行为对自己权益的侵害，更要规范自身经营行为，用正当手段参与市场竞争，通过良好的产品和服务质量赢得市场，赢得消费者青睐。

（反不正当竞争法）

任务九

认识不正当竞争行为

任务目标

1. 懂得不正当竞争行为的种类和情形。
2. 懂得不正当竞争行为应负的法律责任。
3. 能识别竞争对手的不正当竞争行为。
4. 树立诚信经营、合法经营意识。

过程与方法

1. 反不正当竞争法法律规定及解释。（教师讲解）
2. 对腾讯和奇虎360不正当竞争纠纷案进行分析。（学生小组活动）
3. 任务总结与点评。（教学双方参与）

第一节　反不正当竞争法

一、不正当竞争的概念

不正当竞争是指经营者在生产经营活动中违反《反不正当竞争法》的规定，扰乱市场竞争秩序，损害其他经营者或者消费者的合法权益的行为。不正当竞争行为具有如下特征。

（1）不正当竞争的主体是经营者和特殊地位的非经营者（政府及其相关部门）。经营者是市场竞争的主体，当然也是不正当竞争行为的主体，政府是市场的监督和管理者，《反不正当竞争法》规定各级人民政府应当采取措施制止不正当竞争行为，为公平竞争创造良好的环境，县级以上人民政府工商行政管理部门对不正当竞争行为进行监督检查，法律行政法规规定由其他部门监督检查的，依照其规定。

在市场竞争的比赛中，经营者是运动员，政府及相关部门是裁判员，运动员有可能不正当竞争，裁判员也有可能不依法履职，甚至偏袒一方，限制另一方从而妨碍公平竞争。

（2）不正当竞争是违反法律和商业道德的行为。不正当竞争不仅违反了自愿、平等、公平、诚信的原则和公认的商业道德，也违反了《反不正当竞争法》的法律规定。

（3）不正当竞争侵害的客体是市场竞争秩序以及其他经营者和消费者的合法权益。在一定时期内，市场需求总是有限的，不正当竞争者通过非法手段获取正当竞争所不能获得的额外利益，从而扰乱了市场竞争秩序，同时也不可避免地会损害到守法经营者的合法权益；另外还有一些不正当竞争行为会直接损害消费者的合法权益。

二、不正当竞争行为的情形

（一）混淆行为

经营者不得实施下列混淆行为，以引人误认为是他人商品或者与他人存在特定联系。

（1）擅自使用与他人有一定影响的商品名称、包装、装潢等相同或者近似的标识。

（2）擅自使用他人有一定影响的企业名称（包括简称、字号等）、社会组织名称（包括简称等）、姓名（包括笔名、艺名、译名等）。

（3）擅自使用他人有一定影响的域名主体部分、网站名称、网页等。

（4）其他足以引人误认为是他人商品或者与他人存在特定联系的混淆行为。

（二）商业贿赂

经营者不得采用财物或者其他手段贿赂下列单位或者个人，以谋取交易机会或者竞争优势。

（1）交易相对方的工作人员。

（2）受交易相对方委托办理相关事务的单位或者个人。

（3）利用职权或者影响力影响交易的单位或者个人。

需要注意的是折扣和佣金是正当的竞争手段，经营者在交易活动中，可以以明示方式向交易相对方支付折扣，或者向中间人支付佣金。经营者向交易相对方支付折扣、向中间人支付佣金的，应当如实入账。接受折扣、佣金的经营者也应当如实入账。

商业贿赂的目的是谋取交易机会或者竞争优势，如果经营者的工作人员的贿赂行为与为经营者谋取交易机会或者竞争优势无关且有证据证明，则不认为经营者构成不正当竞争。

（三）虚假或者引人误解的商业宣传

经营者不得对其商品的性能、功能、质量、销售状况、用户评价、曾获荣誉等作虚假或者引人误解的商业宣传，欺骗、误导消费者。

经营者不得通过组织虚假交易等方式，帮助其他经营者进行虚假或者引人误解的商业宣传。

（四）侵犯商业秘密

所谓商业秘密，是指不为公众所知悉、能为权利人带来经济利益、具有实用性并经权利人采取保密措施的技术信息和经营信息。

经营者不得采用下列手段侵犯商业秘密。

（1）以盗窃、利诱、胁迫或者其他不正当手段获取权利人的商业秘密。

（2）披露、使用或者允许他人使用以前项手段获取权利人的商业秘密。

（3）违反约定或者违反权利人有关保守商业秘密的要求，披露、使用或者允许他人使用其所掌握的商业秘密。

第三人明知或者应知商业秘密权利人的员工、前员工或者其他单位、个人实施前款所列违法行为，仍获取、披露、使用或者允许他人使用该商业秘密的，视为侵犯商业秘密。

（五）不正当的有奖销售

有奖销售，是指经营者销售商品或者提供服务，附带性地向购买者提供物品、金钱或者其他经济上的利益的行为。包括奖励所有购买者的附赠式有奖销售和奖励部分购买者的抽奖式有奖销售。凡以抽签、摇号等带有偶然性的方法决定购买者是否中奖的，均属于抽奖方式。

有奖销售是一种有效的促销手段，法律并不禁止所有的有奖销售行为，而仅仅对下列破坏竞争规则的有奖销售加以禁止。

（1）所设奖的种类、兑奖条件、奖金金额或者奖品等有奖销售信息不明确，影响兑奖。

（2）采用谎称有奖或者故意让内定人员中奖的欺骗方式进行有奖销售。

（3）抽奖式的有奖销售，最高奖的金额超过 5 万元。

（六）商业诋毁

商业诋毁行为，也被称为商业诽谤行为，是指损害他人商誉、侵犯他人商誉权的行为。具体而言，它是指经营者自己或利用他人，通过捏造、散布虚伪事实等不正当手段，对竞争对手的商业信誉、商品信誉进行恶意的诋毁、贬低，以削弱其市场竞争能力，并为自己谋取不正当利益的行为。

现实生活中商业诋毁行为的表现是形形色色、多种多样的。归纳起来，主要有以下几种。

（1）利用散发公开信、召开新闻发布会、刊登对比性广告、声明性广告等形式，制造、散布贬损竞争对手商业信誉、商品声誉的虚假事实。如某日用化学品厂在电视台发布一则广告，用对比的手法宣称：用其他各种洗衣粉或洗涤剂 30 分钟也洗不掉的污斑，用了该厂生产的洗洁剂仅 5 分钟就洗干净了。而事实并非如此。这属于片面夸大并歪曲事实的比较性广告，其行为已构成了对他人的洗涤产品商誉的侵害。

（2）在对外经营过程中，向业务客户及消费者散布虚假事实，以贬低竞争对手的商业信誉，诋毁其商品或服务的质量声誉。例如，在房地产经营业务中，购房者在购房时，大都到各处询价比较，当一个购买者到甲房地产建设开发公司探知房子每平方米售价后，又来到乙房地产公司探询，乙公司的售房员得知此情况后，竟对该顾客谎称，甲公司的房子质量差，而且信誉不好，如果购买甲公司的房子肯定会有风险。类似这种为了竞争目的，编造、散布损害竞争对手商业信誉的例子在现实生活中常有发生。

（3）利用商品的说明书，吹嘘本产品质量上乘，贬低同业竞争对手生产销售的同类产品。例如，某省洗涤剂厂在其所出售的洗衣粉产品包装说明上写道“普通洗衣粉、肥皂均含磷、含铝，会诱发人体患老年痴呆症、组织学骨软化、非缺铁性贫血和助长肺病的发生等多种疾病”，并告诫人们以后再不要去买洗衣粉、洗洁精、洗头膏、香皂、肥皂等洗涤用品，还声称其生产的无磷、无毒洗衣粉无上述缺点，可放心使用。

（4）唆使他人在公众中造谣并传播、散布竞争对手所售的商品质量有问题，使公众对该商品失去信赖，以便自己的同类产品取而代之。

（5）组织人员，以顾客或者消费者的名义，向有关经济监督管理部门作关于竞争对手产品质量低劣、服务质量差、侵害消费者权益等情况的虚假投诉，从而达到贬损其商业信誉的目的。

经营者不得编造、传播虚假信息或者误导性信息，损害竞争对手的商业信誉、商品声誉。

（七）网络经营中的不正当竞争

经营者利用网络从事生产经营活动，不得利用技术手段，通过影响用户选择或者其他方式，实施下列妨碍、破坏其他经营者合法提供的网络产品或者服务正常运行的行为。

（1）未经其他经营者同意，在其合法提供的网络产品或者服务中，插入链接、强制进行目标跳转。

（2）误导、欺骗、强迫用户修改、关闭、卸载其他经营者合法提供的网络产品或者服务。

（3）恶意对其他经营者合法提供的网络产品或者服务实施不兼容。

（4）其他妨碍、破坏其他经营者合法提供的网络产品或者服务正常运行的行为。

第二节　反不正当竞争法实务操作

一、案例

奇虎360和腾讯是互联网领域具有很高知名度和影响力的两家公司，两家公司的产品由于存在竞争性和关联性，双方为了各自的利益，从2010年到2014年，上演了一系列互联网之战，并走上了诉讼之路，被外界称为“3Q大战”。

腾讯公司以即时通信软件QQ起家，奇虎公司以360杀毒软件起家，两家原本不存在直接竞争。但是随着两家公司业务范围的扩大，两家公司开始成为竞争关系。

2010年，腾讯推出QQ医生1.0 Beta版本作为查杀盗号木马的小工具，已经初步具备杀毒软件功能，随后QQ医生3.2推出，界面及功能酷似360，2010年5月31日，腾讯悄然将QQ医生升级至4.0版并更名为“QQ电脑管家”。新版软件将QQ医生和QQ软件管理合二为一，增加了云查杀木马、清理插件等功能，涵盖了360安全卫士所有主流功能，用户体验与360极其类似，由于腾讯公司具有庞大的QQ用户资源，因此QQ电脑管家将直接威胁360在安全领域的生存地位。

2010年9月27日，奇虎360发布直接针对QQ的“隐私保护器”工具，宣称其能实时监测曝光QQ的行为，并提示用户“某聊天软件”在未经用户许可的情况下偷窥用户个人隐私文件和数据，引起了网民对于QQ客户端的担忧和恐慌。2010年10月29日，奇虎公司推出一款名为“360扣扣保镖”的安全工具。奇虎称该工具全面保护QQ用户的安全，包括阻止QQ查看用户隐私文件、防止木马盗取QQ以及给QQ加速、过滤广告等功能。72小时内下载量突破2 000万，并且不断迅速增加。腾讯对此做出强烈说明，称“360扣扣保镖”是“外挂”行为。

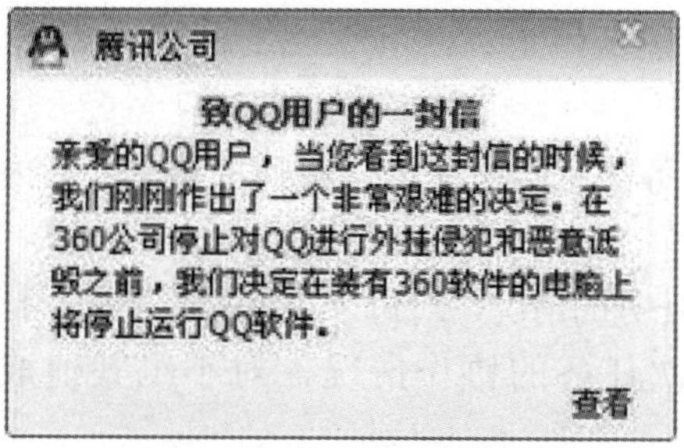

腾讯公司

致QQ用户的一封信

亲爱的QQ用户，当您看到这封信的时候，我们刚刚作出了一个非常艰难的决定。在360公司停止对QQ进行外挂侵犯和恶意诋毁之前，我们决定在装有360软件的电脑上将停止运行QQ软件。

查看

腾讯致网友的一封信

2010 年 11 月 3 日傍晚 6 点，腾讯发出公开信宣称，将在装有 360 软件的电脑上停止运行 QQ 软件，倡导必须卸载 360 软件才可登录 QQ，这是 360 与腾讯一系列争执中，腾讯方面最激烈的行动。腾讯表示，360 强制推广外挂“扣扣保镖”，该软件改变了 QQ 的安全模块，导致了 QQ 失去相关功能。腾讯认为，在 360 软件运行环境下，腾讯无法保障 QQ 账户安全，所以，腾讯终于决定，在 360 停止推广“扣扣保镖”之前，如果用户需要运行 360 软件，则无法使用 QQ。

此举引发了业界震动，网友愤怒，业内认为，腾讯这招是逼迫用户做出二选一的选择。据 360 公司 CEO 周鸿祎称被迫卸载的 360 软件用户达到 6 000 万个。2010 年 11 月 3 日晚上 9 点左右，360 公司对此发表回应“保证 360 和 QQ 同时运行”，2010 年 11 月 5 日上午，工信部、互联网协会等部门开会讨论此事的应对方案。政府部门开始介入，用行政命令的方式要求双方不再纷争。奇虎公司也在此形势下宣布召回“扣扣保镖”软件。随后奇虎公司“扣扣保镖”软件在其官网悄然下线，QQ 也与 360 开始恢复兼容。

2011 年 8 月，腾讯向广东省高级人民法院提起诉讼，称奇虎 360 的“扣扣保镖”是打着保护用户利益的旗号，污蔑、破坏和篡改腾讯 QQ 软件的功能，并通过虚假宣传，鼓励和诱导用户删除 QQ 软件中的增值业务插件、屏蔽原告的客户广告，而将其产品和服务嵌入 QQ 软件界面，借机宣传和推广自己的产品。索赔 1.25 亿元。

二、讨论分析

分为若干学习小组，每组 5～6 人，按小组任务书的要求进行工作。

小组任务书　　　　任务编号 4－1

任务	案例分析				
学习方法	小组协作	任务依据	《反不正当竞争法》	课时	1 课时＋课外
任务内容与步骤					
1. 认真阅读案例，小组进行分析讨论后，回答下列问题： （1）奇虎公司的行为违反了《反不正当竞争法》哪些规定？ （2）腾讯公司对自己的诉讼主张如何举证？ （3）腾讯公司要求用户在 360 和 QQ 之间二选一的行为是否构成不正当竞争？为什么？ 2. 各小组汇报分析讨论结果，有不同意见小组之间可以进行小组间辩论。 3. 完成小组成员互评表					

三、总结与评价

教师与学生共同进行任务的总结与评价。教师把整个任务内容再整理一遍，进行归纳总结，使学生的思路更清晰。

（1）教师根据完成本次任务的情况，对每个小组的表现进行打分，并记录在任务评价表中。

（2）学生根据完成本次任务的协作情况，对小组其他成员打分，并记录在小组成员互评表中。

任务评价表

任务　　　　　　　　　　班级　　　　　　　　　　小组　　　　　　　　　　日期

组别	评价内容或要点				得分	总评
	完成任务内容 分值 0～10	完成任务时间 分值 0～10	完成任务质量 分值 0～30	团队协作 分值 0～20		
1						
2						
3						
4						
5						
6						
7						
8						

小组成员互评表

任务　　　　　　　　　　班级　　　　　　　　　　小组　　　　　　　　　　日期

小组成员	评价内容或要点			得分	备注
	态度积极 分值 0～10	协作精神 分值 0～10	贡献程度 分值 0～10		

第三节　反不正当竞争法拓展与思考

一、知识拓展

（一）不正当竞争产生的原因分析

不正当竞争方面法律风险产生的原因主要来自两个方面。

一是法律环境因素，当前我国反不正当竞争法律体系还不够健全，反不正当竞争法对不正当竞争行为的处罚力度不够大。在民事责任上，不正当竞争行为赔偿额度为受损害额度或侵权所获利润；在行政处罚方面，许多不正当竞争行为处罚额度都在 20 万元以下（商业贿赂、虚假宣传、侵犯商业秘密，串通投标 1 万元以上 20 万元以下，违规有奖销售 1 万元以上 10 万元以下）。这就导致企业从事不正当竞争行为的违法成本较低，维权人的维权成本可能要大于违法成本。

二是企业自身法律意识淡薄，防范法律风险的意识不强，依法经营的意识不够，不自觉地违法经营，甚至存在钻法律空子的侥幸心理，故意违法经营等。

（二）企业法律风险情形及防范措施

1. 商业秘密的泄露

商业秘密作为一种无形资产，能为企业带来巨大的竞争优势和效益，但同时也容易遭受他人侵权。商业秘密一旦泄露，对企业造成的损失往往不是经济赔偿能够弥补的。另外，因为商业秘密具有秘密性，经营者或第三人侵犯商业秘密的手段往往也是隐蔽的，被侵犯商业秘密的企业往往难以收集证据，这也导致在相关案件中原告胜诉率往往低于被告胜诉率。

由于侵犯商业秘密的主体主要是经营者（包括竞争者和合作者）和第三人，所以企业要针对经营者和内部员工分别建立防范体系。

为防止企业对外的经济活动中相关的技术秘密和技术信息被商业伙伴或者竞争对手非法取得，企业在涉及商业秘密的经济行为发生以前可以请律师介入，对商业合同中关于知识产权和商业秘密保护的条款做出完备的约定。

在第三人泄露商业秘密方面，实践中出现最多的是员工掌握商业秘密后自行“创业”或者将商业秘密直接转给企业的竞争对手的行为。这类案件中存在着大量和劳动法律关系竞合的情况。针对员工泄密的可能，企业应建立商业秘密内部保护体系。一是保密制度，在这个保密制度中应该对企业认为需要保密的技术、信息等建立符合法律规定的商业秘密的构成要件，避免技术和信息泄露后因不符合商业秘密特征而得不到法院支持。其次，企业应当建立一个包含商业秘密保护的劳动法律体系。在这个劳动法律体系中应当涉及技术员工、企业高管和销售人员等的保密制度、保密协议和竞业限制协议等。

2. 混淆行为

当前有不少中小企业为了扩大自己产品的销售，在市场竞争中搭便车，傍名牌，不仅有假冒知名商品的，还有的故意使用与知名企业相似的名称，还有的网络经营主体故意使用与知名网络经营主体相似的域名、网站名称、网页等，这些行为不仅容易误导、欺骗消费者，也侵犯了知名经营者的合法权益。

《反不正当竞争法》对混淆给予了比较严重的处罚。实施混淆行为的，由监督检查部门责令停止违法行为，没收违法商品。违法经营额5万元以上的，可以并处违法经营额5倍以下的罚款；没有违法经营额或者违法经营额不足5万元的，可以并处25万元以下的罚款。情节严重的，可以吊销营业执照；销售伪劣商品，构成犯罪的，依法追究刑事责任。

因此企业应使用自己的商标努力创造自己的品牌，摒弃“傍名牌”的想法，诚信经营，以正当手段参与市场竞争。

3. 商业贿赂

在现实生活中，不少人存在花钱好办事的思想，在进行商业交易时，为了获得额外的竞争优势，取得交易机会，会产生用利益收买有关人员的想法。有这些想法的人们从人情世故出发往往认为“伸手不打送礼人”，礼送出去事情就好办了，礼送不出去也不会有什么损失，很少将这些事情与违法犯罪联系在一起。实际上商业贿赂不仅违反了《反不正当竞争法》，甚至很有可能违反《刑法》构成犯罪。贿赂他人的，由监督检查部门没收违法所得，处10万元以上300万元以下的罚款。情节严重的，吊销营业执照。我国《刑法》第一百六十四条明确规定：“为谋取不正当利益，给予公司、企业或者其他单位的工作人员以财物，数额较大的，处三年以下有期徒刑或者拘役，并处罚金；数额巨大的，处三年以上十年以下有期徒刑，并处罚金。”

在商业贿赂中，行贿者和受贿者都面临触犯刑法并受到刑罚的风险，所以在市场交易中，我们应通过正常渠道和手段达成交易，企业应规范自身和工作人员的行为，杜绝商业贿赂行为。

4. 虚假或者引人误解的商业宣传

为了扩大销量，经营者在通过广告等形式进行商业宣传时很容易做虚假或引入误解的表示，具体情况包括以下几方面。

（1）对商品做片面的宣传或者对比。

（2）将科学上未定论的观点、现象等当作定论的事实用于商品宣传。

（3）以歧义性语言或者其他引人误解的方式进行商品宣传。

还有一些网络经营者通过刷单、虚假好评来提升销量和好评率。新修订的《反不正当竞争法》对虚假宣传和虚假交易做了比较严重的处罚规定，由监督检查部门处20万元以上100万元以下的罚款；情节严重的，处100万元以上200万元以下的罚款，可以吊销营业执照。

2014年3月24日开始，加多宝中国、广东加多宝陆续宣传“国家权威机构发布：加多宝连续7年荣获‘中国饮料第一罐’”“加多宝凉茶荣获中国罐装饮料市场‘七连冠’”等。

王老吉方面认为，加多宝公司于2012年5月后才推出加多宝品牌凉茶，之前生产的均为王老吉凉茶。加多宝进行上述宣传系故意混淆是非，意图侵占附着于王老吉凉茶上的巨大商誉，让消费者误认为加多宝凉茶就是王老吉凉茶，其行为严重侵害了广药集团及王老吉大健康公司的合法权益，因此诉至北京市第三中级人民法院。

2014年12月4日，北京市第三中级人民法院做出一审判决，加多宝败诉。法院认为“‘加多宝’品牌是自2012年才开始独立投入使用的，其品牌历史还没有7年。涉案广告语由于在表达上不真实、不恰当且遗漏了重要的信息，足以导致相关消费者误解，侵犯了广药集团、王老吉大健康公司的正当利益，损害了公平平等的竞争秩序，构成《反不正当竞争法》所规定的虚假宣传”。

据此，法院判定加多宝需立即停止使用涉案广告语；在其官方网站等连续7日刊登声明以消除影响；赔偿广药集团、王老吉大健康公司经济损失及合理开支共计300万元。

二、思考题

（1）商业秘密有哪些构成要件？企业如何举证其某项信息属于商业秘密？企业应如何保护其商业秘密？

（2）网络经营者经常使用的不正当竞争手段有哪些？举出几个实例。

任务十

做好产品质量管理

任务目标

1. 掌握生产者、销售者的产品质量责任和义务。
2. 懂得不合格产品和缺陷产品承担赔偿责任的情形和赔偿责任范围。
3. 能建立产品质量管理制度。

过程与方法

1. 产品质量法解释。（教师讲授）
2. 模拟建立内部产品质量管理制度。（学生小组活动）
3. 任务总结与点评。（教学双方参与）

第一节　产品质量法

一、生产者、销售者的产品质量责任和义务

（一）生产者的产品质量责任和义务

1. 生产者应当对其生产的产品质量负责

产品质量应当符合下列要求。

（1）不存在危及人身、财产安全的不合理的危险，有保障人体健康和人身、财产安全的国家标准、行业标准的，应当符合该标准。

（2）具备产品应当具备的使用性能，但是，对产品存在使用性能的瑕疵做出说明的除外。

（3）符合在产品或者其包装上注明采用的产品标准，符合以产品说明、实物样品等方式表明的质量状况。

2. 产品标识要求

产品或者其包装上的标识必须真实，并符合下列要求。

（1）有产品质量检验合格证明。

（2）有中文标明的产品名称、生产厂厂名和厂址。

（3）根据产品的特点和使用要求，需要标明产品规格、等级、所含主要成分的名称和含量的，用中文相应予以标明；需要事先让消费者知晓的，应当在外包装上标明，或者预先向消费者提供有关资料。

（4）限期使用的产品，应当在显著位置清晰地标明生产日期和安全使用期或者失效日期。

（5）使用不当，容易造成产品本身损坏或者可能危及人身、财产安全的产品，应当有警示标志或者中文警示说明。

裸装的食品和其他根据产品的特点难以附加标识的裸装产品，可以不附加产品标识。

3. 特殊产品包装要求

易碎、易燃、易爆、有毒、有腐蚀性、有放射性等危险物品以及储运中不能倒置和其他有特殊要求的产品，其包装质量必须符合相应要求，依照国家有关规定做出警示标志或者中文警示说明，标明储运注意事项。

4. 不作为义务

（1）生产者不得生产国家明令淘汰的产品。

（2）生产者不得伪造产地，不得伪造或者冒用他人的厂名、厂址。

（3）生产者不得伪造或者冒用认证标志等质量标志。

（4）生产者生产产品，不得掺杂、掺假，不得以假充真、以次充好，不得以不合格产品冒充合格产品。

（二）销售者的产品质量责任和义务

（1）销售者应当建立并执行进货检查验收制度，验明产品合格证明和其他标识。

（2）销售者应当采取措施，保持销售产品的质量。

（3）销售者不得销售国家明令淘汰并停止销售的产品和失效、变质的产品。

（4）销售者销售的产品的标识应当符合生产者生产产品的标识要求。

（5）销售者不得伪造产地，不得伪造或者冒用他人的厂名、厂址。

（6）销售者不得伪造或者冒用认证标志等质量标志。

（7）销售者销售产品，不得掺杂、掺假，不得以假充真、以次充好，不得以不合格产品冒充合格产品。

二、损害赔偿

（一）售出不合格产品的处理措施

售出的产品有下列情形之一的，销售者应当负责修理、更换、退货；给购买产品的消费者造成损失的，销售者应当赔偿损失。

（1）不具备产品应当具备的使用性能而事先未做说明的。

（2）不符合在产品或者其包装上注明采用的产品标准的。

（3）不符合以产品说明、实物样品等方式表明的质量状况的。

销售者依照前款规定负责修理、更换、退货、赔偿损失后，属于生产者的责任或者属于向销售者提供产品的其他销售者（以下简称供货者）的责任的，销售者有权向生产者、供货者追偿。

销售者未按照第一款规定给予修理、更换、退货或者赔偿损失的，由产品质量监督部门或者工商行政管理部门责令改正。

生产者之间、销售者之间、生产者与销售者之间订立的买卖合同、承揽合同有不同约定的，合同当事人按照合同约定执行。

（二）缺陷产品的承担责任的情形和措施

1. 生产者承担责任的情形

因产品存在缺陷造成人身、缺陷产品以外的其他财产（他人财产）损害的，生产者应当承担赔偿责任。

生产者能够证明有下列情形之一的，不承担赔偿责任。

（1）未将产品投入流通的。

（2）产品投入流通时，引起损害的缺陷尚不存在的。

（3）将产品投入流通时的科学技术水平尚不能发现缺陷的存在的。

2. 销售者承担责任的情形

由于销售者的过错使产品存在缺陷，造成人身、他人财产损害的，销售者应当承担赔偿责任。销售者不能指明缺陷产品的生产者，也不能指明缺陷产品的供货者的，销售者应当承担赔偿责任。

3. 连带责任

因产品存在缺陷造成人身、他人财产损害的，受害人可以向产品的生产者要求赔偿，也可以向产品的销售者要求赔偿。属于产品的生产者的责任，产品的销售者赔偿的，产品的销售者有权向产品的生产者追偿。属于产品的销售者的责任，产品的生产者赔偿的，产品的生产者有权向产品的销售者追偿。

4. 赔偿范围

因产品存在缺陷造成受害人人身伤害的，侵害人应当赔偿医疗费、治疗期间的护理费、因误工减少的收入等费用；造成残疾的，还应当支付残疾者生活自助具费、生活补助费、残疾赔偿金以及由其扶养的人所必需的生活费等费用；造成受害人死亡的，并应当支付丧葬费、死亡赔偿金以及由死者生前扶养的人所必需的生活费等费用。因产品存在缺陷造成受害人财产损失的，侵害人应当恢复原状或者折价赔偿。受害人因此遭受其他重大损失的，侵害人应当赔偿损失。

5. 诉讼时效

因产品存在缺陷造成损害要求赔偿的诉讼时效期间为两年，自当事人知道或者应当知道其权益受到损害时起计算。

因产品存在缺陷造成损害要求赔偿的请求权，在造成损害的缺陷产品交付最初消费者满十年丧失；但是，尚未超过明示的安全使用期的除外。

6. 缺陷概念解释

本法所称缺陷，是指产品存在危及人身、他人财产安全的不合理的危险；产品有保障人体健康和人身、财产安全的国家标准、行业标准的，是指不符合该标准。

（三）质量纠纷解决办法

因产品质量发生民事纠纷时，当事人可以通过协商或者调解解决。当事人不愿通过协商、调解解决或者协商、调解不成的，可以根据当事人各方的协议向仲裁机构申请仲裁；当事人各方没有达成仲裁协议或者仲裁协议无效的，可以直接向人民法院起诉。

第二节　产品质量法实务操作

一、制定销售企业进货检验制度

产品质量法规定销售者应制定进货检验制度，对销售者来说其产品都是从生产者或者其他销售者那里进来的，所以应对其进货进行检验，确保其销售的产品没有质量问题。

二、实务操作

分为若干学习小组，每组 5～6 人，按小组任务书的要求进行工作。

小组任务书　　　　任务编号 **4－2**

任务	制定进货检验制度				
学习方法	小组协作	任务依据	《产品质量法》	课时	1 课时＋课外
任务内容与步骤					
1. 各小组模拟经营一家产品销售企业，确定自己经营的产品种类 2. 以小组为单位，所有成员组成企业产品质量领导小组 3. 根据企业经营的产品种类讨论进货检验的内容流程和相关规定 4. 根据小组讨论结果制定书面的企业进货检验制度，并进行汇报展示 5. 完成小组成员互评表					

三、总结与评价

教师与学生共同进行任务的总结与评价。教师把整个任务内容再整理一遍，进行归纳总结，使学生的思路更清晰。

（1）教师根据完成本次任务的情况，对每个小组的表现进行打分，并记录在任务评价表中。

（2）学生根据完成本次任务的协作情况，对小组其他成员打分，并记录在小组成员互评表中。

任务评价表

任务　　　　　　　　　　班级　　　　　　　　　　小组　　　　　　　　　　日期

组别	评价内容或要点				得分	总评
	完成任务内容 分值 0～10	完成任务时间 分值 0～10	完成任务质量 分值 0～30	团队协作 分值 0～20		
1						
2						
3						
4						
5						
6						
7						
8						

小组成员互评表

任务　　　　　　　　　　班级　　　　　　　　　　小组　　　　　　　　　　日期

小组成员	评价内容或要点			得分	备注
	态度积极 分值 0～10	协作精神 分值 0～10	贡献程度 分值 0～10		

第三节　产品质量法拓展与思考

一、知识拓展

（一）企业质量体系认证程序及要求

1. 初次认证程序

初次认证是指尚未进行过质量体系认证的企业第一次进行质量体系认证。企业质量体系初次认证主要程序如下所述。

1）认证申请

（1）选定合适的认证机构。企业在申请认证前首先需要根据自己所需要申请的认证业务选定合适的认证机构。确定认证机构可开展企业所需的认证业务，了解认证规则和相关注意事项。

（2）提交申请材料。根据新版《质量管理体系认证规则》要求，企业在初次申请质量体系认证时至少需要以下材料。

第一，认证申请书，申请书应包括申请认证的生产、经营或服务活动范围及活动情况的说明。

第二，法律地位的证明文件的复印件。若质量管理体系覆盖多场所活动，应附每个场所的法律地位证明文件的复印件。

第三，质量管理体系覆盖的活动所涉及法律法规要求的行政许可证明、资质证书、强制性认证证书等的复印件。

第四，质量管理体系成文信息。

（3）评审材料，决定是否受理。认证机构应对申请组织提交的申请资料进行评审，根据申请认证的活动范围及场所、员工人数、完成审核所需时间和其他影响认证活动的因素，综合确定是否有能力受理认证申请。对材料完善，在机构受理业务和能力范围内的，认证机构可决定受理认证申请；对材料不完善或不在业务和能力范围的，认证机构应通知申请组织补充和完善，或者不受理认证申请。

（4）签订认证合同。在实施认证审核前，认证机构应与申请组织订立具有法律效力的书面认证合同。

2）审核策划

审核策划主要是认证机构对将要进行的质量体系认证进行策划，以便更好开展审核工作。主要包括核定审核所需时间，组成审核组，制订审核计划并将计划并交申请组织确认。

3）实施审核

实施审核主要按照由认证机构选定的审核组审核计划进行，审核组应当会同申请组织按照程序顺序召开首、末次会议，申请组织的最高管理者及与质量管理体系相关的职能部门负责人员应该参加会议。

初次认证审核，分为第一、二阶段实施审核。第一阶段审核工作内容主要是结合现场情况，确认申请组织实际情况与质量管理体系成文信息描述的一致性，特别是体系成文信息中描述的产品和服务、部门设置和职责与权限、生产或服务过程等是否与申请组织的实际情况相一致；审核申请组织理解和实施 GB/T 19001/ISO 9001 标准要求的情况，评价质量管理体系运行过程中是否实施了内部审核与管理评审，确认质量管理体系是否已运行并且超过 3 个月；确认申请组织建立的质量管理体系覆盖的活动内容和范围、体系覆盖范围内有效人数、过程和场所，遵守适用的法律法规及强制性标准的情况，结合质量管理体系覆盖产品和服务的特点识别对质量目标的实现具有重要影响的关键点，并结合其他因素，科学确定重要审核点；与申请组织讨论确定第二阶段审核安排。对质量管理体系成文信息不符合现场实际、相关体系运行尚未超过 3 个月或者无法证明超过 3 个月的，以及其他不具备第二阶段审核条件的，不应实施二阶段审核。第二阶段审核应当在申请组织现场进行。重点是审核质量管理体系符合 GB/T 19001/ISO 9001 标准要求和有效运行情况。

4）审核组形成审核报告

5）不符合项的纠正和纠正措施及其结果的验证

对审核中发现的不符合项，认证机构应要求申请组织分析原因，并提出纠正和纠正措施。对于严重不符合，应要求申请组织在最多不超过 6 个月期限内采取纠正和纠正措施。如果未能在第二阶段结束后 6 个月内验证对严重不符合实施的纠正和纠正措施，则应不予进行认证，或者重新实施第二阶段审核。

6）认证决定

认证机构应该在对审核报告、不符合项的纠正和纠正措施及其结果进行综合评价基础上，做出认证决定。认证机构有充分的客观证据证明申请组织满足各项要求的，评定该申请组织符合认证要求，向其颁发认证证书。申请组织不能满足相关要求，或者质量体系存在重大缺陷或者有重大质量问题或者质量违法违规行为，认证机构应评定该申请组织不符合认证要求，以书面形式告知申请组织并说明其未通过认证的原因。

2. 认证监督程序

认证机构应对持有其颁发的质量管理体系认证证书的组织进行有效跟踪，监督获证组织持续运行质量管理体系并符合认证要求。初次认证后的第一次监督审核应在认证证书签发日起 12 个月内进行。此后，监督审核应至少每个日历年（应进行再认证的年份除外）进行一次，且两次监督审核的时间间隔不得超过 15 个月。

3. 再认证程序

认证证书期满前，若获证组织申请继续持有认证证书，认证机构应当实施再认证审核，并决定是否延续认证证书。

（二）CCC 认证

1. CCC 认证的含义

CCC 认证的全称为强制性产品认证制度，英文名称为 China Compulsory Certification，英文缩写为 CCC。它是中国政府为保护消费者人身安全和国家安全、加强产品质量管理、依照法律法规实施的一种产品合格评定制度。

2. CCC 认证的程序步骤

1）申请与受理

（1）企业提交申请

申请企业向认证机构提交意向申请书，申请书应包括如下内容。

申请人信息、制造商信息，如名称、地址、联系人、联系方式等。

生产厂信息（包括质量体系的状况和体系获证情况等）。

产品名称、型号、规格、商标等。另外，还需提供产品的相关资料，如产品说明书、使用维修手册、产品总装图、工作（电气）原理图、线路图、部件配置图、产品安全性能检验报告、安全关键件一览表等。

CCC 认证原则上按型号提出申请。不同生产厂生产的同型号产品或同一生产厂在不同地点生产的同型号产品，应分别申请。

（2）认证机构受理申请

收到符合要求的申请后，认证机构向申请人发出受理通知，通知申请人发送或寄送有关文件和资料，同时发送有关收费和通知。申请人按通知要求将资料提供到认证机构。

2）资料审查

CCC 认证机构会同分包实验室审查申请资料后，划分产品单元。单元划分后，若需要进行样品测试，产品认证工程师向申请人发送送样通知以及相应的付费通知，同时，通知申请人向相应的检测机构发送样品接收通知。

3）样品检测

样品由申请人直接送达指定的检测机构并缴纳检测费用。检测机构对收到的样品进行验收，填写样品验收报告，对于不合格的样品将出具样品整改通知，整改后填写样品验收报告。样品测试过程中，对于出现的不符合项，申请人应依照样品测试整改通知进行整改。样品测试结束后，检测机构填写样品测试结果通知。检测机构将试验报告等资料传送至认证机构。

如果有些检测项目的检验结果不合格，但易于改进的，可允许改进后重新送样进行检验，若再出现一项不合格，则判为不合格。对于不合格产品发不合格通知单。申请人可以在半年后重新提出申请。

4）生产工厂质量体系检查

生产工厂质量体系检查的实施一般在样品检测合格后进行。生产工厂质量体系检查的目的是检查生产工厂的生产和检测条件是否能够确保持续、稳定地生产符合标准的产品。

CCC 认证机构以生产工厂调查表作为生产工厂审查组到达生产工厂之前了解生产工厂情况的文件依据并组织审查组赴生产工厂进行审查。审查工作在 ISO 9000 国际质量管理体系标准的基础上增加与安全有关的设计、采购、检验、检验试验设备等要素的专业审核，并现场核实安全关键件及进行抽样检测工作。对于已获得质量体系检测证书的生产厂家，可免于生产工厂质量体系审查，但必须补充上述安全要素的专业审核，该审核也可结合在日常监督中进行。

5）产品检测证书及检测标志的颁发及使用

（1）已获得质量管理体系检测证书的生产工厂，在样品检测合格后，CCC 认证业务代表及时填写检测报批表，并附加经审核无误后的企业申请书、生产工厂调查表、生产工厂审查确认书、ISO 9000 质量体系检测证书及样品型式试验报告等文件，报 CCC 检测中心总部，经合格评定后，由 CCC 认证中心主任签发“产品检测证书”，并定期公告获证情况，随后将安排结合质量体系日常监督的“补充安全要素”审核。

（2）未获质量体系检测证书的生产工厂，在样品检测和生产工厂质量体系审查合格后，CCC 认证业务代表及时填写产品检测报批表，并附加经审核无误后的企业申请书、生产工厂调查表、生产工厂审查确认书、工厂审查报告、现场抽查记录及样品形式试验报告等文件，报 CCC 认证中心总部，经合格评定后，由 CCC 认证中心主任签发“产品认证证书”，并定期公告获证情况。

（3）产品只有在获得 CCC 产品认证证书后才可加贴 CCC 安全认证标志。认证标志可以从检测中心购买，粘贴在产品的铭牌附近；也可以向检测中心申请，经批准后印刷在铭牌上或模压在产品上。

三、思考题

（1）商家在进货检验时应注意哪些事项？

（2）上网搜索并总结有机食品认证或绿色食品认证的程序。

（花季少女命陨山崖　一辆特殊的自行车竟是罪魁祸首）

任务十一

维护消费者权益

任务目标

1. 熟悉消费者的权利。
2. 掌握经营者的义务。
3. 懂得如何解决消费争议。
4. 树立顾客至上的理念，切实尊重消费者的权利。
5. 增强守法和风险防范意识，守法经营。

过程与方法

1. 消费者权益保护法法律规定及解释。（教师讲解）
2. 观看《庭审现场——汽车天价赔偿案》，分析案例中汽车 4S 店败诉的原因。（学生小组活动）
3. 任务总结与点评。（教学双方参与）

第一节　消费者权益保护法

一、消费者的权利

消费者的权利包括以下九项。

（一）安全保障权

消费者在购买、使用商品和接受服务时享有人身、财产安全不受损害的权利。

消费者有权要求经营者提供的商品和服务，符合保障人身、财产安全的要求。

（二）知情权

消费者享有知悉其购买、使用的商品或者接受的服务的真实情况的权利。

消费者有权根据商品或者服务的不同情况，要求经营者提供商品的价格、产地、生产者、用途、性能、规格、等级、主要成分、生产日期、有效期限、检验合格证明、使用方法说明书、售后服务，或者服务的内容、规格、费用等有关情况。

（三）自主选择权

消费者有权自主选择提供商品或者服务的经营者，自主选择商品品种或者服务方式，自主决定购买或者不购买任何一种商品、接受或者不接受任何一项服务。

消费者在自主选择商品或者服务时，有权进行比较、鉴别和挑选。

（四）公平交易权

消费者在购买商品或者接受服务时，有权获得质量保障、价格合理、计量正确等公平交易条件，有权拒绝经营者的强制交易行为。

（五）获得赔偿权

消费者因购买、使用商品或者接受服务受到人身、财产损害的，享有依法获得赔偿的权利。

（六）结社权

消费者享有依法成立维护自身合法权益的社会组织的权利。

（七）获得知识权

消费者享有获得有关消费和消费者权益保护方面的知识的权利。

消费者应当努力掌握所需商品或者服务的知识和使用技能，正确使用商品，提高自我保护意识。

（八）受到尊重和信息保护权

消费者在购买、使用商品和接受服务时，享有人格尊严、民族风俗习惯得到尊重的权利，享有个人信息依法得到保护的权利。

（九）监督权

消费者享有对商品和服务以及保护消费者权益工作进行监督的权利。

消费者有权检举、控告侵害消费者权益的行为和国家机关及其工作人员在保护消费者权益工作中的违法失职行为，有权对保护消费者权益工作提出批评、建议。

二、经营者的义务

（一）依法定或约定规定履行义务

经营者向消费者提供商品或者服务，应当依照《消费者权益保护法》或者其他相关法律、法规的规定履行义务。

经营者和消费者有约定的，应当按照约定履行义务，但双方的约定不得违背法律、法规的规定。

经营者向消费者提供商品或者服务，应当恪守社会公德，诚信经营，保障消费者的合法权益；不得设定不公平、不合理的交易条件，不得强制交易。

（二）接受消费者监督的义务

经营者应当听取消费者对其提供的商品或者服务的意见，接受消费者的监督。

（三）安全保障义务

经营者应当保证其提供的商品或者服务符合保障人身、财产安全的要求。对可能危及人身、财产安全的商品和服务，应当向消费者做出真实的说明和明确的警示，并说明和标明正确使用商品或者接受服务的方法以及防止危害发生的方法。

宾馆、商场、餐馆、银行、机场、车站、港口、影剧院等经营场所的经营者，应当对消费者尽到安全保障义务。

（四）缺陷产品补救义务

经营者发现其提供的商品或者服务存在缺陷，有危及人身、财产安全危险的，应当立即向有关行政部门报告和告知消费者，并采取停止销售、警示、召回、无害化处理、销毁、停止生产或者服务等措施。采取召回措施的，经营者应当承担消费者因商品被召回支出的必要费用。

（五）真实信息告知义务

经营者向消费者提供有关商品或者服务的质量、性能、用途、有效期限等信息，应当真实、全面，不得作虚假或者引人误解的宣传。

经营者对消费者就其提供的商品或者服务的质量和使用方法等问题提出的询问，应当做出真实、明确的答复。

经营者提供商品或者服务应当明码标价。

（六）标明真实名称和标记的义务

经营者应当标明其真实名称和标记。

租赁他人柜台或者场地的经营者，应当标明其真实名称和标记。

（七）出具单据义务

经营者提供商品或者服务，应当按照国家有关规定或者商业惯例向消费者出具发票等购货凭证或者服务单据；消费者索要发票等购货凭证或者服务单据的，经营者必须出具。

（八）保证质量义务

经营者应当保证在正常使用商品或者接受服务的情况下其提供的商品或者服务应当具有的质量、性能、用途和有效期限；但消费者在购买该商品或者接受该服务前已经知道其存在瑕疵，且存在该瑕疵不违反法律强制性规定的除外。

经营者以广告、产品说明、实物样品或者其他方式表明商品或者服务的质量状况的，应当保证其提供的商品或者服务的实际质量与表明的质量状况相符。

经营者提供的机动车、计算机、电视机、电冰箱、空调器、洗衣机等耐用商品或者装饰装修等服务，消费者自接受商品或者服务之日起 6 个月内发现瑕疵，发生争议的，由经营者承担有关瑕疵的举证责任。

（九）“三包”义务

经营者提供的商品或者服务不符合质量要求的，消费者可以依照国家规定、当事人约定退货，或者要求经营者履行更换、修理等义务。没有国家规定和当事人约定的，消费者可以自收到商品之日起 7 日内退货；7 日后符合法定解除合同条件的，消费者可以及时退货，不符合法定解除合同条件的，可以要求经营者履行更换、修理等义务。

依照前款规定进行退货、更换、修理的，经营者应当承担运输等必要费用。

（十）特殊渠道无理由退货义务

经营者采用网络、电视、电话、邮购等方式销售商品，消费者有权自收到商品之日起 7 日内退货，且无须说明理由，但下列商品除外。

（1）消费者定做的。

（2）鲜活易腐的。

（3）在线下载或者消费者拆封的音像制品、计算机软件等数字化商品。

（4）交付的报纸、期刊。

除前款所列商品外，其他根据商品性质并经消费者在购买时确认不宜退货的商品，不适用无理由退货。

消费者退货的商品应当完好。经营者应当自收到退回商品之日起 7 日内返还消费者支付的商品价款。退回商品的运费由消费者承担；经营者和消费者另有约定的，按照约定。

（十一）格式条款特殊义务

经营者在经营活动中使用格式条款的，应当以显著方式提请消费者注意商品或者服务的数量和质量、价款或者费用、履行期限和方式、安全注意事项和风险警示、售后服务、民事责任等与消费者有重大利害关系的内容，并按照消费者的要求予以说明。

经营者不得以格式条款、通知、声明、店堂告示等方式，做出排除或者限制消费者权利、减轻或者免除经营者责任、加重消费者责任等对消费者不公平、不合理的规定，不得利用格式条款并借助技术手段强制交易。

格式条款、通知、声明、店堂告示等含有前款所列内容的，其内容无效。

（十二）尊重消费者人身权

经营者不得对消费者进行侮辱、诽谤，不得搜查消费者的身体及其携带的物品，不得侵犯消费者的人身自由。

（十三）特殊经营者信息提供义务

采用网络、电视、电话、邮购等方式提供商品或者服务的经营者，以及提供证券、保险、银行等金融服务的经营者，应当向消费者提供经营地址、联系方式、商品或者服务的数量和质量、价款或者费用、履行期限和方式、安全注意事项和风险警示、售后服务、民事责任等信息。

（十四）保护个人信息义务

经营者收集、使用消费者个人信息，应当遵循合法、正当、必要的原则，明示收集、使用信息的目的、方式和范围，并经消费者同意。经营者收集、使用消费者个人信息，应当公开其收集、使用规则，不得违反法律、法规的规定和双方的约定收集、使用信息。

经营者及其工作人员对收集的消费者个人信息必须严格保密，不得泄露、出售或者非法向他人提供。经营者应当采取技术措施和其他必要措施，确保信息安全，防止消费者个人信息泄露、丢失。在发生或者可能发生信息泄露、丢失的情况时，应当立即采取补救措施。

经营者未经消费者同意或者请求，或者消费者明确表示拒绝的，不得向其发送商业性信息。

三、消费争议的解决

（一）争议解决途径

消费者和经营者发生消费者权益争议的，可以通过下列途径解决。

（1）与经营者协商和解。

（2）请求消费者协会或者依法成立的其他调解组织调解。

（3）向有关行政部门（市场监督管理局）投诉。

（4）根据与经营者达成的仲裁协议提请仲裁机构仲裁。

（5）向人民法院提起诉讼。

（二）一般情况下赔偿主体的确定

消费者在购买、使用商品时，其合法权益受到损害的，可以向销售者要求赔偿。销售者赔偿后，属于生产者的责任或者属于向销售者提供商品的其他销售者的责任的，销售者有权向生产者或者其他销售者追偿。

消费者或者其他受害人因商品缺陷造成人身、财产损害的，可以向销售者要求赔偿，也可以向生产者要求赔偿。属于生产者责任的，销售者赔偿后，有权向生产者追偿。属于销售者责任的，生产者赔偿后，有权向销售者追偿。

消费者在接受服务时，其合法权益受到损害的，可以向服务者要求赔偿。

（三）特殊情况下赔偿主体的确定

1. 企业分立、合并

消费者在购买、使用商品或者接受服务时，其合法权益受到损害，因原企业分立、合并的，可以向变更后承受其权利义务的企业要求赔偿。

2. 使用他人营业执照

使用他人营业执照的违法经营者提供商品或者服务，损害消费者合法权益的，消费者可以向其要求赔偿，也可以向营业执照的持有人要求赔偿。

3. 在展销会、租赁柜台消费

消费者在展销会、租赁柜台购买商品或者接受服务，其合法权益受到损害的，可以向销售者或者服务者要求赔偿。展销会结束或者柜台租赁期满后，也可以向展销会的举办者、柜台的出租者要求赔偿。展销会的举办者、柜台的出租者赔偿后，有权向销售者或者服务者追偿。

4. 网络交易平台

消费者通过网络交易平台购买商品或者接受服务，其合法权益受到损害的，可以向销售者或者服务者要求赔偿。网络交易平台提供者不能提供销售者或者服务者的真实名称、地址和有效联系方式的，消费者也可以向网络交易平台提供者要求赔偿；网络交易平台提供者做出更有利于消费者的承诺的，应当履行承诺。网络交易平台提供者赔偿后，有权向销售者或者服务者追偿。

网络交易平台提供者明知或者应知销售者或者服务者利用其平台侵害消费者合法权益，未采取必要措施的，依法与该销售者或者服务者承担连带责任。

5. 因虚假广告受害

消费者因经营者利用虚假广告或者其他虚假宣传方式提供商品或者服务，其合法权益受到损害的，可以向经营者要求赔偿。广告经营者、发布者发布虚假广告的，消费者可以请求行政主管部门予以惩处。广告经营者、发布者不能提供经营者的真实名称、地址和有效联系方式的，应当承担赔偿责任。

广告经营者、发布者设计、制作、发布关系消费者生命健康商品或者服务的虚假广告，造成消费者损害的，应当与提供该商品或者服务的经营者承担连带责任。

社会团体或者其他组织、个人在关系消费者生命健康商品或者服务的虚假广告或者其他虚假宣传中向消费者推荐商品或者服务，造成消费者损害的，应当与提供该商品或者服务的经营者承担连带责任。

四、经营者责任

（一）民事责任

1. 应承担民事责任的情形

经营者提供商品或者服务有下列情形之一的，除本法另有规定外，应当依照其他有关法律、法规的规定，承担民事责任。

（1）商品或者服务存在缺陷的。

（2）不具备商品应当具备的使用性能而出售时未做说明的。

（3）不符合在商品或者其包装上注明采用的商品标准的。

（4）不符合商品说明、实物样品等方式表明的质量状况的。

（5）生产国家明令淘汰的商品或者销售失效、变质的商品的。

（6）销售的商品数量不足的。

（7）服务的内容和费用违反约定的。

（8）对消费者提出的修理、重作、更换、退货、补足商品数量、退还货款和服务费用或者赔偿损失的要求，故意拖延或者无理拒绝的。

（9）法律、法规规定的其他损害消费者权益的情形。

经营者对消费者未尽到安全保障义务，造成消费者损害的，应当承担侵权责任。

2. 民事责任赔偿规定

1）人身伤害赔偿

经营者提供商品或者服务，造成消费者或者其他受害人人身伤害的，应当赔偿医疗费、护理费、交通费等为治疗和康复支出的合理费用，以及因误工减少的收入。造成残疾的，还应当赔偿残疾生活辅助具费和残疾赔偿金。造成死亡的，还应当赔偿丧葬费和死亡赔偿金。

2）人格尊严、人身自由侵害赔偿

经营者侵害消费者的人格尊严、侵犯消费者人身自由或者侵害消费者个人信息依法得到保护的权利的，应当停止侵害、恢复名誉、消除影响、赔礼道歉，并赔偿损失。

3）精神损害赔偿

经营者有侮辱诽谤、搜查身体、侵犯人身自由等侵害消费者或者其他受害人人身权益的行为，造成严重精神损害的，受害人可以要求精神损害赔偿。

4）财产损害赔偿

经营者提供商品或者服务，造成消费者财产损害的，应当依照法律规定或者当事人约定承担修理、重作、更换、退货、补足商品数量、退还货款和服务费用或者赔偿损失等民事责任。

5）未提供预收款商品和服务的赔偿

经营者以预收款方式提供商品或者服务的，应当按照约定提供。未按照约定提供的，应当按照消费者的要求履行约定或者退回预付款；并应当承担预付款的利息、消费者必须支付的合理费用。

6）不合格商品退货责任

依法经有关行政部门认定为不合格的商品，消费者要求退货的，经营者应当负责退货。

7）欺诈行为惩罚性赔偿

经营者提供商品或者服务有欺诈行为的，应当按照消费者的要求增加赔偿其受到的损失，增加赔偿的金额为消费者购买商品的价款或者接受服务的费用的 3 倍；增加赔偿的金额不足 500 元的，为 500 元。法律另有规定的，依照其规定。

经营者明知商品或者服务存在缺陷，仍然向消费者提供，造成消费者或者其他受害人死亡或者健康严重损害的，受害人有权要求经营者依照本法第四十九条、第五十一条等法律规定赔偿损失，并有权要求所受损失两倍以下的惩罚性赔偿。

（二）行政责任

经营者有下列情形之一，除承担相应的民事责任外，其他有关法律、法规对处罚机关和处罚方式有规定的，依照法律、法规的规定执行；法律、法规未做规定的，由工商行政管理部门或者其他有关行政部门责令改正，可以根据情节单处或者并处警告、没收违法所得、处以违法所得一倍以上十倍以下的罚款，没有违法所得的，处以 50 万元以下的罚款；情节严重的，责令停业整顿、吊销营业执照。

（1）提供的商品或者服务不符合保障人身、财产安全要求的。

（2）在商品中掺杂、掺假，以假充真，以次充好，或者以不合格商品冒充合格商品的。

（3）生产国家明令淘汰的商品或者销售失效、变质的商品的。

（4）伪造商品的产地，伪造或者冒用他人的厂名、厂址，篡改生产日期，伪造或者冒用认证标志等质量标志的。

（5）销售的商品应当检验、检疫而未检验、检疫或者伪造检验、检疫结果的。

（6）对商品或者服务做虚假或者引人误解的宣传的。

（7）拒绝或者拖延有关行政部门责令对缺陷商品或者服务采取停止销售、警示、召回、无害化处理、销毁、停止生产或者服务等措施的。

（8）对消费者提出的修理、重作、更换、退货、补足商品数量、退还货款和服务费用或者赔偿损失的要求，故意拖延或者无理拒绝的。

（9）侵害消费者人格尊严、侵犯消费者人身自由或者侵害消费者个人信息依法得到保护的权利的。

（10）法律、法规规定的对损害消费者权益应当予以处罚的其他情形。

经营者有上述情形的，除依照法律、法规规定予以处罚外，处罚机关应当记入信用档案，向社会公布。

（三）刑事责任

经营者违反本法规定提供商品或者服务，侵害消费者合法权益，构成犯罪的，依法追究刑事责任。以暴力、威胁等方法阻碍有关行政部门工作人员依法执行职务的，依法追究刑事责任；拒绝、阻碍有关行政部门工作人员依法执行职务，未使用暴力、威胁方法的，由公安机关依照《中华人民共和国治安管理处罚法》的规定处罚。

第二节　消费者权益保护法实务

一、案例

中央电视台社会与法频道《庭审现场——汽车天价赔偿案》（视频资料地址 http://tv.cctv.com/2016/03/19/VIDEt4kGryfivEGVCwyYbns U160319.shtml 或扫描右边二维码）

2014 年 7 月 17 日，开封市农民毕某（一审原告）在开封市中原亚飞汽车 4S 店（一审被告）购置了一辆东风悦达起亚 K5（2014 款 2.0T）珍珠白轿车，车款 190 800 元，然而在到交警部门上牌照时，发现该车引擎盖上的识别代码与车辆代码不同，无法上牌照，被告对此一直拖延，原告无奈诉至法院。原告诉称，被告在销售车辆时存在欺诈，应依《消费者权益保护法》赔偿车款的三倍金额。

而被告在庭审中辩称，原告购买车辆已经享受多项优惠，其出售车辆合格。不影响正常使用。原告不能上牌是其拖延造成的，请求依法驳回原告诉求请求。

金明区法院审理查明，原告毕某到车辆管理部门上牌照时发现该车辆引擎盖上的代码与车辆代码不一致。被告中原亚飞汽车销售服务有限公司（以下简称亚飞公司）认可交付给毕某的车辆更换了发动机盖，但称已经告知了原告毕某。

一审法院认为，本案审理中亚飞公司提交 2014 年 7 月 17 日售车确认单两份。法院认为原告毕某签字的第一联确认单上没有告知“换机盖”的字样，第二联上原告毕某没有直接签字，所谓的签字是通过第一联复制上去。因此不能认定亚飞公司在售车时已经告知原告毕某更换发动机盖的事实。亚飞公司在售车时存在欺诈行为，原告毕某主张被告依法赔偿购车款三倍损失即 572 400 元，法院依法予以支持。

最终法院依照《中华人民共和国消费者权益保护法》第五十五条、《中华人民共和国民事诉讼法》第六十四条第一款之规定，判决如下：① 被告亚飞公司支付给原告毕某赔偿金 572 400 元；② 驳回原告毕某的其他诉讼请求。

判决书下达后，亚飞公司对一审判决不服，向开封市中级人民法院提起上诉，最终开封市中级人民法院做出了维持原判的判决。

二、讨论分析

分为若干学习小组，每组 5～6 人，按小组任务书的要求进行工作。

小组任务书　　　　任务编号 4－3

任务	案例分析				
学习方法	小组协作	任务依据	《消费者权益保护法》	课时	1 课时＋课外
任务内容与步骤					
1. 认真阅读案例，小组进行分析讨论后，回答下列问题： （1）二审中亚飞公司提出了哪些诉讼主张？ （2）为支持自己的诉讼主张亚飞公司提出了哪些证据？ （3）亚飞公司的哪些证据可以被采信，哪些证据不具有可信性？ 2. 各小组汇报分析讨论结果，有不同意见小组之间可以进行小组间辩论。 3. 完成小组成员互评表					

三、总结与评价

教师与学生共同进行任务的总结与评价。教师把整个任务内容再整理一遍，进行归纳总结，使学生的思路更清晰。

（1）教师根据完成本次任务的情况，对每个小组的表现进行打分，并记录在任务评价表中。

（2）学生根据完成本次任务的协作情况，对小组其他成员打分，并记录在小组成员互评表中。

任务评价表

任务　　　　班级　　　　小组　　　　日期

组别	评价内容或要点				得分	总评
	完成任务内容 分值 0～10	完成任务时间 分值 0～10	完成任务质量 分值 0～30	团队协作 分值 0～20		
1						
2						
3						
4						
5						
6						
7						
8						

小组成员互评表

任务　　　　　班级　　　　　小组　　　　　日期

小组成员	评价内容或要点			得分	备注
	态度积极 分值 0～10	协作精神 分值 0～10	贡献程度 分值 0～10		

第三节　消费者权益保护法拓展与思考

一、知识拓展

（一）国家和消费者组织对消费者权益的保护

1. 国家保护

国家对消费者的保护主要体现在立法保护、政府监督、有关部门保护和司法保护方面。

1）立法保护

在立法保护方面，国家制定了《消费者权益保护法》这部专门保护消费者权益的法律；《民法》《产品质量法》《食品安全法》《广告法》等法律都有保护消费者权益的内容。另外，还有一些行政法规和部门规章也体现了对消费者权益的保护。《消费者权益保护法》规定，国家制定有关消费者权益的法律、法规和政策时，应听取消费者的意见和要求。

2）政府监督

各级人民政府应当加强领导，组织、协调、督促有关行政部门做好保护消费者合法权益的工作，落实保护消费者合法权益的职责。

各级人民政府应当加强监督，预防危害消费者人身、财产安全行为的发生，及时制止危害消费者人身、财产安全的行为。

3）有关部门保护

政府有关部门的保护体现在两个方面：一是工商管理和其他有关行政部门在各自职责范围内采取措施保护消费者合法权益，并听取消费者和消费者协会对经营者商品服务质量问题的意见，及时调查处理；二是有关行政部门定期或不定期对经营者的商品和服务进行抽查检验，发现商品和服务存在缺陷，有危及人身、财产安全危险的，责令经营者采取措施。

4）司法保护

在刑事方面，有关国家机关依法惩处侵害消费者合法权益的违法犯罪行为。在民事方面，法院应当采取措施方便消费者提起诉讼，对符合起诉条件的消费者权益争议，必须受理，及时审理。

2. 消费者组织

我国的消费者组织主要是消费者协会和其他依法成立的对商品和服务进行社会监督的社会组织。

消费者协会履行下列公益性职责。

（1）向消费者提供消费信息和咨询服务，提高消费者维护自身合法权益的能力，引导文明、健康、节约资源和保护环境的消费方式。

（2）参与制定有关消费者权益的法律、法规、规章和强制性标准。

（3）参与有关行政部门对商品和服务的监督、检查。

（4）就有关消费者合法权益的问题，向有关部门反映、查询，提出建议。

（5）受理消费者的投诉，并对投诉事项进行调查、调解。

（6）投诉事项涉及商品和服务质量问题的，可以委托具备资格的鉴定人鉴定，鉴定人应当告知鉴定意见。

（7）就损害消费者合法权益的行为，支持受损害的消费者提起诉讼或者依照本法提起诉讼。

（8）对损害消费者合法权益的行为，通过大众传播媒介予以揭露、批评。

消费者协会应当认真履行保护消费者合法权益的职责，听取消费者的意见和建议，接受社会监督。消费者组织不得从事商品经营和营利性服务，不得以收取费用或者其他牟取利益的方式向消费者推荐商品和服务。

（二）消费者权益保护法律风险及其防范

《消费者权益保护法》的性质决定了这部法律注定是为广大的消费者服务的，因而它具有很明显的保护消费者、约束经营者的倾向。我国最新修订的《消费者权益保护法》于 2014 年3月15日正式开始实施后，进一步加大了对消费者的保护力度和对经营者违法的处罚力度。经营者如果不重视消费者的权利，不尊重消费者，违法的成本将会很大，不仅是经济上，而且声誉上都会造成严重损失。因此，学习并遵守法律法规，与消费者良性互动，将是经营者的明智选择。同时，经营者需要特别注意以下法律风险点。

1. 客户信息利用不当带来的风险

消费者信息是企业在进行市场推广时所需要的重要资源，企业要做短信、电话营销更是离不开这些信息。正是由于消费者个人信息具有重要的经济价值，一些商家为了一己私利随意泄露或买卖这些信息，导致消费者经常接到推销电话或者短信，使正常生活受到严重干扰，却又无法维权。新修订的《消费者权益保护法》首次将消费者个人信息作为一项权利确认下来，是消费者权益保护领域的一项重大突破。

新法明确规定，“经营者收集、使用消费者个人信息，应当遵循合法、正当、必要的原则，明示收集、使用信息的目的、方式和范围，并经消费者同意。经营者收集、使用消费者个人信息，应当公开其收集、使用规则，不得违反法律、法规的规定和双方的约定收集、使用信息。经营者及其工作人员对收集的消费者个人信息必须严格保密，不得泄露、出售或者非法向他人提供。经营者应当采取技术措施和其他必要措施，确保信息安全，防止消费者个人信息泄露、丢失。在发生或者可能发生信息泄露、丢失的情况时，应当立即采取补救措施”。同时新修订的《消费者权益保护法》明确了工商管理部门或者其他有关部门可以对经营者侵害消费者个人信息依法得到保护权利的情形予以行政处罚。

为加大对公民个人信息的保护力度，2015 年 11 月 1 日起施行的《刑法修正案（九）》加大了对侵犯公民个人信息罪的惩处力度。规定任何单位和个人违反国家有关规定，获取、出售或者提供公民个人信息，情节严重的，都构成犯罪；明确规定将在履行职责或者提供服务过程中获得的公民个人信息，出售或者提供给他人的，从重处罚；情节特别严重的，处 3 年以上 7 年以下有期徒刑，并处罚金。

为避免因不当利用客户信息而面临行政或刑事处罚，经营者应认真遵守《消费者权益保护法》的规定，做好客户信息保护措施。

2. 企业经营场所安全保障措施不到位的风险

现在我们很多大型商场，一到打折时人群涌动，如果有人在商业活动中受伤，商家要不要赔偿呢？70 岁的马先生在家乐福购物时，被蜂拥的人群挤倒后摔伤，为此他将家乐福告上法庭索赔近 8 万元。最终法院做出断定，家乐福公司因未尽到安全保障义务，需承担 70%的赔偿责任，赔偿马先生 5 万余元。

可见，遇到这样的事，商家脱不了干系，必须预防。在此前，消费者在消费或者接受服务过程中遭到人身损害或者财产损失的，都是依据《民法通则》《合同法》及《侵权责任法》的规定来向经营者追偿损失，《消费者权益保护法》本次的修订明确了“宾馆、商场、餐馆、银行、机场、车站、港口、影剧院等经营场所的经营者，应当对消费者尽到安全保障义务”的内容。更是明确了我们经营者的安全保护义务。

那么怎么来防范这个法律风险呢？这就要求我们企业消除经营场所中的安全隐患，多注意做一些提示，比如“小心碰头”“路面湿滑，小心摔倒”的提示，人多时要求工作人员疏导一下人群等，在组织营销活动时做好预防措施，保障消费者安全。

3. 格式合同条款使用不当带来的风险

格式合同是指企业为了统一管理规范合同使用，事先拟定好一定的格式和固定内容，以供重复使用的合同。但是往往我们提供使用的合同只考虑了我们使用的方便，却没有考虑法律的规定和对消费者的不利影响，因此我们会因为合同条款使用的不当造成不必要的麻烦。

目前不公平格式条款主要存在五方面问题：一是经营者减免自己责任、逃避应尽义务，有意逃避法定责任和义务。二是权利义务不对等、任意加重消费者责任。三是排除、剥夺消费者的权利。有的经营者通过格式条款，事先拟定消费者放弃权利的条款，一旦发生问题，以此为自己免责。还有的将合同中属于双方约定的条款事先填好，签订时不容协商。四是违反法律规定，任意扩大经营者权利。五是利用模糊条款掌控最终解释权。一些商场、超市在各种促销活动中，都不忘声明“本公司具有活动最终解释权”，一旦发生消费纠纷，该声明就成为其推卸责任的挡箭牌。

无疑，上述几类霸王条款都是无效的，以前的法律也有规定，但是现在的新法进行了进一步的规制。一是要求经营者使用格式条款的，应当以显著方式提请消费者注意与自身有重大利益关系的内容，如安全注意事项、风险警示、售后服务、民事责任等；二是细化了利用格式条款损害消费者权益的相应情形，经营者不得以格式条款、通知、声明、店堂告示等方式做出排除或者限制消费者权利、减轻或者免除经营者责任、加重消费者责任等对消费者不公平、不合理的规定；三是针对网络交易等过程中经营者利用技术手段要求消费者必须同意所列格式条款否则无法交易的情形，规定经营者不得利用格式条款并借助技术手段强制交易。

因此，经营者使用格式条款的，应当以显著方式提请消费者注意《合同法》第十二条所规定的涉及交易应当注意的主要条款信息及与交易有重大利害关系的内容，并按照要求进行说明。最好的防范方式，就是请律师帮助起草、审查合同，避免因合同条款无效导致合同目的落空，利益受损。

4. 欺诈行为惩罚性赔偿的风险

根据《消费者权益保护法》规定，经营者提供商品或者服务有欺诈行为的，应当按照消费者的要求增加赔偿其受到的损失，增加赔偿的金额为消费者购买商品的价款或接受服务费用的三倍（简称退一赔三）。同时增加规定：增加赔偿的金额不足500元的，按500元赔偿。法律另有规定的，依照其规定。这一规定不仅促进了消费者维权的动力，也促进了职业打假人故意卖假索取惩罚性赔偿的动力。

“退一赔三”对经营者来说，是比较严厉的惩罚，尤其是当经营者所售卖的商品较高时。如本任务案例中法院认定亚飞公司存在欺诈行为，根据消费者权益保护法，判令亚飞公司赔偿毕先生3倍购车款57.2万元。

防范惩罚性赔偿的唯一方法，就是诚信经营，杜绝欺诈行为的发生。否则，给经营者带来的风险和损失都是很大的。

5. 有缺陷商品带来的法律风险

此次新《消费者权益保护法》对产品召回做了明确规定，召回的范围适用所有商品或者服务。明确只要经营者发现其提供的商品或者服务存在缺陷，有危及人身、财产安全危险的，一要立即报告有关行政部门和告知消费者；二要采取停止销售、警示、召回、无害化处理、销毁、停止生产或者服务等措施；三是消费者因商品被召回支出的必要费用由经营者承担。同时，新《消费者权益保护法》规定，经营者明知商品或者服务存在缺陷，仍然向消费者提供，造成消费者或者其他受害人死亡或者健康严重损害的，受害人有权要求经营者依照《消费者权益保护法》第四十九条、第五十一条等法律规定赔偿损失，并有权要求所受损失两倍以下的惩罚性赔偿。可见，因故意提供缺陷产品或者服务造成他人人身伤亡损害做出惩罚性赔偿的规定，将前者增加赔偿的金额规定为所受损失2倍以下。并且，依照《食品安全法》第一百四十八条规定：生产不符合食品安全标准的食品或者经营明知是不符合食品安全标准的食品，消费者除要求赔偿损失外，还可以向生产者或者经营者要求支付价款十倍或者损失三倍的赔偿金；增加赔偿的金额不足1 000元的，为1 000元。

可见产品缺陷带来的法律风险相当的严重。企业在产品质量的检验、审查等各个环节都要谨慎对待，尤其不要抱有侥幸心理，以免因小失大，甚至触犯刑法。

6. 举证责任义务加重的风险

在一般民事诉讼中，举证遵循“谁主张，谁举证”的原则，即当事人对自己的主张，要自己提出证据证明。按照此原则，如果消费者因商品质量问题与商家产生纠纷而提起诉讼，消费者就必须拿出证据来证明商品存在瑕疵，但因为不掌握相关技术等信息，消费者举证往往非常困难。新《消费者权益保护法》规定：经营者提供的机动车、计算机、电视机、电冰箱、空调、洗衣机等耐用商品或装饰装修等服务，消费者自接受商品或者服务之日起6个月内发现瑕疵，发生争议的，由经营者承担有关瑕疵的举证责任。也就是经营者要自证清白，自己证明自己已经售出一段时间的产品没有任何问题，对经营者而言，这也是一个考验和难题。尤其对销售企业来说，由于缺乏专业技术人员，更难以证明产品售出前没有任何问题。无疑，一旦发生诉讼纠纷，经营者败诉的风险就相当大了。

对缺乏专业技术的销售企业来说，在和生产厂家或者授权企业签订协议时，一定要注意拟定相应的合同，约定最终赔偿义务，以维护自身的合法权益。比如约定如果产品出现问题，消费者前来要求赔偿，本企业先行赔偿后，再由生产或授权企业对本企业进行赔偿。

7. 网购平台承担先行赔付责任

在新《消费者权益保护法》中，提出了第三方网络交易平台的先行赔付制度——如果在网络上购物时商品出现问题，消费者可以直接找网络交易平台交涉，而网络交易平台需要先行赔付。但是新《消费者权益保护法》同时设定了网络交易平台提供者向消费者承担先行赔付责任的条件，即不能提供销售者或者服务者的真实名称、地址和有效联系方式的，才承担先行赔付责任。它们在赔付之后，也可以再向销售者或服务者追偿。新《消费者权益保护法》还规定，网络交易平台提供者明知或应知销售者或服务者利用其平台侵害消费者合法权益，未采取必要措施的，依法与该销售者或服务者承担连带责任。

新法的这些规定无疑对电商企业是一个巨大的冲击，为避免这一法律风险，网络交易平台在选择商家的时候要严格甄别真假，确保店家的真实性。因为该条款规定严格，但是只要能提供销售者或者服务者的真实名称、地址和有效联系方式就可以避免法律上的麻烦。

8. 虚假广告带来的法律风险

广告是消费者获得信息的重要途径，对其消费意向有着重要影响。广告必须真实、合法，不得含有虚假内容，不得欺骗、误导消费者，但在现实生活中，虚假广告问题仍比较突出。常见的虚假广告问题主要有以下几个：一是随意夸大功效，虚假承诺；二是使用绝对化的语言；三是利用患者、专家、医疗机构名义、形象作证；四是存在不具备资质也做广告的情况；五是利用广告进行欺骗，特别是在一些电视购物中，消费者反映收到的是假冒伪劣产品。此外，还有一些媒体发布的广告中包含涉及农业快速致富的虚假消息，导致农民损失很大。

针对大量虚假广告充斥电视节目、明星代言产品质量参差不齐等损害消费者权益的情况，新《消费者权益保护法》强化了虚假广告代言人及发布者的连带责任。此外，新《消费者权益保护法》还强调：广告经营者、发布者设计、制作、发布关系消费者生命健康的商品或服务的虚假广告造成损害的，与经营者承担连带责任。同时规定：社会团体或其他组织、个人在前款虚假广告中向消费者推荐商品或服务的，同样负连带责任。

因此，广告公司要对企业的产品更加严格审查要求，商家也要特别重视广告的设计、使用、描述的情况；不得肆意做虚假宣传，否则承担连带责任，给自身带来很多麻烦。

二、思考题

（1）消费欺诈如何认定？其有哪些构成要件？

（2）分析五种消费争议解决途径的优缺点。

参考资料

《中华人民共和国反不正当竞争法》

《最高人民法院关于审理不正当竞争民事案件应用法律若干问题的解释》

《关于禁止有奖销售活动中不正当竞争行为的若干规定》（原国家工商行政管理总局）

《关于禁止公用企业限制竞争行为的若干规定》（原国家工商行政管理总局）

《关于禁止仿冒知名商品特有的名称、包装、装潢的不正当竞争行为的若干规定》（原国家工商行政管理总局）

《关于禁止侵犯商业秘密行为的若干规定》（原国家工商行政管理总局）

《关于禁止商业贿赂行为的暂行规定》（原国家工商行政管理总局）

《关于禁止串通招标投标行为的暂行规定》（原国家工商行政管理总局）

《中华人民共和国产品质量法》

《关于实施〈中华人民共和国产品质量法〉若干问题的意见》（原国家质量监督检验检疫总局）

《中华人民共和国消费者权益保护法》

《消费者权益保护法实施条例》

《最高人民法院关于审理消费民事公益诉讼案件适用法律若干问题的解释》

项目五

知识产权

在现代经济社会，知识产权对企业的发展起到了越来越重要的作用，是其智力劳动成果依法享有的专有权利，通常是国家赋予创造者对其智力成果在一定时期内享有的专有权或独占权。知识产权是基于对特定的“知识”的支配、利用行为而发生的财产关系，主要包括著作权、专利权、商标权、商业秘密等。

任务十二

著作权的取得与保护

任务目标

1. 了解知识产权的概念、知识产权的特征。

2. 掌握知识产权的客体，懂得作品、《著作权法》保护的作品，分辨《著作权法》不予保护的对象。

3. 掌握著作权的主体，懂得一般意义上的著作权主体、著作权归属的一般原则和法律特别规定的著作权归属问题。

过程与方法

1. 著作权法律规定及解释。（教师讲授）

2. 著作权法案例分析。（学生小组讨论）

3. 任务总结与点评。（教学双方参与）

第一节 著 作 权 法

一、著作权的客体

著作权的客体是指著作权法所保护的对象，即文学、艺术和科学领域中的作品。

（一）作品

1. 作品的概念

《著作权法》所称的作品，是指文学、艺术和科学领域内具有独创性并能以某种有形形式复制的智力成果。

2. 作品的特征

1）作品必须为智力成果

作品是思想、情感的表达，不是思想、情感本身，劳动本身不受《著作权法》保护。

2）作品应当具有独创性

作品首先要求是作者独立完成，并具有创作性。创作性存在于作品的表达之中，作品所包含的思想并不要求必须具有独创性。

3）作品应当具有可复制性

作品必须可以通过某种有形形式复制，从而被他人所感知。

（二）《著作权法》保护的作品

（1）文字作品：是指以小说、诗词、散文、论文等文字形式表现的作品。

（2）口述作品：是指以口头语言方式表达的作品。

（3）音乐作品：是指歌曲、交响乐等能够演唱或者演奏的代词或不带词的作品（音乐作品指曲谱，是被演唱或者被演奏的对象，而不是演唱或演奏这种行为。歌手、音乐家因演唱或演奏而享有的权利属于表演权）。

（4）曲艺作品：是指相声、快板、打鼓、评书等以说唱为主要形式表演的作品。

（5）戏剧作品：是指话剧、歌剧、地方戏等供舞台演出的作品。

（6）舞蹈作品：是指通过连续动作、姿势、表情等表现思想情感的作品。

（7）杂技作品：是指杂技、魔术、马戏等通过形体动作和技巧表现的作品。

（8）美术作品：是指绘画、书法、雕塑等以线条、色彩或者其他方式构成的有审美意义的平面或者立体造型艺术作品。

（9）建筑作品：是指以建筑物或者构筑物表现形式表现的有审美意义的作品。

（10）摄影作品：是指借助器械在感光材料或者其他介质上记录客观物体形象的艺术作品。

（11）电影等视听作品：是指拍摄在一定介质上，由一系列有伴音或者无伴音的画面组成，并且借助适当装置放映或者以其他方式传播的作品。

（12）图形作品：是指为施工、生产绘制的工程设计图、产品设计图，以及反映地理现象、说明事物原理或者结构的地图、示意图等作品。

（13）模型作品：是指为了展示、试验或者观测等用途，根据物体的形状和结构，按照一定比例制成的立体作品。

（14）计算机软件：是指计算机程序及其相关文档。

（15）民间文学艺术作品：是指由特定族群中不明身份的人创作、反映该族群的文化特点与价值观念，并在该族群中代代相传的文学艺术品。

（三）《著作权法》不予保护的对象

1. 官方文件

官方文件即法律、法规，国家机关的决议、决定、命令和其他属于立法、行政、司法性质的文件及其官方正式译文。这些文件包括：《宪法》和由全国人民代表大会及其常设机构制定的法律，国家行政机关为执行《宪法》和法律而颁布的具有普遍约束力的行政法规，各级权力机关、行政机关、人民法院、人民检察院所做出的决议、决定、命令、司法解释、判决等法律文件以及由国家机关确认的上述文件的正式译文。

官方文件具有独创性，属于作品范畴，不通过《著作权法》保护的根本原因在于方便人们自由复制和传播。

2. 时事新闻

时事新闻是指通过报纸、期刊、电台、电视台等媒体报道的单纯事实消息。近年来，随着新媒体的不断发展，除上述传统传播媒介外，网络也已成为时事新闻的重要传播媒介。

时事新闻又称纪实新闻，是对新近发生的事实的报道，是指全部由对事实的报道组成的新闻。这类咨询直接涉及国家、社会公众、国际社会乃至全人类的经济、政治、文化和社会生活，因而要求广泛而迅速传播，不应垄断。时事新闻从总体上虽不受《著作权法》保护，但传播报道他人采编的时事新闻，应当注明出处。

3. 历法、数表、通用表格和公式

这类成果具备作品表现形式条件，但因其表现形式单一，具有唯一表达的特点，不具备独创性而不予以著作权法保护，应成为人类共同财富，不宜垄断使用。

4. 违反国家法律、法规，违背社会公序良俗的作品

著作权人行使著作权，不得违反《宪法》和法律，不得损害公共利益。国家对作品的出版、传播依法进行监督管理。

二、著作权的主体

著作权的主体，即著作权人，是指依照《著作权法》对文学、艺术和科学作品享有著作权的人。著作权的主体不仅包括创作作品的作者，也包括法人和非法人组织，在特殊情况下，还包括国家。

（一）一般意义上的著作权主体

1. 作者

1）自然人

自然人即创作作品的个人。创作，是指产生文学、艺术和科学作品的智力活动。这一智力活动是为思想和情感寻求形式的过程，是设计并完成文学艺术形式的行为，是从构思到表达完成的过程。只有人类是可以从事智力创作活动的主体，所以，客观上只有自然人是唯一的文学艺术和科学作品的事实作者。

创作是一种事实行为，而非法律行为，不受自然人行为能力的限制。由于著作权这一民事权利是基于完成创作文学艺术作品这一事实而依法产生的，因而未成年的作者也可以成为原始著作权人。但是，著作权的行使则要符合民事行为的合法条件，通常要由作者的父母、监护人、收养人或者其他代理人来完成。

为他人创作进行组织工作，提供咨询意见、物质条件，或者进行了其他辅助工作，均不视为创作。

2）单位视为作者

由法人或者其他组织主持，代表法人或者其他组织意志创作，并由法人或者其他组织承担责任的作品，法人或者其他组织可被视为作者。

本来是自然人创作的作品，通过法律规定，把作者的身份赋予自然人以外的其他主体，我们把这种作者称为“法定作者”。

3）作者身份推定

如无相反证明，在作品上署名的公民、法人或者其他组织为作者。

为了确认真实作者，如果提出与署名状况不同的主张的，法律要求主张人提供相关的证据材料。因署名问题发生争议的，可以向人民法院提起侵权之诉或确认之诉来解决。

2. 著作权归属的一般原则

作者是直接创作作品的自然人。根据著作权自动产生的原则，完成创作文学艺术作品这一法律事实已经出现，相应的著作权法律关系也营运而生，作者依法成为著作权人。著作权属于作者，这是著作权归属的一般原则。

（二）法律特别规定的著作权归属

对著作权的原始归属做了原则性规定之后，又具体明确了某些特殊作品的著作权归属。

1. 演绎作品的著作权人

1）演绎作品

演绎作品是在已有作品的基础上，经过改编、翻译、注释、整理等创造性劳动而产生的新作品，又叫派生作品。构成演绎作品，并不要求被演绎的对象是《著作权法》保护的作品。

2）著作权的归属及行使

演绎作品的著作权，归属演绎人，如果被演绎的对象有著作权，那么应注意以下几点问题。

（1）演绎人在利用原作品时，必须经过被演绎的作品的作者许可。

（2）演绎作品的著作权虽然是完整的，但不是独立的，它在行使自己的著作权时不能侵害原作品的著作权。

（3）第三人使用演绎作品时，须经过演绎作品及原作品的著作权人同意，并支付报酬，如下图所示。

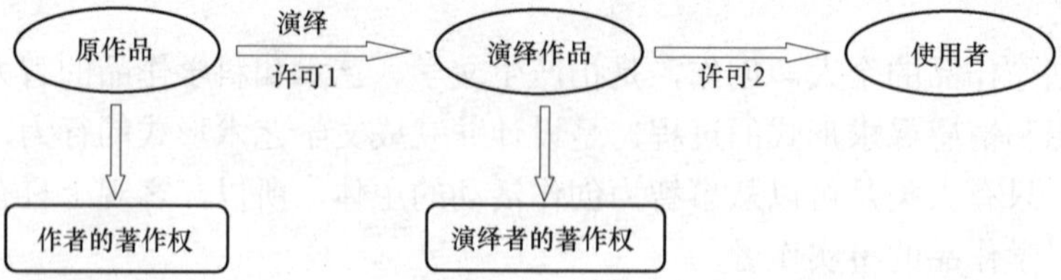

2. 合作作品的著作权

1）合作作品

合作作品又叫共同作品或者合著作品，是两人以上合作创作的作品。这里的两人可以是自然人、法人、其他组织的两两组合。但是，没有参加创作的人，不能为合作作品的作者。其构成要件为：第一，作者为两人，或者两人以上。第二，合作作者之间有共同创作的主观合意。合意，是指作者之间有共同创作的意图，既可表现为“明示约定”，也可表现为“默示推定”。第三，有共同创作的行为，即各方都为作品的完成做出了直接的、实质性的贡献。

2）著作权的归属及行使

合作作品的著作权由合作作者共同享有。依其是否分割，分为两种情况。

（1）合作作品可以分割使用的，作者对各自创作的部分可以单独享有著作权，但行使著作权时，不得侵害合作作品整体的著作权。它准用民法上的“按份共有”。比如一首歌，词曲可以分割使用，词作者和曲作者分别对歌词、歌曲单独享有著作权，但行使著作权时，不得侵犯合作作品整体的著作权。

（2）合作作品不可分割使用的，其行使由当事人协商一致，不能协商一致又没有正当理由的，任何一方不能阻止他方行使除转让之外的其他权利，但是所得的收益应当合理分配给其他所有合作作者，准用民法上的“共同共有”。

（3）无论是可以分割使用还是不能分割使用的合作作品，合作作者之一死亡后，其对合作作品享有的财产权利，无人继承又无人受遗赠的，都由其他合作作者享有。

3. 汇编作品的著作权

1）汇编作品

汇编作品是对若干作品、作品的片段、不构成作品的数据或者其他材料，对其内容的选择或者编排体现独创性的新作品。

2）著作权的归属及行使

汇编者对汇编作品享有著作权，但行使著作权时，不得侵犯原作品的著作权。

（1）汇编人在利用原作品时，必须经过被汇编的作品的作者的许可。

（2）存在被汇编的作品的著作权和汇编作品的著作权两个著作权，第三人如果利用其中的某个作品，就必须取得该作品之作者的许可，如果他要利用整个汇编作品，那么只需要取得汇编作品著作权人的许可。

（3）如果被汇编的是不享有著作权的作品或者其他材料，汇编人仅就其设计和编排的结构或者形式享有著作权。

4. 视听作品的著作权

1）影视作品

电影、电视和录像等作为艺术形式，可以统称为视听作品。这类作品是利用技术手段将众多作者和表演者及其创作活动凝结在一起的复合体，多数作者的创作成果被融为同一个形式，除音乐、剧本或者美术作品之外，其他人的创作成果都无法从视听作品的整体中分离出来。

2）著作权的归属及行使

电影等视听作品著作权由制片者享有，但编剧、导演、摄影、作词、作曲等作者享有署名权，并有权按照与制片者签订的合同获得报酬。剧本、音乐等可以单独使用的，其作者有权单独行使著作权。

5. 职务作品的著作权

1）职务作品

职务作品是指自然人为完成法人或者其他组织工作任务所创作的作品。职务作品与创作过程和创作方法无关，它解决的是自然人与单位之间就某一作品的著作权利益分割问题。

2）著作权的归属及行使

职务作品的著作权归属分为三种情况。

（1）单位作品：由单位主持、代表单位意志创作并由单位承担责任的作品，单位被视为作者，行使完整的著作权。

（2）一般职务作品：除单位作品外，公民为完成单位工作任务而又未主要利用单位物质技术条件创作的作品，成为一般职务作品。原则上作者享有著作权，单位在业务范围内有优先使用权；这类职务作品自完成起两年内（该两年自作者向单位交付作品之日起算），未经单位同意，作者不得许可第三人或者其他组织以与单位相同的方式使用该作品；两年内，经单位同意，作者与第三人以与单位使用的相同方式使用作品所获报酬，由作者与单位按约定的比例分配。

（3）特殊职务作品：主要利用法人或者其他组织的物质技术条件制作，并由法人或行政法规规定或合同约定著作权由法人或者其他组织享有的职务作品。此类职务作品作者享有署名权和获得奖励权，著作权归单位。

6. 委托作品的著作权

1）委托作品

委托作品是指受托人根据委托人的委托而创作的作品。

2）著作权的归属及使用

受委托创造的作品，著作权的归属由委托人和受托人通过合同约定。合同没有明确约定或者没有订立合同的，著作权属于受托人。两种特殊作品如下所述。

（1）他人执笔，但由本人审阅定稿并以本人名义发表的作品。著作权归发表人，执笔人获得报酬。

（2）自传体作品：有约定从约定，无约定归特定人物，执笔人获得报酬。

7. 原件所有权转移的作品著作权归属

（1）作品的原件所有权转移，不视为作品著作权的转移，但有特别约定的除外。

（2）美术作品原件的展览权由原件所有人享有。

（3）作品原件购买人可以对美术作品欣赏、展览或再出售，但不得从事修改、复制等侵犯作品版权的行为。

三、著作权的内容及取得

著作权的内容包括著作人身权和著作财产权。

（一）著作人身权

著作人身权，是著作权人基于作品的创作依法享有的以人格利益为内容的权利。它与作者的人身不可分离，一般不能继承、转让，也不能被非法剥夺或成为强制执行中的执行标的。

著作人身权包括发表权、署名权、修改权、保护作品完整权，具体内容见下表。

发表权	1. 发表权：决定作品是否公之于众的权利。公之于众是指著作权人自行或者经著作权人许可将作品向不特定的人公开，但不以公众知晓为条件。 2. 内容：发表作品既是一种法律行为，也是一种社会行为，发表权决定作品是否公之于众；决定作品在何时何地公之于众；决定作品以何种形式公之于众。 3. 特点：发表权是一次性权利。作品一旦发表，发表权即消灭，以后再次使用作品与发表权无关，而是行使使用权
署名权	1. 署名权：指作者在其创作的作品及复制件上如何标记作品来源的权利，也称表示权。 2. 内容：署名权系表明作者身份，在作品上署名的权利。 3. 特点：署名权在于保障不同作品来自不同作者这一事实不被人混淆，署名及是标记，旨在区别，不因作者死亡而消灭或改变

续表

修改权	1. 修改权：是指修改或授权他人修改作品的权利。 2. 内容：修改通常指内容的修改。但值得注意的是，报社、杂志社进行的不影响作品内容的文字性删节不属于修改权控制的范围，可以不经作者同意。但内容的修改需要经过作者同意。 3. 特点：作者以授权他人修改的方式行使修改权时，体现的是自己更改作品的自由。而他人在利用作品时需要改动需征求作者同意。未经许可更改作品，没有体现作者的"意愿"是篡改
保护作品完整权	1. 保护作品完整权：指保护作品不受歪曲、篡改的权利。 2. 内容：对作品的改动未经作者许可、不符合作者的意愿，就构成侵权。当作者将著作权许可或转让给他人之后，作者的保持作品完整权应当受到更严格的限制，权利的行使必须符合诚实信用原则

（二）著作财产权

著作财产权是指著作权人依法享有的控制作品的使用并获得财产利益的权利。著作财产权包括复制权、发行权、出租权、展览权、表演权、放映权、广播权、信息网络传播权、摄制权、改编权、翻译权、汇编权，以及应当由著作权人享有的其他权利。

（1）复制权：是指以印刷、复印、拓印、录音、录像、翻录、翻拍等方式将作品制作一份或者多份的行为，是著作权中最基本也是最重要的权利。

（2）发行权：是指以出售或者赠予方式向公众提供作品的原件或者复印件的权利。发行权一次用尽。

（3）出租权：是指有偿地向公众出租作品的原件或者复制件的权利。有偿许可他人临时使用电影作品和以类似摄制方法创作的作品、计算机软件的权利，计算机软件不是出租的主要标的除外。

（4）展览权：也称公开展览权或展示权，是指将作品原件或复制件向公众展示的权利。在我国，展览权的对象仅限于美术作品、摄影作品的原件或复印件。

（5）表演权：是指公开表演作品或借助器械、设备公开再现作品的权利。一般指著作权人自己或者授权他人以演奏乐曲、上演剧本、朗诵诗词等方式，直接或者借助技术设备以声音、表情、动作再现作品的权利。依表演主体，可分为两类：第一，活表演：现场表演或直接表演；第二，机械表演：用各种手段公开播送作品的表演。

（6）放映权：是指通过放映机、幻灯机等技术设备公开再现美术、摄影、电影和以类似摄制电影的方法创作的作品等的权利。

（7）广播权：是指以无线方式公开广播或者传播作品，以有线传播或者转播的方式向公众传播广播的作品，以及通过扩音器或者其他传送符号、声音、图像的类似工具向公众传播广播的作品的权利。

（8）信息网络传播权：著作权人享有信息网络传播权，即以有线或者无线方式向公众提供作品，使公众可以在其个人选定的时间和地点获得作品的权利。

（9）摄制权：是指以摄制电影或者以类似摄制电影的方法将作品固定在载体上的权利。著作权人享有以拍摄电影或者类似的方式首次将作品固定在一定载体上的权利，将表演或者景物机械地录制下来，不属于摄制电影或以类似摄制电影的方法固定作品。

(10) 改编权：是指以原作品为基础，通过改变作品的表现形式或者用途，创作出具有独创性的新作品的权利。

(11) 翻译权：著作权人享有将作品从一种语言转换成另一种语言的权利。

(12) 汇编权：是指根据特定要求选择若干作品片段汇集编排成一部新作品。汇集而成的新作品在选择或者编排上体现独创性，在整体上成为新作品，因此，编辑人对编辑作品享有独立的著作权。

(13) 应当由著作权人享有的其他权利。

（三）著作权的取得

1. 著作权的取得原则

中国公民获得《著作权法》保护的时间为自作品创作完成之日，不需要履行任何手续，此即著作权的自动保护原则。

2. 著作权的保护期间

著作权的保护期间如下表所示。

著作人身权（除发表外）	作者的署名权、修改权、保护作品完整权的保护期不受限制
发表权和著作财产权	公民的作品，为作者终生及其死后 50 年，截止于作者死亡之后第 50 年的 12 月 31 日；如果是合作作者，截止于最后死亡的作者死亡后第 50 年的 12 月 31 日。作者生前未发表的作品，如果作者未明确发表不发表，作者死后 50 年内，其发表权可由继承人或者受遗赠人行使；没有继承人又无人受遗赠的，由作品原件的所有人行使
影视作品，摄像作品	影视作品、摄像作品的发表权和著作权的保护期为 50 年，截止于作品首次发表后第 50 年的 12 月 31 日，但作品自创作完成后 50 年内未发表的，著作权不再受保护
法人或其他组织的作品发表权和财产权	法人或其他组织的作品，著作权（除署名权之外）由法人或其他组织享有的职务作品，其发表权和著作权的保护期为 50 年，截止于作品首次发表后第 50 年的 12 月 31 日，但作品自创作完成后 50 年内未发表的，著作权不再受保护
作者身份不明作品使用权	作者使用假名、笔名等发表的作品，或者是未署名发表的作品，保护期截止于作品首次发表后第 50 年的 12 月 31 日。作者身份确定之后，适用于《著作权法》第 21 条的规定，按不同作品类型分别确定保护期

第二节 著作权法实务

一、案例

案例一：

李某（溥仪遗孀）曾与贾某是邻居，贾某曾帮李某整理溥仪的日记及其他的遗留文字，并整理李某一些口述资料，后以署名“李某、贾某整理”的方式将有关整理资料的文章发表于杂志上。后来李某又与王某合作，将溥仪日记、其他文稿及出自贾某手笔的整理资料（约两万多字）全部交给王某，王某在上述资料基础上完成了《溥仪的后半生》一书。与此同时，贾某自费采访了300多人，查阅大量资料，并在此基础上完成了《末代皇帝的后半生》一书。为此，李某和王某向法院提起诉讼，认为贾某的《末代皇帝的后半生》一书，抄袭了《溥仪的后半生》一书达70%以上，侵犯其著作权，要求被告公开赔礼道歉、销毁存书、停止侵害、赔偿损失等。

被告贾某辩称:《末代皇帝的后半生》一书是自己根据调查、收集的历史资料独立完成的，不存在抄袭；相反的是，王某将被告的整理成果用于《溥仪的后半生》一书，已经构成侵权。

案例二：

牛某某为华裔著名生物学家。1993年10月间，经人介绍与中国实用菌技术开发有限责任公司（以下简称中菌公司）法定代表人潘某某相识。10月28日，牛某某为中菌公司用于治疗癌症的产品灵芝孢子粉题词两幅，并将题词面交潘某某，其中一幅为“贺自航灵芝孢子粉赴美展览，育天下灵丹，除人间绝症”。中菌公司获得上述题词后，委托他人印制了带有该题词内容“育天下灵丹，除人间绝症”的包装袋500个。

牛某某向法院提起诉讼：中菌公司在得到题词后，未得到本人许可，以营利为目的，利用本人作为知名学者的声望影响，在其宣传品上刊发并大肆宣扬原告题词，同时在外包装上将题词手迹删去抬头“贺自航灵芝孢子粉赴美展览”，借此误导消费者，扩大产品的销售量，获取大量非法收入。被告的上述行为严重侵犯了本人的著作权，损害了原告声誉。

被告中菌公司辩称：中菌公司虽然在1 000克包装的样品上使用了题词，但作为礼品分送他人，未进行任何销售。对于自己的抗辩事由，中菌公司未提供相应证据。

二、讨论分析

分为若干学习小组，每组5～6人。按小组任务书的要求进行工作。

小组任务书　　　　**任务编号5-1**

任务	著作权法案例分析				
学习方法	小组协作	任务依据	《著作权法》	课时	1课时+课外
任务内容与步骤					
1. 认真阅读案例一，小组进行分析讨论后，回答下列问题： （1）《末代皇帝的后半生》一书的著作权应当属于谁？ （2）用《著作权法》具体分析为什么属于该著作权人。 2. 认真阅读案例二，小组进行分析讨论后，回答下列问题： （1）如何看待作品原件所有权与著作权的关系？ （2）被告侵犯了原告的什么权利？为什么？ 3. 各小组汇报分析结果，进行组间辩论。 4. 完成小组成员互评表					

三、总结与评价

教师与学生共同进行任务的总结与评价。教师把整个任务内容再整理一遍，进行归纳总结，使学生的思路更清晰。

（1）教师根据完成本次任务的情况，对每个小组的表现进行打分，并记录在任务评价表中。

（2）学生根据完成本次任务的协作情况，对小组其他成员打分，并记录在小组成员互评表中。

任务评价表

任务　　　　　　　　班级　　　　　　　　小组　　　　　　　　日期

组别	评价内容或要点				得分	总评
	完成任务内容 分值 0～10	完成任务时间 分值 0～10	完成任务质量 分值 0～30	团队协作 分值 0～20		
1						
2						
3						
4						
5						
6						
7						
8						

小组成员互评表

任务　　　　　　　　班级　　　　　　　　小组　　　　　　　　日期

小组成员	评价内容或要点			得分	备注
	态度积极 分值 0～10	协作精神 分值 0～10	贡献程度 分值 0～10		

第三节　著作权法拓展与思考

一、知识拓展

（一）著作权的限制

著作权的限制是指在著作权范围确定之后，出于利益平衡之需，允许他人在一定条件下不经著作权人许可使用作品，是著作权制度自身的组成部分；主要包括著作权的合理使用和著作权的法定许可。

1. 著作权的合理使用

1）著作权的合理使用的含义

这是指非著作权人在法定的情况下，可以不经著作权人同意而无偿使用他人已发表的作品。

2）应遵循的原则

合理使用是最严格的著作权限制，为了平衡著作权人和社会公众的利益，应遵循以下原则。

（1）合理使用的对象通常限于已发表的作品。

（2）合理使用通常为非商业性使用。

（3）合理使用的程度必须适当，不得超出合理目的之所需。

（4）合理使用的结果对著作权人的利益影响轻微。

3）合理使用的范围

（1）为个人学习、研究或欣赏，使用他人已经发表的作品。

（2）为介绍、评论某一作品或者说明某一问题，在作品中适当引用他人已经发表的作品。

（3）为报道时事新闻，在报纸、期刊、广播电台、电视台等媒体中不可避免地再现或者引用已经发表的作品。

（4）报纸、期刊、广播电台、电视台等媒体刊登或者播放其他报纸、期刊、广播电台、电视台等媒体已经发表的关于政治、经济、宗教问题的时事性文章，但作者声明不许刊登、播放的除外。

（5）报纸、期刊、广播电台、电视台等媒体刊登或者播放在公众集会上发表的讲话，但作者声明不许刊登、播放的除外。

（6）为学校课堂或者科学研究，翻译或者少量复制已经发表的作品，供教学或者科研人员使用，但不得出版发行。

（7）国家机关为执行公务在合理范围内使用已经发表的作品。

（8）图书馆、档案馆、纪念馆、博物馆、美术馆等为陈列或者保存版本的需要，复制本馆收藏的作品。

（9）免费表演已经发表的作品，该表演未向公众收取费用，也未向表演者支付报酬。

（10）对设置或者陈列在室外公共场所的艺术作品进行临摹、绘画、摄影、录像。

（11）将中国公民、法人或者其他组织已经发表的以汉语言文字创作的作品翻译成少数民族语言文字作品在国内出版发行。

（12）将已经发表的作品改成盲文出版。

2. 著作权的法定许可使用

1）著作权的法定许可使用的含义

这是指根据法律的直接规定，以某些方式使用他人已经发表的作品可以不经著作权人的许可，但应当向著作权人支付使用费的制度。

2）法定许可设置的理由

（1）为了维护社会公共利益。

（2）为降低某些使用人的义务成本。

（3）为降低某些行为的垄断程度。

3）法定许可的具体情形

（1）编写教材的法定许可：为了实施九年义务教育和国家教育规划而编写出版教科书，除作者事先声明不许使用的除外，可以不经著作权人许可，在教科书中汇编已经发表的作品片段或者短小的文字作品、音乐作品或者单幅的美术作品、摄影作品，但应按照规定支付报酬，指明作者姓名、作品名称，并且不得侵害著作权人依照本法享有的其他权利。

（2）报刊转载的许可：凡是著作权人向报社、杂志社投稿的，作品刊登后，除著作权人声明不得转载、摘编的外，其他报刊可以转载或者作为文摘、资料刊登，但应向著作权人支付报酬。

（3）音乐作品的录制许可：如果音乐作品已经被合法录制为录音制品，他人使用该音乐作品制作录音制品时，可以不经著作权人许可，但应当按照规定支付报酬；著作权人声明不许使用的不得使用。

（4）广播组织的使用许可：广播电台、电视台播放他人已发表的作品（电影作品和以类似摄制方法创作的作品、录像作品除外），可以不经著作权人许可，但应当支付报酬。

（5）对信息网络传播权的法定许可：为通信网络实施九年义务教育或者国家教育规划，可以不经著作权人许可，使用其已经发表作品的片段或者短小的文字作品、音乐作品或者单幅美术作品、摄影作品制作课件，由制作课件或者依法取得课件的远程教育机构通过信息网络向注册学生提供，但应当向著作权人支付报酬。

（二）邻接权

邻接权是指作品传播者对在作品传播过程中产生的劳动成果依法享有的专有权利，又称为作品传播者权或与著作权有关的权益。

1. 邻接权的内容

1）出版者的权利

（1）版式设计专有权：出版者有权许可或者禁止他人使用其出版的图书、期刊的版式设计。其保护期为 10 年，截止于该版式设计的图书、期刊首次出版后第 10 年的 12 月 31 日。

（2）专有出版权：图书出版者对著作权人交付出版的作品，按照双方订立的出版合同的约定享有专有出版权，他人不得出版该作品。

（3）对作品的修改权：报社、期刊社可对作品作文字性修改、删节。对内容的修改，应当经作者许可。

（4）转载的权利：作品刊登后，除著作权人声明不得转载、摘编的除外，其他报刊可以转载或者作为文摘、资料刊登，但应当按照规定向著作权人支付报酬。

2）表演者的权利和义务

（1）表演者权的主体和客体。

表演者权的主体是指表演者，包括演员、演出单位或者其他表演文学、艺术作品的人。

表演者权的客体是指表演活动，即通过演员的声音、表情、动作公开再现作品或者演奏作品。

（2）表演者的权利（如下表所示）。

表演者的权利	权利内容	保护期
人身权	表明表演者身份 保护表演形象不受歪曲	不受限制
财产权	许可他人从现场直播和公开传送其表演现场，并获得报酬 许可他人录音录像，并获得报酬 许可他人复制、发行录有其表演的录音录像制品，并获得报酬 许可他人通过信息网络向公众传播其表演，并获得报酬	50年，截止于该表演发生后第50年的12月31日

（3）表演者的义务。

第一，表演者使用他人的作品演出，应当征得著作权人许可，并支付报酬。

第二，使用改变、翻译、注释、整理已有作品而产生的作品演出，应征得演绎作品著作权人和原作品著作权人许可，并支付报酬（双重许可）。

3）录制者的权利和义务

（1）录制者权的主体和客体。

录制者权的主体是录制者，指录音制品和录像制品的“首次”制作者，即“母带”制作者。

录制者权的客体是录制品，包括录音制品和录像制品。录音制品是指任何声音的原始录制品；录像制品是指电影作品和以类似摄制电影方法创作的作品以外的任何有伴音或无伴音的连续相关形象的原始录制品。

（2）录制者的权利。

第一，录制者对其制作的录音录像制品，享有许可他人复制、发行、出租、通过信息网络向公众传播并获得报酬的权利。

第二，被许可人复制、发行、通过信息网络向公众传播录音录像制品，还应当取得著作权人、表演者许可，并支付报酬。

（3）录制者的义务。

第一，录制者使用他人作品制作录音录像制品，应当取得著作权人许可，并支付报酬；录制表演活动的，应当同表演者订立合同，并支付报酬。

第二，使用演绎作品制作录制品的，应当征得演绎作品著作权人和原作品著作权人的许可，并支付报酬（双重许可）。

第三，录音制作者使用他人已经合法录制为录音制品的音乐作品制作录音制品，可以不经著作权人许可，但应当按照规定支付报酬；著作权人声明不许使用的不得使用（法定许可）。

4）播放者的权利和义务

（1）播放者权的主体和客体。

播放者权的主体是广播电视组织，包括广播电台电视台。

播放者权的客体是播放的广播或电视，而非广播、电视节目。广播、电视是指广播电台、电视台通过载有声音、图像的信号播放的集成品、制品或者其他材料一起的合成品。

（2）播放者的权利。

第一，转播权：播放者有权禁止未经其许可将其播放的广播、电视转播。

第二，录音、复制权：播放者有权禁止未经其许可将其播放的广播、电视录制在音像媒体上以及复制音像载体。

（3）播放者的义务。

第一，播放他人未发表的作品，应当取得著作权人的许可，并支付报酬；电视台播放他人的电影作品和以类似摄制电影的方法创作的作品、录像制品，应当取得制片者或者录像制作者许可，并支付报酬；播放他人的录像制品，还应当取得著作权人许可，并支付报酬。

第二，播放发表的作品或已出版的录音录像制品，可以不经著作权人许可，但应按规定支付报酬。

（三）著作权侵权行为

著作权侵权行为，是指公民或法人等未经著作权人同意，又无法律上的依据，使用他人作品或行使著作权人专有权的行为。我国法律对侵犯著作权行为规定了民事责任、行政责任和刑事责任，我们重点讲解著作权民事侵权责任。

1. 著作权侵权行为表现

承担民事责任的侵权行为表现有如下 11 点。

（1）未经著作人许可，发表其作品的。这种行为主要侵犯了作者对作品的发表权，同时涉及财产权的，也可能构成对著作财产权的侵犯。

（2）未经合作作者许可，将与他人合作创作的作品当作自己单独创作的作品发表的。把合作作品当作自己单独创作的作品发表，不仅侵犯了其他合作人的发表权，还侵犯了署名权。

（3）没有参加创作，为谋取个人名利，在他人作品上署名的。这种行为是对作者署名权的侵犯。

（4）歪曲、篡改他人作品的。未经作者许可，任何人无权修改作品的内容，歪曲、篡改他人作品；曲解作品意愿，随意修改作品，侵害了作者的保护作品完整权。

（5）剽窃他人作品。剽窃是指将他人创作的作品冒充为自己的作品加以使用，这种行为既违反道德，也违反法律。

（6）未经著作权人许可，以展览、摄制电影和以类似摄制电影的方法使用作品，或者以改编、翻译、注释等方式使用作品。此外，未经著作权人许可，将作品演绎为电影等视听作品，或改编、翻译、注释他人作品再加以使用的，均属侵犯著作权的行为。

（7）使用他人作品，应当支付报酬而未支付的。这主要是指那些按照《著作权法》关于“法定许可”的规定，某些使用他人已发表的作品，可以不经著作权人许可，但应当按照规定支付报酬的情况。

（8）未经电影作品和以类似摄制电影的方法创作的作品、计算机软件、录音录像制品的著作权人或者与著作权有关的权利人许可，出租其作品或者录音录像制品的，亦属侵权行为，法律另有规定的除外。

（9）未经出版者许可，使用其出版的图书、期刊的版式设计的。图书、期刊的版式设计通常属于设计者。未经许可使用图书、期刊的版式设计，则构成对出版者版式设计权的侵犯。

（10）未经表演者许可，从现场直播或者公开传送其现场表演，或者录制其表演的。艺术表演者对自己的表演享有控制、利用和支配的权利，如果未经许可，则构成对著作权人和表演者权利的侵权。

（11）其他侵犯著作权以及与著作权有关的权益行为。

2. 著作权的保护

1）侵犯著作权的民事责任

（1）停止侵害。

停止侵害是指责令侵权人立即停止正在实施的侵害他人著作权的行为。侵权行为人无论在主观上有无过错，都必须停止侵权，防止侵害扩大，以保护受害人的合法权益。

（2）消除影响和赔礼道歉。

这主要是指侵犯著作权行为给权利人造成的人身权利侵害而适用的责任方式。对侵权行为人，人民法院可以责令其赔礼道歉，也可以以其他方式消除影响。这种责任方式可以单独适用，也可以与其他责任方式一起适用。

（3）赔偿损失。

赔偿损失是侵权行为人以自己的财产补偿因其行为给著作权人所造成的经济损失。它以侵权行为给权利人造成实际经济损失作为承担该种责任方式的前提，因此，若未造成经济损失，则不适用于该责任方式。

以上几种侵犯著作权的民事责任方式，既可以单独适用，也可以合并适用。

2）诉讼时效

著作权民事侵权诉讼时效为 2 年，自权利人知道或者应当知道之日起算。权利人超过 2 年起诉的，如果侵权行为在诉讼时仍在持续，在该著作权保护期内，人民法院应当判决被告停止侵权行为；侵权损害赔偿数额应当自权利人向人民法院起诉之日起向前推算 2 年计算。

3）诉前禁止令

著作权人或者与著作权有关的权利人有证据证明他人正在实施或者即将实施侵犯其权利的行为，如不及时制止将会使其合法权益受到难以弥补的损害的，可以在起诉前向人民法院申请采取责令停止有关行为和财产保全的措施。

4）诉权证据保全

（1）前提：证据可能灭失或者以后难以取得的。

（2）时间：人民法院接受申请后，必须在 48 小时内做出裁定。

（3）执行：裁定采取保全措施的，应当立即开始执行。

（4）担保：人民法院可以责令申请人提供担保，申请人不提供担保的，驳回申请。

（5）结果：申请人在人民法院采取保全措施后 15 日内不起诉的，人民法院应当解除保全措施。

5）复制品侵权的过错推定

复制品的出版者、制作者不能证明其出版、制作有合法授权的，复制品的发行者或者电影作品或者以类似摄制电影的方法创作的作品、计算机软件、录音录像制品的复制品的出租者不能证明其发行、出租的复制品有合法来源的，应当承担法律责任。

6）著作权侵权损害赔偿

赔偿数额的确定，依下述 3 种方法依次计算。

（1）依实际损失给予赔偿。

（2）依实际损失难以计算的，可按侵权人的违法所得给予赔偿。赔偿数额还应当包括权利人为制止侵害所支付的合理开支，如调查取证的合理费用、律师费等。

（3）按前述方法难以确定时，由法院根据当事人的请求或依职权在50万元以下酌情判决。

二、思考题

认真阅读下面的裁定书，思考以下问题。

（1）《大头儿子和小头爸爸》的著作权应属于谁？为什么？

（2）此案例对你有何启发？写出你的详细见解。

浙江省高级人民法院
民事裁定书

再审申请人（一审被告、二审上诉人）：央视动画有限公司，住所地为北京市东城区青龙胡同1号歌华大厦10层。

法定代表人：蔡志军，总经理。

委托诉讼代理人：孙建红，北京天驰君泰律师事务所律师。

委托诉讼代理人：郭春飞，北京天驰君泰律师事务所律师。

被申请人（一审原告、二审上诉人）：杭州大头儿子文化发展有限公司，住所地为浙江省杭州市上城区白云路13号101室。

法定代表人：朱建兰，总经理。

委托诉讼代理人：赵燕，浙江京衡律师事务所律师。

再审申请人央视动画有限公司（以下简称央视动画公司）因与被申请人杭州大头儿子文化发展有限公司（以下简称大头儿子文化公司）著作权侵权纠纷一案，不服浙江省杭州市滨江区人民法院〔2014〕杭滨知初字第634号、浙江省杭州市中级人民法院〔2015〕浙杭知终字第356号民事判决，向本院申请再审。本院依法组成合议庭，并于2016年9月18日、10月11日组织双方当事人听证，现已审查终结。

央视动画公司申请再审称：① 其公司能够提供新的证据证明，1994年刘泽岱是受中央电视台、上海东方电视台的委托创作了《大头儿子》《小头爸爸》《围裙妈妈》三幅美术作品，且双方通过书面形式约定了著作权归属于中央电视台、上海东方电视台。刘泽岱无权将涉案作品转让给案外人洪亮，大头儿子文化公司也无权以其从洪亮处受让涉案作品著作权来主张央视动画公司侵权。② 即便如一审、二审法院所认定刘泽岱享有涉案作品著作权，但针对刘泽岱"一权两卖"行为所涉及的合同履行问题，应该根据"先交付"的原则确认刘泽岱履行与央视动画公司的协议，而与洪亮签订的合同则不能履行。据此，央视动画公司请求本院撤销浙江省杭州市滨江区人民法院〔2014〕杭滨知初字第634号判决第一项、第二项；撤销浙江省杭州市中级人民法院〔2015〕浙杭知终字第356号民事判决；依法改判驳回大头儿子文化公司的诉讼请求或发回重审；判令大头儿子文化公司承担一审、二审全部诉讼费用。

大头儿子文化公司辩称，一审、二审判决认定事实清楚，适用法律正确，实体处理恰当，请求本院驳回央视动画公司的再审申请。

本院再审审查期间，央视动画公司为支持其再审申请主张，向本院提交了"刘泽岱签署的确认书著作权归属”书证一份，该书证载明：“本人刘泽岱受中央电视台、上海东方电视台的委托，创作了动画系列片《大头儿子和小头爸爸》片中主要人物‘大头儿子’‘小头爸爸’的造型设计。我同意由我本人设计的以上造型的全部人物造型的全部版权及全部使用权归中央电视台、上海东方电视台两家共同所有。落款时间：1995 年 2 月 8 日。落款人：作品《大头儿子和小头爸爸》造型作者刘泽岱”（注：“刘泽岱”系手书，其中“岱”难以区分是“岱”还是“袋”）。央视动画公司拟以此证明涉案作品的著作权应归属于中央电视台、上海东方电视台。为查明前述书证的真实性，本院于 2016 年 9 月 18 日组织双方当事人首次听证。大头儿子文化公司在听证中称：经将前述证据交由刘泽岱辨认，刘泽岱确认签名系他人假冒，且央视动画公司在二审期间就出现过提供假冒刘泽岱签名领钱的书证的情形，故再审新证据缺乏真实性，不能认定。央视动画公司则提出：再审新证据出自中央电视台动画部主任范玲之手，实际形成时间为 1998 年，当时中央电视台出于维权需要找到刘泽岱签署该书证，且将落款时间提前至 1995 年 2 月 8 日。首次听证中，双方当事人均向本院申请相关证人到庭再次听证。同年 10 月 11 日，本院组织第二次听证。范玲在听证中称：其对本案纠纷只是有所耳闻，具体情况并不了解；其于 2004 年任动画部负责人，2006 年退居二线，2016 年 8 月 15 日整理办公室文件时偶然发现前述书证并提交央视动画公司，对于该书证的形成并未参与。刘泽岱在听证中经辨认后确认该书证上的签名系他人假冒。央视动画公司听证中称前述书证的经手人为崔世昱。本院第二次听证后，央视动画公司提交由崔世昱出具的书面证词一份，称再审新证据系 1998 年中央电视台为维权所需，委托其找到刘泽岱签署并经刘同意将落款时间提前到 1995 年。大头儿子文化公司则补充提交书面异议称再审新证据落款签名明显系伪造，从文字辨认为“刘泽袋”而非“刘泽岱”。

本院认为，央视动画公司再审申请期间提交了“刘泽岱签署的确认书著作权归属”书证，拟证明涉案诉争《大头儿子》《小头爸爸》《围裙妈妈》三幅美术作品著作权并不归属刘泽岱，大头儿子文化公司无权依据相关权利转让主张央视动画公司侵权。但是，该份书证即便如央视动画公司所称属实，其形成背景也是出于中央电视台维权目的。央视动画公司提交崔世昱书面证词也表明该书证系中央电视台因维权需要相关权利文件，由该台出具文件内容派员到上海，请崔与刘泽岱接洽签字确认。现有证据表明，刘泽岱 1994 年间受崔世昱委托，创作了涉案作品。2012 年间，刘泽岱经崔世昱介绍认识了洪亮。同年 12 月 14 日，刘泽岱与洪亮签订了《著作权（角色商品化权）转让合同》，约定刘泽岱将自己创作的《大头儿子》《小头爸爸》《围裙妈妈》三件作品的所有著作权权利转让给洪亮。崔世昱作为见证人在该合同上签字。央视动画公司对此节事实也无实质性异议。由此可见，在刘泽岱与洪亮签订《著作权（角色商品化权）转让合同》之前，作为涉案作品创作的委托人崔世昱对于刘泽岱与中央电视台及上海东方电视台之间就涉案诉争作品的著作权归属未达成一致的事实是明知的。此外，没有证据表明上海东方电视台对于“刘泽岱签署的确认书著作权归属”书证在证据形成当时参与过协商并达成合意。大头儿子文化公司及刘泽岱本人对该书证及“刘泽岱”签名的真实性亦予以否认。综上，前述新证据真实性存疑，即便属实亦系出于中央电视台维权所需，并不能由此认定中央电视台、上海东方电视台与刘泽岱就涉案诉争《大头儿子》《小头爸爸》《围裙妈妈》三幅美术作品著作权的归属达成真实意思表示一致。而且本案中诉争的《围裙妈妈》美术作品也未在前述书证中涉及。央视动画公司就此提出的再审申请理由不能成立，不予采信。

关于央视动画公司再审申请提出刘泽岱“一权两卖”，应根据“先交付”的原则确认刘泽岱履行与央视动画公司的协议，而与洪亮签订的合同则不能履行的主张，本院认为，本案中，刘泽岱确于不同日期分别与洪亮、央视动画公司签订了《著作权（角色商品化权）转让合同》《大头儿子和小头爸爸》美术造型委托制作协议、《大头儿子和小头爸爸》美术造型委托制作协议补充协议，还出具了一份《说明》。上述四份文件中也均涉及刘泽岱对其创作的涉案三幅美术作品著作权归属的处分。但从时间上看，刘泽岱与洪亮签署的转让合同时间在先；刘泽岱也在一审期间出庭作证，明确陈述其与央视动画公司签署的两份协议及《说明》均非其真实意思表示，而其与洪亮签署的转让合同才系其真实意思表示；1994 年刘泽岱受崔世昱的委托，独立创作了《大头儿子》《小头爸爸》《围裙妈妈》三幅美术作品，因双方之间没有签订委托创作合同约定著作权归属，故刘泽岱作为受托人对其所创作的三幅美术作品享有完整的著作权；刘泽岱将其基于受崔世昱委托而创作的诉争作品底稿交付崔，之后中央电视台与上海东方电视台在联合摄制 1995 版动画片的过程中，对刘泽岱创作的三幅诉争美术作品进行了进一步设计和再创作，且片尾播放的演职人员列表中也载明“人物设计：刘泽岱”，刘泽岱的上述行为不能视为诉争作品著作权转让的交付行为，而是刘泽岱基于崔世昱与其之间委托创作关系而实施的交付使用行为；刘泽岱将其享有完整著作权的作品著作权转让给洪亮，且双方对合同内容的真实性以及落款时间均明确表示认可，该合同合法有效，洪亮依据该合同合法取得了刘泽岱创作的三幅诉争美术作品除人身权以外的著作权。央视动画公司就此提出的再审申请异议不能成立。

综上所述，本院认为，央视动画公司的再审申请不符合《中华人民共和国民事诉讼法》第二百条第（一）、（六）项规定的情形。依照《中华人民共和国民事诉讼法》第二百零四条第一款之规定，裁定如下：驳回央视动画有限公司的再审申请。

审判长　应向健
代理审判员　何　琼
代理审判员　李　臻
2016 年 11 月 14 日
书记员　郝梦君

任务十三

专利权的取得与保护

任务目标

1. 了解专利权的客体和主体。
2. 掌握专利权的授予条件和程序。
3. 了解专利的内容，懂得专利权限制。
4. 掌握专利权的侵权行为和对专利权的保护。

过程与方法

1. 专利权法律规定及解释。（教师讲授）
2. 外观专利申请实务操作。（学生小组活动）
3. 任务总结与点评。（教学双方参与）

第一节　专利权法律规定及解释

一、专利权的客体和主体

（一）专利权的客体

专利权的客体，也称专利权的保护对象，是指依法应授予专利的发明创造。专利法的客体包括发明、实用新型和外观设计三种。

1. 发明

发明是一种新的、有创造性的技术方案；是人类在利用自然、改造自然的过程中所创造出的具有积极意义，并表现为技术形式的新的智力成果；是对产品、方法或者其改进所提出的新的技术方案。

发明的特点：① 发明应当包含创新。这里所谓的创新就是指与现有技术相比较发明是前所未有的，并且有一定进步或者难度。② 发明必须利用自然规律或自然现象。从专利法的角度而言，不利用自然规律或自然现象的不能称之为发明。③ 发明是具体的技术性方案。所谓“具体”是指发明必须能够实施，达到一定效果并具有可重复性。

2. 实用新型

实用新型是指对产品的形状、构造或者其结合所提出的适用于实用的新的技术方案。实用新型专利只保护产品。该产品应当是经过工业方法制造的、占据一定空间的实体。

我国的实用新型制度：① 实用新型专利与发明专利的保护范围不同。其首先表现在申请实用新型专利的主题只能是产品，而申请发明专利的主题既可以是产品，也可以是方法。② 在我国并非所有的产品都属于实用新型专利的保护范围。申请实用新型专利的产品必须有确定的形状和固定的构造。③ 实用新型专利的创造性要求较之发明专利低。④ 实用新型专利的审查程序比发明专利简单、快捷。

3. 外观设计

外观设计也被称作工业品外观设计，或者简称为工业设计。它是指关于产品的形状、图案、色彩或者其结合所提出的富有美感并适于工业应用的新设计。

外观设计特点：① 外观设计必须以产品为依托，离开了具体的工业产品外观设计不可单独成立。② 外观设计以产品的形状、图案和色彩等为构成要素，以视觉美感为目的，而不去追求实用功能。③ 外观设计必须适合于工业应用。这里的所谓工业应用就是指该外观设计可以通过工业手段大量复制。

（二）专利权的主体

专利权的主体是指有权提出专利申请并取得专利权的人，包括自然人、法人、其他组织。

1. 发明人或者设计人

发明人或者设计人是指对发明创造的实质性特点做出了创造性贡献的人。发明人或设计人只能是自然人。

（1）不能被认为是发明人或设计人：第一，只负责组织工作的人；第二，只是为物质条件的利用提供方便的人；第三，其他从事辅助性工作的人。

（2）共同发明人。两个以上的人对同一发明创造共同构思，并且都做出了创造性贡献的人，为共同发明人或共同设计人，其发明创造称为共同发明。

（3）发明创造是一种事实行为，不是法律行为。所以无须满足具备完全民事行为能力的条件，只要该主体完成了发明创造，就可以被认为是发明人或者设计人。

2. 发明人或设计人所在单位

如果发明创造属于职务发明，则有权取得专利权的主体应当是发明人或者设计人所在单位。

1）职务发明的类型

执行本单位的任务或者主要是利用本单位的物质技术条件所完成的发明创造为职务发明创造。执行本单位任务所完成的发明创造，包括四种情况。

（1）在本职工作中做出的发明创造。

（2）自由发明创造，即履行本单位交付的本职工作之外的任务所做出的发明创造。

（3）从属发明创造。主要利用单位的物质技术条件所完成的发明创造。本单位的物质技术条件是指本单位的资金、设备、零部件、原材料或者是不对外公开的技术资料等。如果仅仅是少量利用了本单位的物质技术条件，但是这种利用并不起决定性的作用的，不能因此认定是职务发明创造。

（4）退职、退休或者调动工作后一年内做出的，与其在原单位承担的本职工作或者原单位分配的任务有关的发明创造。

2）专利权的归属

（1）执行本单位任务或者主要利用本单位物质技术条件所完成的职务发明创造。职务发明创造申请专利的权利属于该单位；申请被批准后，该单位为专利权人。

（2）利用本单位的物质技术条件所完成的发明创造，单位与发明人或者设计人订有合同，对申请专利的权利和专利权做出约定的，从其约定。

二、授予专利权的条件

实用性、新颖性和创造性是授予专利的实质条件的“三性”。

（一）实用性

所谓实用性，是指一项发明创造能够在产业上进行制造或者使用，并且能够产生积极的效果。专利法中的实用性条件意味着获得专利的发明创造不能是一种纯理论的方案，它必须能够在实际中得到应用。

（二）新颖性

我国《专利法》对于发明或者实用新型，在公开的方式上采用的是绝对新颖性标准，只有未曾在任何地域公开过的技术方案才可能具备新颖性。新颖性是指该发明或者实用新型不属于现有技术，也没有任何单位或者个人就同样的发明或者实用新型在申请日以前向国务院专利行政部门提出过申请，并记载在申请日以后公布的专利申请日以前在国内外为公众所知的技术。

（三）创造性

创造性是指同申请日以前已有的技术相比，该发明有突出的实质性特点和显著的进步。所谓“实质性特点”是指发明创造与现有技术相比所具有的本质性的区别特征，并且这种区别特征应当是技术性的。所谓“进步”是指发明创造与现有技术的水平相比必须有所提高，而不能是一种倒退。但对外观设计来说，与发明或者和实用新型专利的创造性有所不同，对外观设计的创造性要求为与现有设计或者现有设计特征的组合相比较，应当具有明显区别。

三、专利权的内容和限制

我国专利权人享有独占实施权、许可实施权、专利转让权、标示权。

1. 独占实施权

（1）制造权：专利法中的制造权是针对实用功能而言的，即利用专利生产出的相同产品，无论数量多少，都属于制造。

（2）使用权：专利权中的“使用权”包括对专利产品的使用权和对专利方法的使用权。

（3）销售权：销售行为是指专利产品的所有权从一方当事人转移到另一方当事人，而另一方当事人为此支付相应的价款的行为。专利权人有权禁止他人未经其许可销售专利产品。

（4）许诺销售权：是指明确表示愿意销售专利产品的意思表示。当有人未经专利权人许可对外宣称销售专利产品时，如果这些产品并非专利权人自己制造或者许可他人制造的，则专利权人可以凭借许诺销售权，禁止其行为。

（5）进口权：所谓“进口”，在这里是指将专利产品从专利权效力范围之外的领域转入专利权有效的地域。这里的进口未必限定在产品跨越国境，而是跨越不同的法域，即不同法律制度所统辖的地域。在现实生活中，不同法域往往可以具体为不同关税区。

独占实施权如下表所示。

专利权	独占实施权
产品专利	制造权、使用权、销售权、许诺销售权、进口权
方法专利	使用权、对直接产品的使用权、销售权、许诺销售权、进口权
外观设计专利	制造权、销售权、许诺销售权、进口权

2. 许可实施权

许可实施权是指专利权人可以许可他人实施其专利技术并收取专利使用费。许可他人实施专利的，当事人应当订立书面合同。它包括独占实施许可、排他实施许可、普通实施许可。

1）独占实施许可

独占实施许可也称为“完全独占许可”，是指被许可方在合同约定的时间和地域范围内，独占性拥有许可方专利使用权，排斥包括许可方在内的使用供方技术的一种许可。独占实施许可方的受让方在合同范围内对专利技术的实施享有独占的使用权。转让方不得在许可合同规定的期限和范围内，自己实施或以其他方式利用专利，也不得再与第三方签订任何其他形式的许可行动。

2）排他实施许可

排他实施许可也称为“独家实施许可”或“部分独占性许可”，是指许可方允许被许可方在预定的范围内独家实施其专利，而不再许可任何第三方在该范围内实施该专利，但许可方仍保留自己在该范围内实施该专利的权利。

3）普通实施许可

普通实施许可也称为“一般实施许可”或“非独占实施许可”，是指许可方许可被许可方在规定范围内使用专利，同时保留自己在该范围内使用该专利以及许可被许可方以外的他人实施该专利的许可方式。

3. 专利转让权

专利权可以转让。转让专利权的，当事人应订立书面合同，并向国务院专利行政部门登记，由国务院专利行政部门予以公告，专利权的转让自登记之日起生效。

4. 标示权

专利标示权是指专利权人享有在其专利产品或者该产品的包装上标明专利标记和专利号的权利。

第二节　专利法实务

一、申请专利权的程序

专利权授予的程序也是专利权产生的形式要件，主要从专利权的申请和审查两个方面介绍专利权的产生过程。

（一）专利申请的原则

1. 单一性原则

这是指一件专利申请只能限于一项发明创造。但属于一个总的发明构思的两项以上的发明或者实用新型，可以作为一件申请提出；用于同一类别并且成套出售或者使用的产品的两项以上的外观设计，可以作为一件申请提出。例如一套餐具，尽管有碗和盘子组成，但用在碗和盘子上的外观设计可作为一件提出。

2. 先申请原则

专利权是一种独占权，一项发明创造只能被授予一项专利权。两个以上的申请人分别就同样的发明创造申请专利的，专利权授予最先申请的人。同样的发明创造只能授予一项专利。若同一申请人同日对同样的发明创造既申请实用新型又申请发明专利的，可以授予发明专利权。

3. 优先权原则

第一，申请人自发明或者实用新型在外国第一次提出专利申请之日起 12 个月内，或者自外观设计在外国第一次提出专利申请之日起 6 个月内，又在中国就相同主题提出专利申请的，依照该国同中国签订的协议或者共同参加的国际条约，或者依照相互承认优先权的原则，可以享有优先权。第二，申请人自发明或者实用新型在中国第一次提出专利申请之日起 12 个月内，又向国务院专利行政部门就相同主题提出专利申请的，可以享有优先权。相同主体的发明或者实用新型，是指技术领域、所解决的技术问题、技术方案和预期的效果相同的发明或者实用新型。但应注意这里所谓的相同，并不意味着在文字记载或者叙述方式上完全一致。

（二）专利申请文件

专利申请文件如下表所示。

申请专利类型	所需文件
发明专利	第一，发明专利请求书。这是申请人用于表达请求专利局对其发明授予专利权的愿望的书面文件。在我国，专利请求书是一种专利局专门印制的标准表格，申请人只能按照表格规定的格式或要求填写，否则申请将不被受理或被要求补正。应填写清楚发明名称、发明人、申请人、专利代理机构等。 第二，权利要求书。是指具体说明申请人就申请专利的发明创造请求专利法保护的范围的书面文件。在专利申请被批准后，权利要求书即成为具体说明专利权限范围的书面文件。 第三，说明书。说明书是具体阐述发明创造内容的书面文件。说明书应该包括技术领域、背景技术、发明内容、附图说明和具体实施方式

续表

申请专利类型	所需文件
实用新型专利	与发明专利申请基本相同。但应包括附图，如果实用新型专利的产品没有一个固定、立体的形状或者结构，也就不能被授予实用新型专利
外观设计专利	外观设计专利与发明和实用新型专利不同，外观设计专利的必要申请条件主要有以下两种：第一，外观设计专利请求书。请求书的内容大体上与发明专利请求书相同，只是应专门注明外观设计所使用的产品和所属类别。第二，图片或者照片。作为申请文件的照片或图片一定要充分清楚地展示外观设计的特点

（三）专利申请的审批

1. 发明专利的审批

1）初步审查

专利主管机关查明该申请是否符合专利法关于申请形式要求的规定。

2）早期公开

专利局收到发明专利申请后，经初步审查认为符合要求的，自申请日起满 18 个月，即行公布。专利局可以根据申请人的请求早日公布其申请。

3）实质审查

发明专利申请自申请日起 3 年内，专利局可以根据申请人随时提出的请求，对其申请进行实质审查；申请人无正当理由逾期不请求实质审查的，该申请即被视为撤回。专利局认为必要的时候，可以自行对发明专利申请进行实质审查。

4）授权登记公告

发明专利申请经实质审查没有发现驳回理由的，由专利局做出授予发明专利权的决定，发给发明专利证书，同时予以登记和公告。发明专利权自公告之日起生效。

2. 实用新型和外观设计专利的审批

实用新型和外观设计专利申请初步审查没有发现驳回理由的，由专利局做出授予实用新型专利权或者外观设计专利权的决定，发给相应的专利证书，同时予以登记和公告。实用新型专利权和外观设计专利权自公告之日起生效。

3. 专利的复审和无效宣告程序

国家知识产权局设立专利复审委员会。专利申请人对专利局驳回申请的决定不服的，可以自收到通知之日起 3 个月内，向专利复审委员会请求复审。专利复审委员会复审后，做出决定，并通知专利申请人。专利申请人对于专利复审委员会的复审决定仍然不服的，可以在收到有关通知之日起 3 个月内以专利复审委员会为被告，向北京市第一中级人民法院提起行政诉讼。

发明创造被授予专利权后，任何单位或个人发现有不符合专利法有关规定的，都可以在专利授权之日起申请宣告该专利权无效。请求宣告专利无效，必须依法向专利复审委员会提交申请书和相应文件，并说明理由。专利复审委员会认为请求书符合法律规定的，应依法定程序做出宣告专利权无效或者维持专利权的决定，当事人对该决定不服的，可依法向北京市第一中级人民法院提起行政诉讼。

专利权被宣告无效后，专利权视为自始不存在。宣告专利权无效的决定，对宣告专利权无效前人民法院做出并已执行的专利侵权的判决、裁定，已经履行或者强制执行的专利侵权纠纷处理决定，以及已经履行的专利实施许可合同和专利转让权合同，不具有追溯力。但因专利权人恶意给他人造成的损失，应当给予赔偿。

二、外观设计专利申请实务操作

分为若干学习小组，每组 5～6 人。按小组任务书的要求进行工作。

小组任务书　　　　**任务编号 5-2**

<table>
<tr><td>任务</td><td colspan="5">申请外观设计专利</td></tr>
<tr><td>学习方法</td><td>小组协作</td><td>任务依据</td><td>《专利法》</td><td>课时</td><td>2 课时＋课外</td></tr>
<tr><td colspan="6">任务内容与步骤</td></tr>
<tr><td colspan="6">1. 根据《专利法》外观设计专利要求，小组讨论后制定使用外观设计的产品名称
2. 填写外观设计专利请求书（表 8）中申请人需要填写的部分
3. 小组进行汇报展示
4. 完成小组成员互评表</td></tr>
</table>

三、总结与评价

教师与学生共同进行任务的总结与评价。教师把整个任务内容再整理一遍，进行归纳总结，使学生的思路更清晰。

（1）教师根据完成本次任务的情况，对每个小组的表现进行打分，并记录在任务评价表中。

（2）学生根据完成本次任务的协作情况，对小组其他成员打分，并记录在小组成员互评表中。

任务评价表

任务　　　　班级　　　　小组　　　　日期

<table>
<tr><td rowspan="2">组别</td><td colspan="4">评价内容或要点</td><td rowspan="2">得分</td><td rowspan="2">总评</td></tr>
<tr><td>完成任务内容
分值 0～10</td><td>完成任务时间
分值 0～10</td><td>完成任务质量
分值 0～30</td><td>团队协作
分值 0～20</td></tr>
<tr><td>1</td><td></td><td></td><td></td><td></td><td></td><td></td></tr>
<tr><td>2</td><td></td><td></td><td></td><td></td><td></td><td></td></tr>
<tr><td>3</td><td></td><td></td><td></td><td></td><td></td><td></td></tr>
<tr><td>4</td><td></td><td></td><td></td><td></td><td></td><td></td></tr>
<tr><td>5</td><td></td><td></td><td></td><td></td><td></td><td></td></tr>
<tr><td>6</td><td></td><td></td><td></td><td></td><td></td><td></td></tr>
<tr><td>7</td><td></td><td></td><td></td><td></td><td></td><td></td></tr>
<tr><td>8</td><td></td><td></td><td></td><td></td><td></td><td></td></tr>
</table>

小组成员互评表

任务　　　　　　　　班级　　　　　　　小组　　　　　　　日期

小组成员	评价内容或要点			得分	备注
	态度积极 分值 0～10	协作精神 分值 0～10	贡献程度 分值 0～10		

表 8　外观设计专利请求书

<table>
<tr><td colspan="5">请按照“注意事项”正确填写本表各栏</td><td>此框内容由国家知识产权局填写</td></tr>
<tr><td rowspan="2">⑥ 使用外观设计的产品名称</td><td colspan="4" rowspan="2"></td><td>① 申请号　　（外观设计）</td></tr>
<tr><td>② 分案
提交日</td></tr>
<tr><td rowspan="2">⑦ 设计人</td><td colspan="4" rowspan="2"></td><td>③ 申请日</td></tr>
<tr><td>④ 费减审批</td></tr>
<tr><td colspan="5">⑧ 第一设计人国籍　　　　居民身份证件号码</td><td>⑤ 挂号号码</td></tr>
<tr><td rowspan="12">⑨ 申请人</td><td rowspan="4">申请人（1）</td><td colspan="3">姓名或名称</td><td>电话</td></tr>
<tr><td colspan="3">居民身份证件号码或统一社会信用代码/组织机构代码
□请求费减且已完成费减资格备案</td><td>电子信箱</td></tr>
<tr><td colspan="2">国籍或注册国家（地区）</td><td colspan="2">经常居所地或营业所所在地</td></tr>
<tr><td>邮政编码</td><td colspan="3">详细地址</td></tr>
<tr><td rowspan="4">申请人（2）</td><td colspan="3">姓名或名称</td><td>电话</td></tr>
<tr><td colspan="4">居民身份证件号码或统一社会信用代码/组织机构代码
□请求费减且已完成费减资格备案</td></tr>
<tr><td colspan="2">国籍或注册国家（地区）</td><td colspan="2">经常居所地或营业所所在地</td></tr>
<tr><td>邮政编码</td><td colspan="3">详细地址</td></tr>
<tr><td rowspan="4">申请人（3）</td><td colspan="3">姓名或名称</td><td>电话</td></tr>
<tr><td colspan="4">居民身份证件号码或统一社会信用代码/组织机构代码
□请求费减且已完成费减资格备案</td></tr>
<tr><td colspan="2">国籍或注册国家（地区）</td><td colspan="2">经常居所地或营业所所在地</td></tr>
<tr><td>邮政编码</td><td colspan="3">详细地址</td></tr>
</table>

续表

<table>
<tr><td rowspan="2">⑩ 联系人</td><td colspan="3">姓　名</td><td colspan="3">电　话</td><td>电子信箱</td></tr>
<tr><td colspan="3">邮政编码</td><td colspan="4">详细地址</td></tr>
<tr><td colspan="8">⑪代表人为非第一署名申请人时声明　　特声明第________署名申请人为代表人</td></tr>
<tr><td rowspan="4">⑫专利代理机构</td><td colspan="4">名称</td><td colspan="3">机构代码</td></tr>
<tr><td rowspan="3">代理人（1）</td><td colspan="2">姓　名</td><td rowspan="3">代理人（2）</td><td colspan="3">姓　名</td></tr>
<tr><td colspan="2">执业证号</td><td colspan="3">执业证号</td></tr>
<tr><td colspan="2">电　话</td><td colspan="3">电　话</td></tr>
<tr><td>⑬ 分案申请</td><td colspan="2">原申请号</td><td colspan="3">针对的分案申请号</td><td colspan="2">原申请日　年　月　日</td></tr>
<tr><td rowspan="6">⑭ 要求外国优先权声明</td><td>原受理机构名称</td><td colspan="2">在先申请日</td><td>在先申请号</td><td rowspan="6">⑮ 不丧失新颖性宽限期声明</td><td colspan="2" rowspan="6">□已在中国政府主办或承认的国际展览会上首次展出
□已在规定的学术会议或技术会议上首次发表
□他人未经申请人同意而泄露其内容</td></tr>
<tr><td></td><td colspan="2"></td><td></td></tr>
<tr><td></td><td colspan="2"></td><td></td></tr>
<tr><td></td><td colspan="2"></td><td></td></tr>
<tr><td></td><td colspan="2"></td><td></td></tr>
<tr><td></td><td colspan="2"></td><td></td></tr>
<tr><td>⑯ 相似设计</td><td colspan="7">□本案为同一产品的相似外观设计，其所包含的项数为_____项。</td></tr>
<tr><td>⑰ 成套产品</td><td colspan="7">□本案为成套产品的多项外观设计，其所包含的项数为_____项。</td></tr>
<tr><td colspan="4">⑱ 申请文件清单
1. 请求书　份　页
2. 图片或照片　份　页
3. 简要说明　份　页
图片或照片　幅</td><td colspan="4">⑲ 附加文件清单
□优先权转让证明　份 共　页
□专利代理委托书　份 共　页
总委托书（编号____________）
□在先申请文件副本　份
□在先申请文件副本首页译文　份
□其他证明文件（名称______）　份共　页</td></tr>
<tr><td colspan="4">⑳ 全体申请人或专利代理机构签字或者盖章

年　月　日</td><td colspan="4">㉑ 国家知识产权局审核意见

年　月　日</td></tr>
</table>

外观设计专利请求书英文信息表

使用外观设计的产品名称	
设计人姓名	
申请人名称及地址	

注意事项：

一、申请外观设计专利，应当提交外观设计专利请求书、外观设计图片或照片，以及外观设计简要说明。（表格可在国家知识产权局网站 www.sipo.gov.cn 下载）

二、本表应当使用国家公布的中文简化汉字填写，表中文字应当打字或者印刷，字迹为黑色。外国人姓名、名称、地名无统一译文时，应当同时在请求书英文信息表中注明。

三、本表中方格供填表人选择使用，若有方格后所述内容的，应当在方格内做标记。

四、本表中所有详细地址栏，本国的地址应当包括省（自治区）、市（自治州）、区、街道门牌号码，或者省（自治区）、县（自治县）、镇（乡）、街道门牌号码，或者直辖市、区、街道门牌号码。有邮政信箱的，可以按规定使用邮政信箱。外国的地址应当注明国别、市（县、州），并附具外文详细地址。其中申请人、专利代理机构、联系人的详细地址应当符合邮件能够迅速、准确投递的要求。

五、填表说明

1. 本表第①②③④⑤㉑栏由国家知识产权局填写。

2. 本表第⑥栏使用外观设计的产品名称应当与外观设计图片或者照片中表示的外观设计相符合，准确、简明地表明要求保护的产品的外观设计。产品名称一般应当符合国际外观设计分类表中小类列举的名称。产品名称一般不得超过20个字。

3. 本表第⑦栏设计人应当是个人。设计人有两个以上的应当自左向右顺序填写。设计人姓名之间应当用分号隔开。设计人可以请求国家知识产权局不公布其姓名。若请求不公布姓名，应当在此栏所填写的相应设计人后面注明“(不公布姓名)”。

4. 本表第⑧栏应当填写第一设计人国籍，第一设计人为中国内地居民的，应当同时填写居民身份证件号码。

5. 本表第⑨栏申请人是个人的，应当填写本人真实姓名，不得使用笔名或者其他非正式的姓名；申请人是单位的，应当填写单位正式全称，并与所使用的公章上的单位名称一致。申请人是中国单位或者个人的，应当填写其名称或者姓名、地址、邮政编码、组织机构代码或者居民身份证件号码；申请人是外国人、外国企业或者外国其他组织的，应当填写其姓名或者名称、国籍或者注册的国家或者地区、经常居所地或者营业所所在地。申请人请求费用减缴且已完成费减资格备案的，应当在方格内做标记。

6. 本表第⑩栏，申请人是单位且未委托专利代理机构的，应当填写联系人，并同时填写联系人的通信地址、邮政编码、电子信箱和电话号码，联系人只能填写一人，且应当是本单位的工作人员。申请人为个人且需由他人代收国家知识产权局所发信函的，也可以填写联系人。

7. 本表第⑪栏，申请人指定非第一署名申请人为代表人时，应当在此栏指明被确定的代表人。

8. 本表第⑫栏，申请人委托专利代理机构的，应当填写此栏。

9. 本表第⑬栏，申请是分案申请的，应当填写此栏。申请是再次分案申请的，还应当填写所针对的分案申请的申请号。

10. 本表第⑭栏，申请人要求外国优先权的，应当填写此栏。

11. 本表第⑮栏，申请人要求不丧失新颖性宽限期的，应当填写此栏，自申请日起两个月内提交证明文件。

12. 本表第⑯栏，同一产品两项以上的相似外观设计，作为一件申请提出时，申请人应当填写相关信息。一件外观设计专利申请中的相似外观设计不得超过10项。

13. 本表第⑰栏，用于同一类别并且成套出售或者使用的产品的两项以上外观设计，作为一件申请提出时，申请人应当填写相关信息。成套产品外观设计专利申请中不应包含某一件或者几件产品的相似外观设计。

14. 本表第⑱⑲栏，申请人应当按实际提交的文件名称、份数、页数及图片或照片幅数正确填写。

15. 本表第⑳栏，委托专利代理机构的，应当由专利代理机构加盖公章。未委托专利代理机构的，申请人为个人的应当由本人签字或盖章，申请人为单位的应当加盖单位公章；有多个申请人的由全体申请人签字或者盖章。

16. 本表第⑦⑨⑭栏，设计人、申请人、要求外国优先权声明的内容填写不下时，应当使用规定格式的附页续写。

第三节　专利法拓展与思考

一、知识拓展

（一）专利权的限制

1. 强制许可

强制许可是指在法定的特殊条件下，未经专利权人同意，他人可在履行完毕法定手续后取得实施专利的许可，但仍应给专利权人专利实施许可费。强制许可仅针对发明专利和实用新型专利，外观设计没有强制许可的制度。其种类如下所述。

1）合理条件的强制许可

专利权人自专利授予之日起满 3 年，且自提出专利申请之日起满 4 年，无正当理由未实施或未充分实施其专利，国务院专利行政部门根据具备实施条件的单位或者个人的申请可以给予强制许可。

2）垄断导致的强制许可

专利权人行使专利权的行为被依法认定为垄断行为，为消除或者减少该行为对竞争产生的不利影响，国家专利行政部门可以根据请求给予实施专利的强制许可。

3）公共利益目的的强制许可

在国家出现紧急状况或者非常情况时，或者为了公共利益的目的，国务院专利行政部门可以给予实施发明专利或者实用新型专利的强制许可。

4）药品专利权强制许可

为公共健康目的，对其取得专利的药品，可以给予制造并将其出口到符合我国参加的有关国际公约约定的国家或地区的强制许可。

5）基础专利和从属专利的交叉强制许可

一项取得专利权的发明或者实用新型比之前已经取得专利权的发明或者实用新型具有显著经济意义的重大技术进步，其实施又有赖于前一发明或者实用新型的实施的，国务院专利行政部门可以根据后一专利权人的申请，给予实施前一发明或者实用新型的强制许可。

2. 合理使用

1）权利穷竭

权利穷竭是指当专利权人自己制造或者许可他人制造的专利产品上市经过首次销售后，专利权人对这些特定产品不再享有任何意义上的支配权，即购买者对这些产品的再转让或者使用都与专利权人无关。因为专利权人的利益在首次销售中已经得以实现，故而称其为穷竭。

2）善意侵权

善意侵权是指在不知情的情况下销售或者使用了侵犯他人专利权的产品的行为，可不承担侵权责任。为生产经营目的使用、许诺销售或者销售不知道是未经专利权人许可而制造并售出的专利侵权产品，能证明该产品合法来源的，不承担赔偿责任。

3）先行实施

先行实施是指在专利申请日前已经开始制造与专利产品相同的产品或者使用与专利技术

相同的技术，或者已经做好制造、使用的准备的，依法可以在原有范围内继续制造、使用该项技术。实施者的这种权利被称作先行实施权或简称为先用权。

4）临时过境

临时通过中国领陆、领水、领空的外国运输工具，为运输工具自身需要而在其装置、设备中使用有关专利的，不侵权。

5）非营利性实施

非营利性实施专利技术的行为不被视为侵害专利权。专利法的宗旨是促进技术进步，法律应当允许人们在专利技术的基础上从事改进。为了科学研究和试验使用专利技术，以及为课堂教学而演示专利技术的行为均不属于侵权。

6）为提供行政审批所需要的信息

为提供行政审批所需要的信息，制造、使用、进口专利药品或者专利医疗器械的，以及专门为其制造、进口专利药品或者专利医疗器械的，不视为侵犯专利权。

（二）专利侵权行为

专利侵权行为是指在专利权有效期限内，行为人未经专利权人许可又无法律依据，以营利为目的实施他人专利的行为。

1. 专利侵权行为的表现形式

专利侵权分为直接侵权行为和间接侵权行为两类。

1）直接侵权行为

直接侵权行为是指未经专利权人许可，以生产经营为目的，制造、使用、销售、许诺销售、进口发明、实用新型专利产品或利用专利方法获得的专利产品，以及制造、销售、许诺销售、进口外观设计专利产品。其表现形式包括以下几种。

（1）制造发明、实用新型、外观设计专利产品的行为。

（2）使用发明、实用新型专利产品的行为。

（3）许诺销售发明、实用新型专利、外观设计专利产品的行为。

（4）销售发明、实用新型或外观设计专利产品的行为。

（5）进口发明、实用新型、外观设计专利产品的行为。

（6）使用专利方法以及使用、许诺销售、销售、进口依照该专利方法直接获得的产品的行为。

（7）假冒他人专利的行为。为生产经营目的使用或者销售不知道是未经专利权人许可而制造并售出的专利产品或者依照专利方法直接获得的产品，能证明其产品合法来源的，仍然属于侵犯专利权的行为，需要停止侵害但不承担赔偿责任。

2）间接侵权行为

间接侵权行为是指行为人本身的行为并不直接构成对专利权的侵害，但实施了诱导、怂恿、教唆、帮助他人侵害专利权的行为。例如，行为人知道有关产品系只能用于实施特定发明或者实用新型专利的原材料、中间产品、零部件、设备等，仍然将其提供给第三人以实施侵犯专利权的行为，权利人主张该行为人和第三人承担连带民事责任的，人民法院应当支持；该第三人的实施不是为生产经营目的，权利人主张该行为人承担民事责任的，人民法院应当支持。间接侵犯行为中要注意以下几点。

（1）未经专利权人授权或者委托，擅自转让其专利技术的行为。此时受让人若利用了该项专利技术制造了专利产品，那么受让人和转让人构成共同侵权，要承担连带责任。

（2）其他诱导、怂恿、教唆、帮助他人侵权的行为，行为人与侵权人构成共同侵权，承担连带责任。

2. 专利权的保护

1）专利权的保护范围

发明或者实用新型专利权的保护范围以其权利要求的内容为准，说明书及附图可以用于解释其权利要求。外观设计专利权的保护范围以表示在图片或照片中的该外观设计专利产品为准，简要说明可以用于解释。

2）专利权的保护期限

发明专利权的期限为 20 年，实用新型专利权和外观设计专利权的期限为 10 年，均自申请日起计算。

3）侵害专利权的法律责任

专利侵权行为人应当承担的法律责任包括行政责任和民事责任与刑事责任。

（1）行政责任。

行政责任是指管理专利工作的部门在处理侵害专利纠纷并认定侵权成立时，责令侵权人承担的立即停止侵权行为的责任。对于假冒专利行为，管理专利工作的部门责令行为人改正、没收违法所得，或科以罚款，亦属于行政责任。当事人对管理专利工作的部门责令其承担的行政责任不服的，可依法向人民法院提起行政诉讼。

（2）民事责任。

侵犯专利权承担民事责任的方式有停止侵害、赔偿损失、消除影响。

停止侵害是指专利侵权行为人应当根据管理专利工作的部门的处理决定或者人民法院的裁判，立即停止正在实施的专利侵权行为。

赔偿损失的数额，按照专利权人因被侵权所受到的损失或者侵权人获得的利益确定；被侵权人所受到的损失或侵权人获得的利益难以确定的，可以参照该专利许可使用费的倍数合理确定。

消除影响是指在侵权行为人实施侵权行为给专利产品在市场上的商誉造成损害时，侵权行为人就应当采用适当的方式承担消除影响的法律责任，承认自己的侵权行为，以达到消除对专利产品造成的不良影响。

（3）刑事责任。

依照《专利法》和《刑法》的规定，假冒他人专利，情节严重的，应对直接责任人员追究刑事责任。

二、思考题

认真阅读下面的行政决定书，思考以下问题。

（1）该专利应属于哪个公司？为什么？

（2）此案例对你有何启发？写出详细的见解。

北京市知识产权局
专利侵权纠纷处理决定书

京知执字〔2016〕840－12号

请求人：高博公司

法定代表人：Sandra J. Tallman

住所地：美国纽约州柏林顿镇梦露县

委托代理人：刘晓鹏（北京康信知识产权代理有限责任公司职员）

委托代理人：任晓东（北京康信知识产权代理有限责任公司职员）

委托代理人：鲍旭日（北京康信知识产权代理有限责任公司职员）

委托代理人：吴孟秋（北京康信知识产权代理有限责任公司职员）

被请求人：北京开源广盛起重设备有限公司

法定代表人：张贺超

住所地：北京市丰台区右外开阳里5区4号楼三层328室（右安门企业集中办公区）

被请求人：河北艾普达起重设备制造有限公司

法定代表人：张哲旺

住所地：河北省保定市清苑县东闾乡田蒿村

委托代理人：赵虎（北京市东易律师事务所律师）

案由："提升致动器"（专利号：ZL200780003284.8）发明专利侵权纠纷

请求人高博公司就其"提升致动器"（专利号：ZL200780003284.8）发明专利与被请求人北京开源广盛起重设备有限公司（以下简称"开源公司"）、河北艾普达起重设备制造有限公司（以下简称"艾普达公司"）的专利侵权纠纷，于2014年11月13日向本局提出处理请求。本局受理后，依据《专利行政执法办法》组成合议组，并于2014年11月13日向开源公司和艾普达公司送达答辩通知书及请求书副本。艾普达公司收到了答辩通知书及请求书副本。开源公司未在案件受理时工商登记住所地（北京市大兴区西红门明珠庄园5号楼307）办公，未收到答辩通知书及请求书副本。由于被请求人艾普达公司向国家知识产权局专利复审委员会提出宣告涉案专利权无效的请求，2015年2月13日本局决定中止对本案的处理。根据国家知识产权局专利复审委员会已经做出宣告专利权部分无效的决定，本局于2015年12月17日起恢复对本案的处理。本局于2015年12月25日对本案进行了口头审理，请求人高博公司的委托代理人鲍旭日、吴孟秋，被请求人艾普达公司委托代理人赵虎参加了口头审理，被请求人开源公司由于口头审理通知书无法送达，缺席口头审理。2016年1月13日我局在《中国知识产权报》及我局网站发布公告，要求开源公司自公告发出之日起满60日内到我局领取本案《答辩通知书》及副本，并自公告送达之日起20日内到我局对相关证据进行质证，现公告期已满，视为已向开源公司送达《答辩通知书》及请求书副本，视为开源公司放弃质证的权利。本案现已审结。

请求人高博公司称：高博公司是"提升致动器"（专利号：ZL200780003284.8）发明专利的专利权人，该专利至今有效。高博公司发现开源公司展示并销售由艾普达公司生产和销售的侵犯高博公司涉案专利的起重机产品。故请求贵局依法处理，责令开源公司和艾普达公司停止生产、许诺销售、销售侵权产品。

被请求人开源公司未提交答辩意见。

被请求人艾普达公司答辩称：首先，请求人的委托代理人资格不符合法律规定。其次，艾普达公司不是涉案产品的制造方，高博公司没有提供证据证明艾普达公司制造侵权产品。最后，被控侵权产品并不侵犯涉案专利权。

现查明：高博公司是“提升致动器”（专利号：ZL200780003284.8）发明专利的专利权人，该专利至今有效。经过无效程序修改后该专利权利要求 1 为：“一种具有可配置的负载提升能力的提升系统，包括：控制器；响应于所述控制器的致动器，所述致动器包括滑轮，缆绳附着于所述滑轮上并以单层方式缠绕在所述滑轮上以支撑所述缆绳的自由端上的负载，滑轮由电动机和相关联的传动装置驱动，所述电动机适用于至少两个负载范围，且所述传动装置包括积木式齿轮减速构造，使得所述电动机和所述积木式齿轮减速构造的组合确定致动器的负载提升能力；以及负载接口，所述负载接口可操作地连接到所述缆绳的端部，所述负载接口包括使用者控制装置并产生信号以传送到所述控制器，其中所述控制器响应于所述信号，使得致动器操作以升高和降低悬挂在所述致动器上的负载；还包括压缩负载传感器，所述压缩负载传感器可操作地与所述致动器相关联，其中所述压缩负载传感器感测来自致动器的元件的、响应于缆绳上的负载的压缩负载。”权利要求 11 为：“一种提升系统，包括：控制器；致动器，所述致动器响应于所述控制器，所述致动器包括滑轮，缆绳缠绕在滑轮上以支撑所述缆绳的自由端上的负载，所述致动器包括电动机和传动装置，所述电动机适用于至少两个负载范围，且所述传动装置包括积木式齿轮减速构造，使得所述电动机和所述积木式齿轮减速构造的组合确定所述致动器的负载提升能力，滑轮通过所述传动装置来驱动；负载接口，所述负载接口可操作地连接到所述缆绳的端部，所述负载接口包括使用者控制器并产生被传输至所述控制器的信号，其中响应于所述信号，所述控制器致使致动器操作以升高和降低悬挂于所述致动器的负载，至少一个使用者控制器利用线圈产生信号，以感测芯的相关运动，且所述芯利用柔性部件连接到可滑动的手柄；和压缩负载单元，所述压缩负载单元可操作地与所述滑轮相关联，用于感测压缩力，所述负载单元产生被传输至所述控制器的负载信号，其中所述控制器致使致动器的操作成为负载信号的函数。”权利要求 18 为：“一种提升装置致动器，包括：控制器；用于驱动该致动器的电动机，所述电动机适用于至少两个负载范围，且传动装置包括积木式齿轮减速构造，使得所述电动机和所述积木式齿轮减速构造的组合确定所述致动器的负载提升能力，且所述电动机响应于来自控制器的控制信号而操作，以便驱动卷筒，钢缆卷绕在所述卷筒上；操作员接口，所述操作员接口连接到钢缆的未卷绕端附近，所述操作员接口包括可拆卸的提升工具，其中所述操作员接口将来自操作员的信号提供至所述控制器，以控制所述致动器的操作；框架，用于可旋转地悬挂整个驱动组件，其中所述驱动组件包括电动机、减速装置和卷筒；连接到所述框架上的压缩负载传感器，用于在负载施加到钢缆的未卷绕端时通过整个驱动组件的旋转来感测负载；松弛传感器，用于感测整个驱动组件的定向或旋转角度，并响应于来自所述松弛传感器的信号来确定何时存在松弛条件；行星齿轮减速器，其中减速器的行星齿轮结构基本上封闭在钢缆滑轮卷筒以内；导缆器，用于在缆绳卷绕在卷筒上或者从卷筒解绕时控制缆绳的位置；缆绳限制传感器，随着缆绳卷绕或解绕，所述缆绳限制传感器响应于导缆器的侧向运动而被触发；导缆器包括多股线，用于与卷筒上的槽配合，以提供侧向力来驱动导缆器随着缆绳卷绕或解绕而运动。”

2014 年 9 月 29 日，林志涛与公证员在大兴区南西路 48 号明珠庄园五号 307 室，缴纳了用于购买涉案产品的货款，并取得加盖“北京开源广盛起重设备有限公司发票专用章”的发票，取得标示有“北京开源广盛起重设备有限公司”字样的名片，同时取得加盖有“北京开源广盛起重设备有限公司发票专用章”并标示“到保定清苑县工厂提货　河北艾普达起重设备有限公司”字样的提货单据一张。随后，到河北省保定市清苑县发展东街标示有“保定扬帆物资有限公司”及“保定国华工贸实业总部”字样的场所，用上述提货单据取得涉案产品，以及加盖“河北艾普达起重设备有限公司合同专用章”的“销货清单”一张。

以上事实有发明专利证书、专利授权公告文本、专利登记簿副本、〔2014〕经东方内民证字第 9734 号公证书（包括发票、销售人员名片、提货单据、销货清单、安装和操作手册、照片、产品实物）、国家知识产权局专利复审委员会无效宣告请求审查决定书（第 26574 号）、口审笔录等在案佐证。

本局认为，本案焦点问题主要为以下三点：第一，请求方的委托代理人是否具有代理人资格。第二，艾普达公司是否有涉案产品的制造和销售行为。第三，涉案产品是否落入涉案专利权的保护范围。

（1）关于请求方的委托代理人是否具有代理人资格。

由于请求方已经提供经过公证认证的授权委托文件，同时当庭补交的材料中有董事会出具的证据证明委托书上的签字人为董事会主席，具备授权委托的权限，因此本局认为请求方的委托代理人具备代理权限。

（2）艾普达公司是否有涉案产品的制造和销售行为。

艾普达公司在提供了加盖有开源公司印章的“说明”一份，该说明主要内容为：“北京宏福贸易有限公司到开源公司购买涉案产品，由于开源公司当时没货，而艾普达公司之前从该公司处购买了涉案产品一台，但艾普达公司认为该产品质量不符合要求，所以要求退货，在此情况下，开源公司让北京宏福贸易有限公司到艾普达公司提走该起重机。”艾普达公司据此说明涉案产品的制造和销售为开源公司。对此，开源公司一直未提交正式答辩意见，同时在公告后也未按照公告要求接受相关法律文件并进行质证，该“说明”内容的真实性无法确认。艾普达公司未提供与开源公司就购买该起重机的相关合同票据，无法证实该设备采购自开源公司。公证的提货单据明确显示“到保定清苑县工厂提货　河北艾普达起重设备有限公司”，这些文字能够证明艾普达公司为涉案产品的生产企业。加盖“河北艾普达起重设备有限公司合同专用章”的“销货清单”上明确写明要货单位为北京宏福贸易有限公司，并且注明收到货款 46 000 元，且货物确系在保定清苑县提取，艾普达公司在庭审中也认可该设备提取自该公司。艾普达公司企业营业执照上明确表明经营范围包括起重设备，因此具有制造涉案产品的生产能力。最后，艾普达公司认为产品上的商标“远藤 ENDO”并非艾普达公司所有，而是开源公司法定代表人注册公司所有，经查该商标权人为张贺超，并非开源公司，同时艾普达公司并未提供任何证明文件证明该事实，且开源公司未到庭说明该事实，同时，商标并非证明商品来源的唯一依据，更不是商品制造者的依据。对艾普达公司的辩护意见本局不予认可。综上，本局认定艾普达公司具有涉案产品的制造、销售行为。

（3）关于涉案产品是否落入专利权的保护范围。

《专利法》第五十九条规定：“发明或者实用新型专利权的保护范围以其权利要求的内容为准，说明书及附图可以用于解释权利要求的内容。”高博公司在庭审中提出三项独立权利要求进行对比，分别为经过无效程序修改后的权利要求1、权利要求11及权利要求18。被请求人开源公司销售的，艾普达公司制造、销售的起重机与上述权利要求分别对比。

与权利要求1相对比：经庭审现场拆解公证取得的涉案产品，可以看到涉案产品具有控制器和响应于控制器的致动器，致动器包括滑轮，缆绳以单层方式缠绕在滑轮上以支撑缆绳的自由端上的负载，滑轮由电动机和相关联的传动装置驱动，传动装置为积木式齿轮减速构造，电动机和积木式齿轮减速构造的组合确定致动器的负载提升能力；包括负载接口，在操作上连接到缆绳的端部，负载接口包括使用者控制装置并产生信号以传送到控制器，控制器响应于所述信号，使得致动器操作以升高和降低悬挂在致动器上的负载，还包括压缩负载传感器与所述致动器相关联，压缩负载传感器感测来自致动器的元件的、响应于缆绳上的负载的压缩负载。由于该起重机可以提起不同重量的物品，因此其负载可配置，电动机至少适用两个以上负载以满足提升和降低的要求，同时涉案产品为起重机，属于具有负载提升能力的提升系统。以上技术特征与涉案专利权利要求1完全相同。

与权利要求11相对比：经庭审现场拆解公证取得的涉案产品，可以看到涉案产品具有控制器和响应控制器的致动器，致动器包括滑轮，缆绳缠绕在滑轮上以支撑缆绳的自由端上的负载，致动器包括电动机和传动装置，传动装置为积木式齿轮减速构造，电动机和积木式齿轮减速构造的组合确定致动器的负载提升能力，滑轮通过传动装置来驱动；包括负载接口可操作地连接到缆绳的端部，负载接口包括使用者控制器并产生被传输至控制器的信号，响应于信号，控制器致使致动器操作以升高和降低悬挂于致动器的负载，使用者控制器利用线圈产生信号，以感测芯的相关运动，芯利用柔性部件连接到可滑动的手柄；同时包括压缩负载单元，压缩负载单元与滑轮相关联，用于感测压缩力，负载单元产生被传输至控制器的负载信号，控制器致使致动器的操作成为负载信号的函数。由于该起重机可以提起不同重量的物品，因此电动机至少适用两个以上负载以满足提升和降低的要求，同时涉案产品为起重机，属于一种提升系统。以上技术特征与涉案专利权利要求11完全相同。

与权利要求18相对比：经庭审现场拆解公证取得的涉案产品，可以看到涉案产品内有提升装置致动器，包括了控制器和用于驱动该致动器的电动机，传动装置包括积木式齿轮减速构造，使得电动机和积木式齿轮减速构造的组合确定致动器的负载提升能力，电动机响应于来自控制器的控制信号而操作，以便驱动卷筒，钢缆卷绕在卷筒上；还包括操作员接口，该操作员接口连接到钢缆的未卷绕端附近，操作员接口包括可拆卸的提升工具，操作员接口将来自操作员的信号提供至控制器，以控制致动器的操作；还包括了框架，用于可旋转地悬挂整个驱动组件，驱动组件包括电动机、减速装置和卷筒；连接到框架上的压缩负载传感器，用于在负载施加到钢缆的未卷绕端时通过整个驱动组件的旋转来感测负载；松弛传感器，用于感测整个驱动组件的定向或旋转角度，并响应于来自松弛传感器的信号来确定何时存在松弛条件；行星齿轮减速器，其中减速器的行星齿轮结构基本上封闭在钢缆滑轮卷筒以内；导缆器，用于在缆绳卷绕在卷筒上或者从卷筒解绕时控制缆绳的位置；缆绳限制传感器，随着缆绳卷绕或解绕，缆绳限制传感器响应于导缆器的侧向运动而被触发；导缆器包括多股线，用于与卷筒上的槽配合，以提供侧向力来驱动导缆器随着缆绳卷绕或解绕而运动。由于该起重机可以提起不同重量的物品，因此电动机至少适用两个以上负载以满足提升和降低的要求。以上技术特征与涉案专利权利要求18完全相同。

《专利法》第十一条第一款规定："发明和实用新型专利权被授予后，除本法另有规定的以外，任何单位或者个人未经专利权人许可，都不得实施其专利，即不得为生产经营目的制造、使用、许诺销售、销售、进口其专利产品，或者使用其专利方法以及使用、许诺销售、销售、进口依照该专利方法直接获得的产品。”被请求人开源公司销售侵犯涉案专利权的起重机产品的行为及被请求人艾普达公司制造、销售侵犯涉案专利权的起重机产品的行为，侵犯了请求人的发明专利权。

根据《中华人民共和国专利法》第六十条之规定，本局决定如下。

（1）责令北京开源广盛起重设备有限公司停止销售侵犯涉案专利权的起重机产品。

（2）责令河北艾普达起重设备制造有限公司停止制造、销售侵犯涉案专利权的起重机产品。

当事人如不服本决定，可自收到处理决定书之日起十五日内依照《中华人民共和国行政诉讼法》向北京知识产权法院起诉。

合议组：陈健　张大伟　郑晶晶

北京市知识产权局

2016 年 4 月 5 日

任务十四

商标权的取得与保护

任务目标

1. 了解商标权的取得。
2. 掌握商标权的内容和限制。
3. 了解商标权的内容和限制。
4. 掌握驰名商标的保护。

过程与方法

1. 商标权法律规定及解释。（教师讲授）
2. 申请商标权实务操作。（学生小组活动）
3. 任务总结与点评。（教学双方参与）

第一节　商　标　法

一、商标的主要类型

商标的主要类型如下表所示。

商标类型	商标内容
商品商标	商品商标是指使用于有形商品上的标记，生产经营者在生产、制造、加工、拣选或经销的有形商品上使用，又可进一步分为制造商标和销售商标
服务商标	服务商标是服务业经营者用于其提供服务项目上的标记
立体商标	立体商标是指以商品形状或者其容器、包装的形状构成的三维标志
集体商标	集体商标是指以团体、协会或者其他集体组织名义注册，供该组织成员在商事活动中使用，以表明使用者在该组织中的成员资格的商标

续表

商标类型	商标内容
证明商标	证明商标是指对某种商品或者服务具有检测和监督能力的组织注册，而由该组织之外的人用于其商品或者服务，用以证明该商品或者服务的原产地、原料、制造方法、质量或者其他特定品质的标志
驰名商标	驰名商标是指在一定地域范围内具有较高知名度、为相关公众知晓，并经法定组织认定的商标

二、商标注册的条件

（一）积极条件

（1）任何能够将自然人、法人或者其他组织的商品与他人的商品区别开的标志，包括文字、图形、字母、数字、三维标志、颜色组合和声音等，以及上述要素的组合，均可以作为商标申请注册。

（2）申请注册的商标，应当有显著特征，便于识别，并不得与他人在先取得的合法权利相冲突。

（二）禁止条件

1. 不得侵犯他人在先权利或合法利益

2. 禁止作为商标注册或使用标志

（1）同中华人民共和国的国家名称、国旗、国徽、国歌、军旗、军徽、军歌、勋章等相同或者近似的，以及同中央国家机关的名称、标志、所在地特定地点的名称或者标志性建筑的名称、图形相同的。

（2）同外国的国家名称、国旗、国徽、军旗等相同或者近似的，但该国政府同意的除外。

（3）同政府间国际组织的名称、旗帜、徽记等相同或者近似的，但该组织同意或者不易误导公众的除外。

（4）与表明实施控制、予以保证的官方标志、检验印记相同或者近似的，但经授权的除外。

（5）同“红十字”“红新月”的名称、标志相同或者近似的。

（6）带有民族歧视性的。

（7）带有欺骗性，容易使公众对商品的质量等特点或者产地产生误会的。

（8）有害于社会主义道德风尚或者有其他不良影响的。

（9）县级以上行政区划的地名或者公众知晓的外国地名不得作为商标。但是，地名具有其他含义或者作为集体商标、证明商标组成部分的除外；已经注册的使用地名的商标继续有效。

三、商标权的内容

（一）专用权

专用权是指注册商标所有人在核定使用的商品上专有使用核准注册的商标的权利。

(二) 禁止权

禁止权是指商标所有人禁止任何第三人未经其许可在相同或类似商品上使用与其注册商标相同或近似的商标的权利。

(三) 转让权

转让注册商标应当签订转让协议，并由转让人与受让人共同向商标局提出申请。注册商标转让需经商标局核准并公告，受让人自公告之日起享有商标专用权。

(四) 许可权

商标权人可以通过签订使用许可合同，许可他人使用其注册商标。经许可使用他人注册商标的，必须在使用该注册商标的商品上标明被许可人的名称和商品产地。许可人应当监督被许可人使用其注册商标的商品质量，被许可人应当保证使用该注册商标的商品质量。

(五) 续展权

注册商标的有效期为 10 年，自核准注册之日起计算。但注册商标的有效期可以通过续展的方式延长，续展申请应当在期满前 12 个月内提出，在此期间未能提出申请的，可以给予 6 个月的宽展期。续展申请须经商标局核准。每次续展的有效期限为 10 年，自上一届有效期满的次日起计算，续展次数不受限制。

(六) 标示权

商标注册人使用注册商标，有权标明“注册商标”字样或者注册标记。在商品上不便表明的，可以在商品包装或者说明书以及其他附着物上标明。

第二节 商标法实务

一、商标注册

(一) 申请的代理

商标注册的国内申请人可以自己直接到商标局办理注册申请手续，也可以委托依法设立的商标代理机构办理。外国人或者外国企业在我国申请注册商标和办理其他商标事宜的，应当委托依法设立的商标代理机构代理。

(二) 注册申请

首次申请商标注册，申请人应当提交申请书、商标图样、证明文件并缴纳申请费用。在实行申请在先原则的情形下，申请日期的确定具有很重要的意义。申请日期一般以商标局收到申请文件的日期为准。

1. 商标注册申请书的具体要求

(1) 一件商标一份申请。每一件商标注册申请应当向商标局提交商标注册申请书 1 份。不能在一份申请书上申请两个或者以上的商标。

(2) 一份申请书上可包括多个类别。

（3）填写的商品名称应是通用名称，并且按照《商品和服务分类表》中的商品或服务的名称填写。

（4）商标注册申请人的名义应当与所提交的证件相一致。

（5）共同申请同一商标的，应当在申请书中指定一个代表人。

2. 商标图样

（1）送交商品图样 5 张，图样的长和宽度应不大于 10 厘米、不小于 5 厘米。对于指定保护颜色的商标，应当交送着色图样 5 份，并附送黑白稿一张。

（2）以三维标志申请注册商标的，应当在申请书中声明，并提交能够确定三维形状的图样。

3. 证明文件

（1）国家规定必须使用注册商标的商品及一些特殊行业的商标注册申请所需的证明文件。申请人用药品、医用营养品、医用营养饮料和婴儿食品等的商标注册，应附送省级卫生厅发给的药品生产企业许可证或药品经营企业许可证。

（2）申请烟草制品商标注册，应附送国家烟草主管机关批准生产的证明文件。

（3）国内的报纸、杂志申请商标注册的，应当提交新闻出版主管部门发给全国统一刊号（CN）的报刊登记证。

（4）提交申请人的身份证明。申请人应当提交能够证明其身份的有效证件的复印件。法人提交营业执照副本或经发证机关签章的营业执照复印件。

（5）办理集体商标和证明商标注册申请还应提交集体商标、证明商标的申请人主体资格证明和商标使用管理规则。

（6）用人物肖像作为商标申请注册的，必须提供肖像权人授权书并经公证机关公证。

4. 商标注册申请人应按照规定缴纳相应的费用

5. 审查和核准

1）审查的时间要求

商标局应当自收到商标注册申请文件之日起 9 个月内审查完毕。

2）公告及核准

申请注册的商标，由商标局初步审定，予以公告。初步审定的公告不是权利的宣告，而是将申请的内容向公众公布，允许公众对注册申请提出异议，从而将公众的知识和意见作为审查时的参考，并将商标局的审查活动置于公众的监督之下，使商标的审查及注册更公正、公平、合理。

对初步审定的商标，自公告之日起 3 个月内，在先权利人、利害关系人认为违反《商标法》关于驰名商标的保护、代理人抢注商标、近似商标、相同商标、侵犯在先权利的；或者任何人认为违反《商标法》规定不得使用、不得注册、无显著性的立体商标的，可以向商标局提出异议。公告期满无异议的，予以核准注册，发给商标注册证，并予以公告。

二、商标注册申请实务操作

分为若干学习小组，每组 5～6 人。按小组任务书的要求进行工作。

小组任务书　　　　　　任务编号 5-3

任务	注册商标				
学习方法	小组协作	任务依据	《商标法》	课时	2 课时 + 课外
任务内容与步骤					
1. 根据《商标法》注册商标要求，小组讨论后确定商标名称、图样 2. 填写商标注册申请书（表 9），进行商标注册申请 3. 小组进行汇报展示 4. 完成小组成员互评表					

三、总结与评价

教师与学生共同进行任务的总结与评价。教师把整个任务内容再整理一遍，进行归纳总结，使学生的思路更清晰。

（1）教师根据完成本次任务的情况，对每个小组的表现进行打分，并记录在任务评价表中。

（2）学生根据完成本次任务的协作情况，对小组其他成员打分，并记录在小组成员互评表中。

任务评价表

任务　　　　班级　　　　小组　　　　日期

组别	评价内容或要点				得分	总评
	完成任务内容 分值 0～10	完成任务时间 分值 0～10	完成任务质量 分值 0～30	团队协作 分值 0～20		
1						
2						
3						
4						
5						
6						
7						
8						

小组成员互评表

任务　　　　班级　　　　小组　　　　日期

小组成员	评价内容或要点			得分	备注
	态度积极 分值 0～10	协作精神 分值 0～10	贡献程度 分值 0～10		

表 9　商标注册申请书

申请人名称	中文：		
	英文：		
申请人国籍/地区：			
申请人地址	中文：		
	英文：		
邮政编码：			
联系人：			
电话：			
代理机构名称：			
外国申请人的国内接收人：			
国内接收人地址：			
邮政编码：			
商标申请声明：	□集体商标　□证明商标		
	□以三维标志申请商标注册		
	□以颜色组合申请商标注册		
	□以声音标志申请商标注册		
	□两个以上申请人共同申请注册同一商标		
要求优先权声明：	□基于第一次申请的优先权　□基于展会的优先权　□优先权证明文件后补		
申请/展出国家/地区：			
申请/展出日期：			
申请号：			
申请人章戳（签字）：		代理机构章戳：	
		代理人签字：	
下框为商标图样粘贴处。图样应当不大于 10 厘米×10 厘米，不小于 5 厘米×5 厘米。以颜色组合或者着色图样申请商标注册的，应当提交着色图样并提交黑白稿 1 份；不指定颜色的，应当提交黑白图样。以三维标志申请商标注册的，应当提交能够确定三维形状的图样，提交的商标图样应当至少包含三面视图。以声音标志申请商标注册的，应当以五线谱或者简谱对申请用作商标的声音加以描述并附加文字说明；无法以五线谱或者简谱描述的，应当使用文字进行描述；商标描述与声音样本应当一致			

续表

商标说明：	
类别：	
商品/服务项目：	
类别：	
商品/服务项目：	

填写说明：

1. 办理商标注册申请，适用本书式。申请书应当打字或者印刷。申请人应当按照规定并使用国家公布的中文简化汉字填写，不得修改格式。

2. “申请人名称”栏：申请人应当填写身份证明文件上的名称。申请人是自然人的，应当在姓名后注明证明文件号码。外国申请人应当同时在英文栏内填写英文名称。共同申请的，应将指定的代表人填写在“申请人名称”栏，其他共同申请人名称应当填写在“商标注册申请书附页——其他共同申请人名称列表”栏。没有指定代表人的，以申请书中顺序排列的第一人为代表人。

3. “申请人国籍/地区”栏：申请人应当如实填写，国内申请人不填写此栏。

4. “申请人地址”栏：申请人应当按照身份证明文件中的地址填写。身份证明文件中的地址未冠有省、市、县等行政区划的，申请人应当增加相应行政区划名称。申请人为自然人的，可以填写通信地址。符合自行办理商标申请事宜条件的外国申请人地址应当冠以省、市、县等行政区划详细填写。不符合自行办理商标申请事宜条件的外国申请人应当同时详细填写中、英文地址。

5. “邮政编码”“联系人”“电话”栏：此栏供国内申请人和符合自行办理商标申请事宜条件的外国申请人填写其在中国的联系方式。

6. “代理机构名称”栏：申请人委托已在商标局备案的商标代理机构代为办理商标申请事宜的，此栏填写商标代理机构名称。申请人自行办理商标申请事宜的，不填写此栏。

7. “外国申请人的国内接收人”“国内接收人地址”“邮政编码”栏：外国申请人应当在申请书中指定国内接收人负责接收商标局、商标评审委员会后继商标业务的法律文件。国内接收人地址应当冠以省、市、县等行政区划详细填写。

8. “商标申请声明”栏：申请注册集体商标、证明商标的，以三维标志、颜色组合、声音标志申请商标注册的，两个以上申请人共同申请注册同一商标的，应当在本栏声明。申请人应当按照申请内容进行选择，并附送相关文件。

9. “要求优先权声明”栏：申请人依据《商标法》第二十五条要求优先权的，选择“基于第一次申请的优先权”，并填写“申请/展出国家/地区”“申请/展出日期”“申请号”栏。申请人依据《商标法》第二十六条要求优先权的，选择“基于展会的优先权”，并填写“申请/展出国家/地区”“申请/展出日期”栏。申请人应当同时提交优先权证明文件（包括原件和中文译文）；优先权证明文件不能同时提交的，应当选择“优先权证明文件后补”，并自申请日起三个月内提交。未提出书面声明或者逾期未提交优先权证明文件的，视为未要求优先权。

10. “申请人章戳”栏：申请人为法人或其他组织的，应加盖公章。申请人为自然人的，应当由本人签字。所盖章戳或者签字应当完整、清晰。

11.“代理机构章戳”栏：代为办理申请事宜的商标代理机构应在此栏加盖公章，并由代理人签字。

12.“商标图样”栏：商标图样应当粘贴在图样框内。

13.“商标说明”栏：申请人应当根据实际情况填写。以三维标志、声音标志申请商标注册的，应当说明商标使用方式。以颜色组合申请商标注册的，应当提交文字说明，注明色标，并说明商标使用方式。商标为外文或者包含外文的，应当说明含义。自然人将自己的肖像作为商标图样进行注册申请应当予以说明。申请人将他人肖像作为商标图样进行注册申请应当予以说明，附送肖像人的授权书。

14.“类别”“商品/服务项目”栏：申请人应按《类似商品和服务项目区分表》填写类别、商品/服务项目名称。商品/服务项目应按类别对应填写，每个类别的项目前应分别标明顺序号。类别和商品/服务项目填写不下的，可按本申请书的格式填写在附页上。全部类别和项目填写完毕后应当注明“截止”字样。

15.“商标注册申请书附页——其他共同申请人名称列表”栏：此栏填写其他共同申请人名称，外国申请人应当同时填写中文名称和英文名称，并在空白处按顺序加盖申请人章戳或由申请人本人签字。

16. 收费标准：一个类别受理商标注册费 600 元人民币（限定本类 10 个商品/服务项目，本类中每超过 1 个另加收 60 元人民币）。受理集体商标注册费 3 000 元人民币。受理证明商标注册费 3 000 元人民币。

17. 申请事宜并请详细阅读“商标申请指南”。

第三节　商标法拓展与思考

一、知识拓展

（一）商标权的限制

1. 商标的合理使用

注册商标中含有本商品的通用名称、图形、型号或者直接标示商品的质量、主要原料、功能、用途、重量、数量及其他特点或者含有地名，注册商标专用权人无权禁止他人正当使用。对他人的正当使用行为不能作为商标侵权行为查处。

三维标志注册商标中含有的商品自身的性质产生的形状、为获得技术效果而需有的商品形状或者使商品具有实质性价值的形状，注册商标专用权人无权禁止他人正当使用。

2. 商标先用权

商标注册人申请商标注册前，他人已经在同一商品或者类似商品上先于商标注册人使用与注册商标相同或者近似并有一定影响的商标的，注册商标专用权人无权禁止该使用人在原使用范围内继续使用该商标，但可以要求其附加适当区别标志。

（二）商标侵权行为

商标侵权行为是指违反《商标法》规定，假冒或者仿冒他人注册商标，或者从事其他损害商标权人合法权益的行为。

1. 商标侵权行为的表现形式

（1）假冒或仿冒行为，是指未经商标注册人的许可，在同一种商品上使用与其注册商标相同的商标的；未经商标注册人的许可，在同一商品上使用与其注册商标近似的商标，或者在类似商品上使用与其注册商标相同或者近似的商标，容易导致混淆的。

（2）销售侵犯商标权的商品，是指只要实施了销售侵犯注册商标专用权的商品的行为，都构成侵权。但销售不知道是侵犯注册商标专用权的商品，能证明该商品是自己合法取得并说明提供者的，不承担赔偿责任。

（3）伪造、擅自制造他人注册商标标识或者销售伪造、擅自制造的注册商标标识的。

（4）反向假冒行为，是指未经商标注册人同意，更换其注册商标并将该更换商标的商品又投入市场的。

（5）故意为侵犯他人注册商标专用权行为提供便利条件，帮助他人实施侵犯商标专用权行为的（仓储、运输、邮寄、隐匿等）。

（6）将他人注册商标、未注册的驰名商标作为企业名称中的字号使用，误导公众，构成不正当竞争行为的，依照《中华人民共和国反不正当竞争法》处理。

2. 商标侵权行为的法律责任

1）行政责任

行政责任是指行为人实施了法律、法规和规章禁止的违法行为所必须承担的法律后果，也就是应当受到行政执法机关的处罚。行政责任使用于未构成犯罪的行政违法行为。包括：① 责令立即停止侵权行为；② 责令立即停止销售；③ 没收、销毁侵权商品和专门用于制造侵权商品、伪造注册商标标识的工具；④ 收缴并销毁侵权商标标识；⑤ 对侵犯注册商标专用权、尚未构成犯罪的，工商行政管理机关可根据情节处以非法经营额50%以下或侵权所获利润五倍以下罚款；对侵犯注册商标专用权的单位的直接责任人员，可以处1万元以下罚款；⑥ 根据当事人的请求，可以就侵权赔偿数额进行调解，调解不成，当事人可以向人民法院起诉。

2）民事责任

商标专用权是一种民事权利，商标侵权行为也是一种民事侵权行为。因商标侵权行为的实施，影响了他人合法行使注册商标专用权，并给他人造成经济损失的，按照民法原则，侵权行为人必须承担赔偿他人损失的责任，负有赔偿义务。被侵权人享有要求侵权行为人进行赔偿的权利，主要包括：① 停止侵害；② 赔偿损失；③ 消除影响、恢复名誉；④ 赔礼道歉。

3）刑事责任

严重的商标侵权行为会对社会构成严重危害，具有犯罪性质的，应承担相应的刑事责任。假冒商标是商标侵权行为中情节比较严重的行为。假冒商标行为构成犯罪的，由司法机关追究刑事责任。假冒商标犯罪具体有以下五种：① 假冒注册商标罪；② 销售假冒注册商标商品罪；③ 伪造、擅自制造他人注册商标标识罪；④ 销售伪造、擅自制造的注册商标标识罪；⑤ 国家工作人员利用职务包庇假冒注册商标罪。对假冒注册商标罪的刑事制裁有以下三种：① 处三年以下有期徒刑或者拘役，可以并处或者单处罚金。② 处三年以上七年以下有期徒刑，并处罚金。③ 企业事业单位犯假冒他人注册商标罪的，除直接负责的主管人员和其他直接负责人员可依照前述①②制裁以外，对该单位可判处罚金。

（三）驰名商标的保护

驰名商标是指在一定地域范围内具有较高知名度并为相关公众知晓的商标。

1. 驰名商标的认定

1）驰名商标的认定机构

驰名商标的认定可以由特定的行政机关认定，也可以由最高人民法院指定的人民法院在审理案件时进行认定。国家商标局或商标评审委员会可以依法在处理相关纠纷时认定驰名商标。

2）驰名商标的认定因素

（1）相关公众对该商标的知晓程度。

（2）该商标使用的持续时间。

（3）该商标的任何宣传工作的持续时间、程度和地理范围。

（4）该商标作为驰名商标受保护的记录。

（5）该商标的其他因素。

2. 驰名商标的特殊保护措施

（1）复制、模仿或者翻译他人未在中国注册的驰名商标或者主要部分，在相同或者类似的商品上使用，容易混淆的，应当承担停止侵害的民事法律责任，申请注册的，不予注册并禁止使用。未注册驰名商标的持有人毕竟没有获得商标权，因而不享有损害赔偿请求权。

（2）就不相同或者不相类似商品申请注册的商标是复制、模仿或者翻译他人已经在中国注册的驰名商标，误导公众，致使该驰名商标注册人的利益可能受到损害的，不予注册并禁止使用。

（3）生产、经营者不得将“驰名商标”字样用于商品、商品包装或者容器上或者用于广告宣传、展览以及其他商业活动中。

3. 驰名商标宣传的限制

（1）驰名商标认定的法律意义仅限于处理特定的纠纷，让在特定纠纷中的相关当事人依法获得特殊保护措施或待遇。

（2）生产、经营者不得将“驰名商标”字样用于商品、商品包装或者容器上，或者用于广告宣传、展览以及其他商业活动中。

二、思考题

认真阅读下面的裁定书，思考以下问题。

（1）“中国好声音”商标是否为驰名商标？为什么？

（2）针对此案例有何启发？写出详细的见解。

北京知识产权法院
民事裁定书

〔2016〕京73行保1号

申请人浙江唐德影视股份有限公司，住所地浙江横店影视产业实验区××号。

法定代表人吴宏亮，董事长。

委托代理人何薇，北京市金杜律师事务所律师。

委托代理人王亚西，北京市金杜律师事务所律师。

被申请人上海灿星文化传播有限公司，住所地上海市长宁区广顺路33号×幢×××室。

法定代表人田明，董事长。

委托代理人谢冠斌，北京市立方律师事务所律师。

委托代理人张磊，北京市立方律师事务所律师。

被申请人世纪丽亮（北京）国际文化传媒有限公司，住所地北京市朝阳区北花园街甲1号院×号楼×层×××。

法定代表人田丽丽。

申请人浙江唐德影视股份有限公司（简称浙江唐德公司）于2016年6月7日针对上海灿星文化传播有限公司（简称上海灿星公司）、世纪丽亮（北京）国际文化传媒有限公司（简称世纪丽亮公司）、梦响强音文化传播（上海）有限公司（简称梦响强音公司）向本院提出诉前保全申请，本院依法组成合议庭进行了审理。2016年6月8日，本院对浙江唐德公司进行了询问，要求其明确申请事项及事实和理由。2016年6月13日，本院就本案诉前保全申请举行听证会，浙江唐德公司的委托代理人何薇、王亚西，上海灿星公司及梦想强音公司的共同委托代理人谢冠斌、张磊到庭参加听证，世纪丽亮公司未到庭参加听证；浙江唐德公司进一步明确了申请事项及事实和理由。2016年6月16日，本院再次组织各方当事人听证，浙江唐德公司的法定代表人吴宏亮以及委托代理人何薇、王亚西，上海灿星公司及梦想强音公司的共同委托代理人谢冠斌到庭参加听证；当日，浙江唐德公司撤回了对梦响强音公司的诉前保全申请。2016年6月17日、6月20日，浙江唐德公司向本院提交《关于诉前行为保全请求事项的说明》，进一步明确了申请事项。

申请人浙江唐德公司称：

一、权利基础。“The Voice of...”节目系荷兰Talpa公司独创开发的以歌唱比赛为内容的真人选秀节目。Talpa Content B.V.（简称Talpa Content）在中国注册有G1098388、G1089326商标。在Talpa公司的授权下，第1～4季《中国好声音》于2012—2015年制作和播出。Talpa公司向制作公司提供制作宝典(Bible)，并派出技术专家去现场指导，确保节目制作达到Talpa公司的要求。Talpa公司提供的节目制作宝典详细记载节目标识的使用、节目名称、道具、舞台、灯光、摄影机位、画面角度、录音设备、导师设置、主持人设置、现场乐队、选手的挑选流程、节目剪辑、节目风格、化妆、盲选、赛程等。第1～4季的节目模式许可合同的知识产权条款均约定，“中国好声音”的制成节目和节目模式构成要素，包括节目名称“中国好声音”“The Voice of China”和节目标识（无论注册与否），其知识产权都归属Talpa公司。2016年1月28日，Talpa Media B.V.（简称Talpa Media）和Talpa Global B.V.（简称Talpa Global）与申请人签署了节目模式许可合同。2016年5月10日，Talpa Content和Talpa Global共同向申请人出具授权书。根据许可合同及授权书，申请人获得独家授权在五年期限内在中国区域（含港澳台地区）内独家开发、制作、宣传和播出第5～8季《中国好声音》节目，并行使与《中国好声音》节目相关知识产权的独占使用许可。同时，Talpa Content和Talpa Global明确授权申请人在许可期限内，针对其他人的侵权行为以申请人名义采取相应的法律行动。鉴于Talpa公司的“The Voice of...”节目在全球享有极高知名度，而且随着《中国好声音》第1～4

季在中国的热播，该歌唱比赛真人选秀娱乐节目制作及播出服务的名称“中国好声音”和“The Voice of China”应当作为知名服务特有名称予以保护；又由于节目标识在相关公众中建立起极高知名度，相关节目标识应当作为驰名商标予以保护。综上，申请人浙江唐德公司享有的权利基础如下：（1）对G1098388和G1089326注册商标享有独占使用权；（2）对节目标识一和节目标识二享有独占使用权，前述标识在第9类、第38类和第41类上构成未注册驰名商标；（3）对在歌唱比赛真人选秀娱乐节目制作及播出服务中使用的“中国好声音”“The Voice of China”节目名称享有独占使用权，前述节目名称构成知名服务特有名称。

二、被申请人上海灿星公司和世纪丽亮公司的侵权行为。被申请人在没有授权的情况下，擅自宣传、推广和制作第5季《中国好声音》(后更名为《2016中国好声音》)节目（简称涉案被控侵权节目)。被申请人上海灿星公司是涉案被控侵权节目的制作方，在其微信公众号上宣传和推广使用“中国好声音”名称的涉案被控侵权节目，并使用包含“中国好声音”文字的侵权标识。梦响强音公司协助上海灿星公司进行涉案被控侵权节目的推广和组织海选，在其设立的网站上宣传和推广使用“中国好声音”名称的涉案被控侵权节目以及使用包含“中国好声音”文字的侵权标识，并为参赛选手提供网络海选平台。世纪丽亮公司协助上海灿星公司和梦响强音公司组织和主办涉案被控侵权节目的全国校园海选。在涉案被控侵权节目的宣传推广、海选和广告招商的阶段，上海灿星公司和世纪丽亮公司已经充分暴露了其侵权行为，以及进一步侵权的意图。上海灿星公司和世纪丽亮公司未经授权使用“中国好声音”节目名称和有关标识的行为，已经造成相关公众的混淆误认，构成对申请人浙江唐德公司享有的驰名商标权和知名服务特有名称权的侵犯。

三、本案情况紧急，如果不及时阻止被申请人上海灿星公司和世纪丽亮公司录制和播出涉案被控侵权节目，将会造成难以弥补的损害和难以消除的侵权影响。首先，本案情况紧急，涉案被控侵权节目即将开始录制和播出。上海灿星公司和世纪丽亮公司目前筹备的涉案被控侵权节目正处于全国海选阶段，但其已经对外公布，将于2016年6月17日开始录制节目，并定于2016年7月17日在浙江卫视平台播出。其次，一旦涉案被控侵权节目录制完成并播出，将会造成难以弥补的损害后果。主要体现在：1. 一旦上海灿星公司和世纪丽亮公司的《中国好声音》节目录制完成并播出，将不可逆转地侵占申请人浙江唐德公司的市场，浙江唐德公司后续开发和制作合法授权版本的第5季《中国好声音》节目将失去竞争优势。2. 在录制阶段或播出之前，上海灿星公司和世纪丽亮公司更改节目名称和节目标识的成本较低；而一旦节目录制完成并播出，其更改节目名称和节目标识的成本将显著增加，并且会面临极高金额的损害赔偿责任。3. 上海灿星公司和世纪丽亮公司的《中国好声音》节目在制作并播出后，其传播和扩散将难以阻止，对浙江唐德公司的侵权后果将难以消除。4. 上海灿星公司和世纪丽亮公司的《中国好声音》节目进入录制或播出后，会牵涉相当数量的企业或个人卷入潜在的侵权或其他纠纷，社会负面影响巨大。5. 不及时制止被申请人的录制和播出，中国企业今后将难以获得其他海外优秀节目模式的许可，不利于中国影视行业的长期发展。

综上所述，申请人浙江唐德公司请求法院责令被申请人上海灿星公司和世纪丽亮公司立即停止在歌唱比赛选秀节目的宣传、推广、海选、广告招商、节目制作或播出时使用包含“中国好声音”“The Voice of China”的节目名称，以及使用浙江唐德公司的G1098388、G1089326注册商标和涉案节目标识一、二。

申请人浙江唐德公司为支持其请求，向本院提交了以下主要证据（略）。

被申请人上海灿星公司辩称：

一、申请人浙江唐德公司对诉前行为保全申请事项表述较为宽泛且不清晰，其主张的要求禁止的有关行为范围不明确，应当予以驳回。

二、申请人浙江唐德公司对上海灿星公司及梦响强音公司的有关行为禁令请求内容，因许可人 Talpa 公司已就相同的行为内容向香港仲裁机构申请仲裁，并申请临时禁令措施，因此对相同内容的案件不应再由法院主管。Talpa 公司针对梦响强音公司向香港仲裁机构提出的仲裁请求中包括了对制作公司（上海灿星公司）的具体行为要求，Talpa 公司的仲裁请求事项完全涵盖了本案诉前请求所涉及的案件行为内容及请求事项并大于该内容。并且，Talpa 公司还向香港仲裁机构提出临时禁令的申请，且其请求中涵盖了对制作公司（上海灿星公司）的行为要求，Talpa 公司在仲裁程序中请求的临时禁令完全涵盖了本案诉前请求所涉及的请求事项并大于该请求内容。因此，在许可人 Talpa 公司已就相同的行为内容向仲裁机构申请仲裁及禁令请求且相应请求范围均包含本案请求范围的情况下，本案不应再由法院主管。

三、申请人浙江唐德公司向北京知识产权法院申请诉前行为保全，不符合专属管辖和地域管辖的规定。

1. 申请人以世纪丽亮公司的注册地位于北京为由向北京知识产权法院申请诉前行为保全，但事实上，世纪丽亮公司的实际经营地在上海，故本案不符合地域管辖的规定。

2. 申请人以侵犯其未注册驰名商标为由向北京知识产权法院申请诉前行为保全，而本案明显没有认定构成未注册驰名商标的可能性及必要性，本案事实上不符合专属管辖的规定。申请人请求保护的未注册驰名商标包含了“中国”及“China”，应属于《中华人民共和国商标法》（简称《商标法》）规定的不得作为商标使用的情形，故本案显然没有认定构成未注册驰名商标的可能性和必要性，实质上不属于专属管辖所规定的涉及驰名商标认定的案件。

3. 申请人主张了多个法律关系，本应分别立案起诉，且对于其中商标侵权及不正当竞争案件不属于北京知识产权法院专属管辖案件范围，北京知识产权法院对相应的诉前保全申请没有管辖权，应当予以驳回。

4. 申请人主张的上海灿星公司、梦响强音公司和世纪丽亮公司的所谓侵权行为，均属于彼此独立的行为，不是共同侵权行为，不能作为本案共同被告，应分案处理，因此申请人对上海灿星公司及梦响强音公司的有关主张，不属于北京知识产权法院的地域管辖范围。

5. 申请人对梦响强音公司有关禁用其商标标识的请求内容，与其权利人 Talpa 公司对梦响强音公司在北京市朝阳区人民法院起诉的民事侵权案件重合，可能构成重复诉讼。Talpa 公司已基于其享有的 G1098388、G1089326 注册商标权，针对梦响强音公司在北京市朝阳区人民法院提起侵权诉讼，虽然该案所选择的共同被告与本案不同，但针对梦响强音公司的该部分所谓侵权行为有所重合，并提出了相同的要求停止使用上述商标的诉讼主张。在此情况下，浙江唐德公司作为被许可人，再次对梦响强音公司的上述行为提起诉讼，显然构成重复诉讼，可能会导致梦响强音公司的同一行为被重复追责的法律后果。

四、申请人浙江唐德公司主张的权利基础并不稳定，其是否有需要保护的合法权益有待法院实体审理予以认定，其所有请求均不具有胜诉可能性。

1. 申请人主张的权利基础源于许可协议，许可人是否有权许可其使用为仲裁审理范围的待审内容，故申请人的权利来源不稳定。

2. 申请人主张的知名服务特有的名称，不属于法律明确赋予的特定民事权利，该权益归属以及是否构成所需要保护的民事权益，属于需法院实体审理认定的内容，该权利基础不稳定。首先，“中国好声音”节目名称属于浙江卫视。Talpa 公司第一季许可在上海灿星公司的节目模式中，对节目名称表述为“中国之声”。“中国好声音”节目名称的确定，是浙江卫视向国家新闻出版广电总局（简称广电总局）报批节目时确定并最终获准制作播出的综艺节目的节目名称。因此，该节目名称属于浙江卫视。并且，“2016 中国好声音”节目名称亦是由浙江卫视向广电总局报备并获准使用并制播的节目名称，故“2016 中国好声音”节目名称亦归属于浙江卫视。其次，浙江蓝巨星公司拥有“好声音”注册商标专用权。浙江卫视在获批“中国好声音”节目名称后，已由浙江蓝巨星公司申请注册了第 11525974 号、第 11725715 号“好声音”商标，并已核准注册。可见，“中国好声音”这一节目名称的归属、该节目名称是否有相应的民事权利或权益及相应权益归属等，均有待实体审理查明。因此，申请人以所谓知名服务特有名称权为由申请对被申请人进行行为禁令，缺乏稳定的权利基础，应当予以驳回。

3. 申请人所主张的未注册驰名商标，属于《商标法》规定的绝对禁止注册情形，且该权益不属于法律明确赋予的特定民事权利，该权益归属以及是否构成所需要保护的民事权益，属于需法院实体审理依法认定的内容，该权利基础不稳定。事实上，浙江卫视在获准使用该节目名称制作并播出《中国好声音》这一节目后，曾申请对该“中国好声音”节目名称注册商标，但被驳回，而其将“好声音”申请注册商标并获核准。可见，申请人所主张的所谓未注册驰名商标不属于确定且稳定的权利。

4. 在权利不稳定、不确定的情况下，不可能达到对侵权基本确信的程度，故根据最高人民法院的有关意见，不应予以诉前保全。

5. 对于申请人所主张的禁止使用其注册商标的保全申请，未提供被申请人实际使用该标识的有关证据，而就申请人在保全申请书中提出的被申请人使用的标识来看，显然与其主张的注册商标不同。并且，未注册驰名商标及知名服务特有名称的权益基础并不确定及稳定，因此，申请人提出的所有诉前保全申请均不成立。

五、申请人浙江唐德公司基于知名服务特有名称及未注册驰名商标申请诉前行为保全，但《中华人民共和国反不正当竞争法》（简称《反不正当竞争法》）和《商标法》以及相关司法解释中并无相应规定，故其请求缺乏相应的法律依据。

六、申请人浙江唐德公司的合法权益不存在难以弥补的损失情况。全国各电视台有大量的真人歌唱类选秀节目，浙江卫视获批的《2016 中国好声音》为原创的全新节目（与 Talpa 公司节目模式完全不同），作为卫视中大量歌唱类节目的新成员，该新增加的一个综艺节目显然不可能出现“严重削弱申请人竞争优势”的情形。而且，申请人已获得授权，完全可以寻求其他的电视台进行第五季的节目合作，且基于前四季《中国好声音》的观众基础，其制作的第五季必将易于受到观众的关注，可见其所谓的难以弥补的损害不可能存在。而且，从其获得授权到目前来看，申请人始终未开始相应节目制作的有关工作，没有将许可的节目模式付诸实施的情况，因此也就没有任何所谓的损失。而且，即使可能有所谓的损失，此类损失也不属于无法用金钱计算的损失。

七、采取保全措施对被申请人造成的损害将远远大于不采取保全措施对申请人带来的所谓损害。浙江卫视已获批制作和播出《2016 中国好声音》，且争取到广电总局批准的黄金档播出歌唱类节目的名额之一，该资格是不可重复和不可替代的，该批准播出的时间段及节目内容是唯一确定的，因此如果采取保全措施被禁用名称等将导致节目无法正常播出，该损失将是巨大的，也会导致上海灿星公司、梦响强音公司以及浙江卫视等的广告和制作投入等相关损失。

八、“2016 中国好声音”是浙江卫视已报批并获准播出的节目名称，整个节目的制作将采用全新的自有节目模式及元素，符合国家鼓励原创的指导精神，应当予以鼓励。

综上所述，请求法院驳回申请人的保全申请。

被申请人上海灿星公司为支持其请求，向本院提交了以下主要证据（略）。

经审查，本院认为：

《中华人民共和国民事诉讼法》（简称《民事诉讼法》）第一百零一条第一款规定：“利害关系人因情况紧急，不立即申请保全将会使其合法权益受到难以弥补的损害的，可以在提起诉讼或者申请仲裁前向被保全财产所在地、被申请人住所地或者对案件有管辖权的人民法院申请采取保全措施。申请人应当提供担保，不提供担保的，裁定驳回申请。”

一、关于本案是否属于法院主管以及本院是否对本案有管辖权等问题

本案中，首先，鉴于浙江唐德公司已经撤回对梦响强音公司的诉前保全申请，故本案处理已不涉及梦响强音公司，而有关仲裁事宜与上海灿星公司并不直接相关，因此，浙江唐德公司对上海灿星公司和世纪丽亮公司提出的诉前保全申请案件，属于法院主管。其次，根据《最高人民法院关于北京、上海、广州知识产权法院案件管辖的规定》第一条第（三）项的规定，涉及驰名商标认定的民事案件属于知识产权法院管辖。根据《民事诉讼法》第十八条第（二）项的规定，在本辖区有重大影响的第一审民事案件由中级人民法院管辖；第二十八条规定，因侵权行为提起的诉讼，由侵权行为地或者被告住所地人民法院管辖。本案中，上海灿星公司制作的《2016 中国好声音》在北京市开展校园海选并召开宣传片发布会，而浙江唐德公司的请求理由中涉及对未注册驰名商标的认定请求，并包括上述在北京市举行的校园海选及发布会中使用相关标识侵害其节目标识一、二的未注册驰名商标权益的主张，尤其是，基于《中国好声音》这一歌唱比赛选秀节目的较高知名度，本案处理具有重大影响，因此，本院对本案具有管辖权。再次，北京市朝阳区人民法院正在审理的原告 Talpa 公司与被告梦响强音公司和正议天下公司之间的商标侵权诉讼案件，因该案被告与本案被申请人并不相同，主张侵权的侵权行为亦不一致，故本案不属重复诉讼。另外，本案作为诉前保全申请，在申请事项具体明确以及被申请人行为密切关联的情况下，并不涉及需要分案处理的问题。

二、关于浙江唐德公司所提保全请求是否应当予以支持的问题

审查是否应当责令被申请人停止相关行为，主要考虑以下因素：申请人是否是权利人或利害关系人；申请人在本案中是否有胜诉可能性；是否具有紧迫性，以及不立即采取措施是否可能使申请人的合法权益受到难以弥补的损害；损害平衡性，即不责令被申请人停止相关行为对申请人造成的损害是否大于责令被申请人停止相关行为对被申请人造成的损害；责令被申请人停止相关行为是否损害社会公共利益；申请人是否提供了相应的担保。

第一，申请人是不是权利人或利害关系人。本案中，根据 Talpa 公司的授权，浙江唐德公司自 2016 年 1 月 28 日拥有独占且唯一的授权在中国大陆使用、分销、市场推广、投放广告、宣传及以其他形式开发《中国好声音》节目的相关知识产权（包括注册商标 G1098388、G1089326；节目名称英文“The Voice of China”、中文“中国好声音”；相关标识等），用于制作、推广、播放和销售《中国好声音》节目第 5 季至第 8 季，并有权许可他人进行上述使用，

授权期限为2016年1月28日至2020年1月28日，但该期限被延长、修改或者许可协议被有效地终止的情况除外。同时，Talpa公司明确授权浙江唐德公司在许可期限内，对第三人未经授权使用《中国好声音》节目相关知识产权的行为以浙江唐德公司名义采取相应的法律行动。据此，浙江唐德公司作为涉及Talpa公司相关知识产权的独占许可使用合同的被许可人，属于民事诉讼法第一百零一条第一款规定的利害关系人，应有权提出包括本案申请在内的保全申请。

第二，申请人在本案中是否有胜诉可能性。本案中，申请人浙江唐德公司主张上海灿星公司和世纪丽亮公司的行为侵害了其享有独占许可使用权的注册商标专用权、未注册驰名商标权，并构成擅自使用知名服务特有名称的不正当竞争行为。本院认为，该问题应从以下几个方面进行判断：

1. 侵害注册商标专用权的可能性。《商标法》第六十五条规定："商标注册人或者利害关系人有证据证明他人正在实施或者即将实施侵犯其注册商标专用权的行为，如不及时制止将会使其合法权益受到难以弥补的损害的，可以依法在起诉前向人民法院申请采取责令停止有关行为和财产保全的措施。"本案中，浙江唐德公司提交的有关商标注册证显示，Talpa公司拥有注册在第9、38、41类包括音乐节目制作、表演等服务上的第G1098388号商标，以及注册在第35、38、41类包括音乐节目制作、演出以及组织音乐活动等服务上的第G1089326号商标。根据Talpa公司的授权，浙江唐德公司获得了上述注册商标的独占许可使用权。本案中，申请人浙江唐德公司提出上海灿星公司与世纪丽亮公司立即停止使用上述两商标标识的请求，从现有证据来看，上海灿星公司在音乐节目制作宣传等活动中可能使用了完整包含第G1098388号、第G1089326号注册商标图样的标识，而世纪丽亮公司不存在上述使用行为。据此，上海灿星公司存在使用第G1098388号、第G1089326号注册商标及构成侵权的可能性。

2. 侵害未注册驰名商标权益的可能性。本案中，申请人浙江唐德公司主张前述节目标识一、二构成未注册驰名商标，且上海灿星公司与世纪丽亮公司的行为侵害了其享有独占许可使用权的未注册驰名商标权益。对此本院认为，节目标识一由中文"中国好声音"、英文"The Voice of China"以及V形手握话筒图形组合而成，节目标识二由中文"中国好声音"和英文"The Voice of China"组合而成，本院注意到节目标识一、二均含有中文"中国"和英文"China"，两节目标识是否符合《商标法》有关注册商标的规定，尚需在后续诉讼中进一步审理判断，故本院认为在本案诉前保全申请审查阶段，无法对上述两节目标识是否构成未注册驰名商标进行判断。

3. 构成不正当竞争行为的可能性。本案中，申请人浙江唐德公司主张上海灿星公司与世纪丽亮公司擅自使用"中国好声音""The Voice of China"作为歌唱比赛选秀节目名称的行为，构成不正当竞争。对此本院认为，首先，第1～4季《中国好声音》作为歌唱比赛选秀节目在中国境内具有较高知名度和影响力，该节目诸多设计元素亦具有较高知名度，"中国好声音"和"The Voice of China"名称也已具有较高的识别度，结合该模式节目已在全球数十个国家热播的情形，"中国好声音"和"The Voice of China"被认定为电视文娱节目及其制作服务类的知名服务特有名称，存在较大可能性。其次，根据Talpa公司与相关公司就制作播出第1～4季《中国好声音》的授权协议的约定，"中国好声音"和"The Voice of China"节目名称权益归属于Talpa公司，且Talpa公司在整个节目制作过程中进行了监督、审核等深度参与，故Talpa公司拥有有关"中国好声音"和"The Voice of China"节目名称权益的可能性较大。再次，上海灿星公司在第 5 季《中国好声音》以及《2016 中国好声音》歌唱比赛选秀节目的宣传、推广、海选、广告招商、节目制作过程中，可能涉及使用“中国好声音”和“The Voice of China”作为节目名称的行为，而世纪丽亮公司在《2016 中国好声音》歌唱比赛选秀节目的宣传、推广、海选、广告招商过程中，可能涉及使用“中国好声音”作为节目名称的行为。综上，上海灿星公司和世纪丽亮公司的上述行为，存在构成不正当竞争行为的可能性。

第三，是否具有紧迫性，以及不立即采取措施是否可能使申请人的合法权益受到难以弥补的损害。本院认为，提出诉前保全申请，缘由在于情况紧急，且这种紧迫性表现为不立即采取保全措施将会使申请人合法权益受到难以弥补的损害。首先，本案涉及歌唱比赛选秀节目的制作和播出，浙江唐德公司提交的材料显示涉案《2016 中国好声音》节目将于 2016 年 6 月录制、7 月播出，时间紧迫，而可以预计的是，该节目一旦录制完成并播出，将会产生较大范围的传播和扩散，诸多环节都有可能构成对浙江唐德公司经授权所获权利的独占许可使用权的侵犯，可能会显著增加浙江唐德公司的维权成本和维权难度，甚至难以在授权期限内正常行使权利。其次，在相关公众对名称为“中国好声音”和“The Voice of China”的歌唱比赛选秀节目的模式及特色已有极高认知度的情况下，又出现名称为“2016 中国好声音”的歌唱比赛选秀节目，很可能会造成相关公众的混淆误认，也可能会严重割裂名称为“中国好声音”和“The Voice of China”的歌唱比赛选秀节目与其节目模式及特色等元素的对应联系，从而存在导致浙江唐德公司后续依约开发制作的该类型节目失去竞争优势的可能性。综上，本院认为如不责令上海灿星公司和世纪丽亮公司立即停止涉案行为，将可能对浙江唐德公司的权益造成难以弥补的损害。

第四，损害平衡性，即不责令被申请人停止相关行为对申请人造成的损害是否大于责令被申请人停止相关行为对被申请人造成的损害。本案中，首先，责令上海灿星公司和世纪丽亮公司停止涉案行为，仅涉及停止对包含“中国好声音”、“The Voice of China”字样的节目名称及有关标识的使用，且即使停止对有关节目名称的使用，也不会影响节目更名后的制作和播出，损失数额是可以预见的。其次，如不责令上海灿星公司和世纪丽亮公司停止涉案行为，其制作的《2016 中国好声音》歌唱比赛选秀节目一旦制作完成并公开播出，对浙江唐德公司造成的损失难以计算。因此，本院认为不责令上海灿星公司和世纪丽亮公司停止涉案行为对浙江唐德公司造成的损害大于责令上海灿星公司和世纪丽亮公司停止涉案行为对其造成的损害。

第五，责令被申请人停止相关行为是否损害社会公共利益。对于是否损害社会公共利益的考量，在商标侵权及不正当竞争纠纷案件中主要需考虑是否对消费者利益和社会经济秩序造成损害。本案中，责令上海灿星公司和世纪丽亮公司停止涉案行为可能仅涉及上海灿星公司和世纪丽亮公司的经济利益，没有证据证明将会损害社会公共利益。

第六，申请人应当提供相应的担保，对于担保金额和担保形式的确定，需要综合考虑申请人胜诉可能性的高低及被申请人停止相关行为可能遭受的损失等因素进行判断。本案中，浙江唐德公司提出，考虑情况紧急，先期提供 1.3 亿元的现金担保，后续再以保险公司出具的 1 亿元责任保险担保函置换已向本院提交的 1 亿元现金。本院认为，浙江唐德公司提出的上述担保金额和担保形式符合本案要求，可以允许。2016 年 6 月 20 日，浙江唐德公司提供的 1.3 亿元现金已汇至本院，担保条件已满足。同时，在本裁定执行的过程中，如有证据证明上海灿星公司和世纪丽亮公司因停止涉案行为造成更大损失的，本院将责令浙江唐德公司追加相应的担保。浙江唐德公司不追加担保的，本院将解除保全。

综上，浙江唐德公司提出的部分保全请求符合法律规定，根据《中华人民共和国商标法》第六十五条，《中华人民共和国民事诉讼法》第一百零一条、第一百零八条，《最高人民法院关于诉前停止侵犯注册商标专用权行为和保全证据适用法律问题的解释》第一条第一款、第五条、第六条第一款、第十条之规定，本院裁定如下：

一、上海灿星文化传播有限公司立即停止在歌唱比赛选秀节目的宣传、推广、海选、广告招商、节目制作过程中使用包含“中国好声音”“The Voice of China”字样的节目名称及第G1098388号、第G1089326号注册商标；

二、世纪丽亮（北京）国际文化传媒有限公司立即停止在歌唱比赛选秀节目的宣传、推广、海选、广告招商过程中使用包含“中国好声音”字样的节目名称。

浙江唐德影视股份有限公司应当在本裁定送达之日起30日内起诉，逾期不起诉的，本院将解除保全。

本裁定送达后立即执行。

案件受理费30元，由上海灿星文化传播有限公司、世纪丽亮（北京）国际文化传媒有限公司负担（于本裁定生效后7日内交纳）。

如不服本裁定，可在本裁定送达之日起10日内向本院申请复议一次，复议期间不停止裁定的执行。

审判长　杜长辉
审判员　陈　勇
审判员　张晓丽
（公章）
2016年6月20日
法官助理　麦　芽
书记员　王丹妮

参考资料

《中华人民共和国著作权法》

《中华人民共和国著作权法实施条例》

《中华人民共和国专利法》

《中华人民共和国专利法实施细则》

《中华人民共和国商标法》

《中华人民共和国商标法实施条例》

本项目表格来源于中华人民共和国知识产权局网站、国家商标局网站

本项目案例来源于中国裁判文书网站